FAUNE

MÉRIDIONALE.

FAUNE
MÉRIDIONALE

ou

DESCRIPTION DE TOUS LES ANIMAUX VERTÉBRÉS

VIVANS ET FOSSILES, SAUVAGES OU DOMESTIQUES

QUI SE RENCONTRENT TOUTE L'ANNÉE OU QUI NE SONT QUE DE PASSAGE
DANS LA PLUS GRANDE PARTIE DU MIDI DE LA FRANCE;

SUIVIE

D'UNE MÉTHODE DE TAXIDERMIE

OU L'ART D'EMPAILLER LES OISEAUX,

PAR J. CRESPON,

*Propriétaire et Fondateur du Cabinet de Zoologie de la ville de Nimes, Auteur de
l'Ornithologie du Gard, Membre correspondant du Jardin du Roi.*

TOME DEUXIÈME.

NIMES.

CHEZ L'AUTEUR, A LA FONTAINE, ET CHEZ LES LIBRAIRES.

A MONTPELLIER,

CHEZ M. LEBRUN, RUE DES ÉTUVES, AU COIN DU BOULEVART.

1844.

TABLE

DES MATIÈRES CONTENUES DANS CE VOLUME,

Avec les noms français languedociens de chaque è ce.

FAUNE

MÉRIDIONALE.

PIGEONS. — *COLUMBÆ.* (Linn.)

CARACTÈRES. — Bec voûté ; narines percées dans
un large espace membraneux et couvert d'une écaille
cartilagineuse, qui forme même un renflement à la
base du bec ; pieds, trois doigts devant et un derrière totalement divisés.

Les oiseaux compris dans cet ordre sont monogames ;
leur mœurs douces et familières les rapprochent des gallinacés, et ils forment le passage le plus naturel possi-
bles des *Passereaux* à ces derniers. Comme le plus grand
nombre des *Passereaux*, les Pigeons se tiennent par paires
tout le temps que dure la saison de la reproduction ; les
deux époux partagent l'incubation ainsi que l'éducation
des petits.

L'acte de la reproduction est précédé de caresses et de
roucoulemens uniquement propres aux oiseaux de cet
ordre. Leur nourriture consiste en graines, en semences,
rarement en fruits. Ils nourrissent leurs petits avec des
alimens macérés qu'ils leur dégorgent dans le bec.

Ils sont divisés en deux genres, mais les auteurs ne

ne sont pas d'accord sur la véritable place qu'ils doivent occuper dans la grande famille des oiseaux.

GENRE QUARANTE-QUATRIÈME.

PIGEONS. — *COLUMBA*. (Linn.)

Caractères. — Bec médiocre, comprimé latéralement, couvert à sa base d'une membrane voûtée; mandibule supérieure plus ou moins renflée vers le bout, crochue ou seulement inclinée à sa pointe; narines situées au milieu du bec dans la peau qui les recouvre; pieds, trois doigts devant et un derrière entièrement divisés; ailes médiocres ou courtes. Chez toutes les espèces connues en Europe, la deuxième rémige des ailes est la plus courte.

C'est par troupes souvent nombreuses que les Pigeons entreprennent leurs voyages; ils vivent par couples et ne forment qu'une seule alliance dans le cours de leur vie, si quelque accident ne vient y apporter obstacle. Le mâle et la femelle montrent un grand attachement l'un pour l'autre. Les uns nichent sur les grands arbres des forêts, d'autres choisissent les taillis ou les bosquets; il en est qui préfèrent les endroits secs et rocailleux. Le genre Pigeon est extrêmement nombreux en espéces; mais l'Europe n'en fournit que trois qui sont de passage deux fois par an dans nos contrées.

Les Pigeons sont essentiellement granivores; cependant, dans l'état de liberté, ils se nourrissent assez souvent de baies sauvages.

COLOMBE RAMIER. — *COLUMBA PALUMBUS.* (Linn.)

Nom du pays : *Paloumbo*

Coloration. — Ce Pigeon a la tête cendrée; les
côtés et dessus du cou d'un vert doré changeant en
bleu et en couleur de cuivre rosette, selon les effets
de la lumière; un croissant sur chaque côté du cou ;
dos et ailes d'un cendré brun; poitrine et le haut du
ventre d'une belle couleur vineuse, à reflets chatoyans sur les côtés du cou; pennes de la queue terminées par un espace noir ; ventre et abdomen d'un
cendré blanchâtre; pieds rouges; peau du bec comme
soupoudrée de blanc; iris jaunâtre. Longueur, 48
centimètres environ, le *mâle.*

La *femelle* a le blanc des côtés du cou moins
étendu; elle a aussi les couleurs généralement plus
pâles.

Le Ramier, Buff. — Aux mois d'octobre et de novembre les Ramiers font un passage qui est assez nombreux
dans le Midi ; mais il n'en reste qu'un fort petit nombre
dans le pays durant l'hiver. En février, nous les voyons
arriver de nouveau par petites troupes ou par paires,
quelquefois seuls ; ils fréquentent les bois et les forêts de
haute futaie, et recherchent les lieux qui peuvent leur
offrir des glands. Leur roucoulement est plus fort que
celui des autres espèces ; leur naturel étant très-sauvage,
l'on a beaucoup de peine à les faire propager en captivité.

Les Ramiers se montrent jusque fort avant dans le Nord,
mais ils sont plus abondans dans le Midi. Ils placent leur
nid à la cime des grands arbres.

COLOMBE COLOMBIN. — *C. ŒNAS.* (Linn.)

Nom du pays : *Bisé.*

COLORATION. — Tête, gorge, ailes et parties inférieures cendrées ; dessus et côtés du cou à reflets
vert-dorés ; poitrine et devant du cou de couleur lie
de vin ; le haut du dos cendré tirant au brun ; sur les
deux pennes secondaires des ailes, et sur quelques
couvertures est une tache noire ; croupion d'un cendré bleuâtre ; queue de la même couleur, mais terminée de noir ; pieds rouges ; iris d'un rouge brun.
Longueur, 35 centimètres environ, les *deux sexes.*

Les *jeunes de l'année*, avant leur première mue,
manquent de couleurs chatoyantes sur les côtés du
cou, et n'ont point de taches noires sur les ailes ; le
croupion reste toujours d'un bleu cendré, tandis
qu'il est d'un blanc pur dans l'espèce suivante[*].

LE PIGEON COMMUN, Buff. — C'est par bandes de plusieurs centaines d'individus que les Colombins entreprennent leurs voyages ; leur vol est haut et puissant, ils se
soutiennent longtemps dans les airs. C'est en octobre qu'on
les voit apparaître chez nous ; d'autres ne commencent leurs
pérégrinations que vers la mi-décembre, alors que l'hiver
s'annonce par quelques froides journées qui sont ordinairement occasionnées par le vent du nord-ouest ; c'est un
signe précurseur que la température va devenir rigou-
reuse, et les oiseaux ont l'instinct de le pressentir. Cette
opinion est généralement partagée par toutes les personnes

(*) Dans l'*Ornithologie du Gard*, à l'article où il est parlé de cet
oiseau, p. 316, ligne 18, il faut lire *suivante*, au lieu de *précédente*.

qui ont étudié les oiseaux voyageurs. Mais si le vent do-
mine pendant leurs courses à travers l'atmosphère, alors
ils volent bas et se rapprochent de terre, en suivant toujours le niveau du terrain, et, si l'on se trouve sur leur
chemin, il arrive qu'ils ne cherchent point à changer de
direction, et s'exposent de cette sorte au fusil du chasseur.
Les Colombins reparaissent en Languedoc au printemps.
Leurs passages sont réguliers en Allemagne et en France.

COLOMBE BISET. — *C. LIVIA.* (TEMM .)

Noms du pays : *Bisé.*

COLORATION. — Le cou d'un vert doré, à reflets
violâtres, chatoyans; croupion d'un blanc pur; parties supérieures et inférieures d'un cendré bleuâtre;
deux bandes transversales sur l'aile; pennes de la
queue d'un cendré plus foncé que le corps; bec noirâtre; iris et pieds rouges. Longueur, 33 centimètres environ, le *mâle* et la *femelle.* Ceux que l'on
nourrit dans les colombiers sont plus grands.

LE PIGEON BISET, Buff.— Le Pigeon Biset existe rarement à l'état sauvage dans les contrées peuplées de
l'Europe. Il vit parmi nous en une sorte de captivité vo-
lontaire, dans les gîtes que nous leur préparons et que
nous appelons colombiers. Autrefois nous en avions beaucoup dans quelques localités rocailleuses et désertes de
notre département et, encore aujourd'hui, il en niche
quelques paires entre les fentes et les trous du Pont-du-
Gard et celui de St-Nicolas; ils étaient surtout très-nombreux dans ce dernier endroit, à cause du voisinage de
ceux que l'on nourrissait dans l'ancien couvent bâti à

côté du pont ; on ne trouve aujourd'hui cette espèce vraiment sauvage que dans quelques îles rocailleuses de la Méditerranée, aux îles Féroë et sur les bords de la Kerka.

On trouve dans le *Manuel d'Ornithologie domestique* de M. Lesson, pag 287 ,publié en 1834, ce qui suit, relativement aux nombreuses variétés de Pigeons.

LE PIGEON DOMESTIQUE ET SES VARIÉTÉS.
COLUMBA DOMESTICA.

On attribue au Pigeon roussard (*Columba guinea*, LATH.) au pigeon à taches d'Edwards et au Biset, les nombreuses variétés de *Pigeons domestiques* que se plaisent à élever les amateurs.

LE PIGEON DE COLOMBIER ou BISET. — *C. LIVIA.* (VAR.)

SOUS VARIÉTÉ.

LE PIGEON BRUN DU MEXIQUE. — *C. FUSCA.*

1re *Race.* LE PIGEON MONDAIN, *C. Mensuefacta.*

    A. Le Gros Mondain.
    B. Le Mondain Patu ordinaire.
    C. Le Mondain de Berlin.
      § Le Patu Limousin.
      §§ Le Patu Huppé.
    D. Le Mondain Patu plongeur ou planeur.
    E. Le Mondain Frisé.
    F. Le Capé du Mans.
    G. Mondain Coquille Hollandais.
    H. Le Mondain Volant Messager.
      § Le Pigeon volant Soie.
    I. Les Pigeons Suisses.
      § A Collier doré.
    K. Les Pigeons Maillés.

2e *Race.* LE PIGEON MIROITÉ , *Columba Specularis.*
3e *Race.* LE PIGEON-GROSSE-GORGE , *C. Gutturosa.*
    A. Le Tillois.
    B. Le Claquart ou le Batteur.
    C. Le Cavalier , métis du Patu et du Lillois.
4e *Race.* LE PIGEON CULBUTANT , *Columba Giratris.*
    A. Le Culb. Anglais ou le Trembleur.
5e *Race.* LE PIGEON TOURNANT , *Columba Girans.*
6e *Race.* LE PIGEON TREMBLEUR OU PAÓN, *C. Lalicauda.*
    A. Le Tremblant de la Guyane.
    B. Le Tremblant à queue étroite , métis du
       Glouglou et du Paon.
7e *Race.* PIGEON HIRONDELLE , *Columba Hyrundinina.*
    A. Le Pigeon Heurté.
8e *Race.* PIGEON TAMBOUR OU GLOUGLOU , *C. Tympa-*
    nians. (Fr.)
    A. Le Patu de Norwège.
    B. Le Patu Crapaud-Volant , métis du Glou-
       glou et du Volant.
9e *Race.* LE PIGEON NONNAIN , *Columba Cucullata.*
    A. Le Maurin.
    B. Le Capé , métis d'un Nonnain et d'un Mon-
       dain.
10e *Race.* LE PIGEON A CRAVATE , *Columba Turbita.*
11e *Race.* LE PIGEON POLONAIS. , *Columba Brevirostrata.*
    A. Le Polonais Benin.
12e *Race.* LE PIGEON ROMAIN , *Columba Campana.*
    A. Romain Ordinaire.
    B. Le Café au Lait.
    C. Le Cavalier (*Columba eques*).
    D. Le Cavalier Faraud.
13e *Race.* LE PIGEON TURC, *C. Carunculata.* ou *Turcica.*
    A. L'Ordinaire à tête nue.
    B. Huppé.

14ᵉ Race. LE PIGEON BAGADAIS. *Columba Fortirostrata*.

    A. Le Batave.

    B. Le Bagadais à tête grise.

    C. Le Petit Batave *.

L'on en connaît encore plusieurs autres belles variétés. Elles peuvent s'unir entr'elles indistinctement ou avec le *Biset*, et produire des métis féconds ; ce qui prouve que les Pigeons proviennent d'une même souche, puisqu'on sait que la nature s'oppose à la propagation de mulets provenant d'espèces différentes ; sans cela, il serait bientôt très-difficile de pouvoir distinguer les individus de races pures.

COLOMBE TOURTERELLE. — *C. TURTUR*. (LINN.)

Nom du pays : *Tourtourèlo deï Chans* ou *Sâouvajho*.

COLORATION. — Le dessus du cou et les couvertures supérieures de la queue brunes ; du roux sur les ailes ; sur les côtés du cou est un espace composé de plumes noires terminées de blanc ; front de cette couleur ; devant du cou, poitrine et haut du ventre d'un vineux clair ; dos cendré ; du blanc pur sur l'abdomen et sur les couvertures de dessous la queue ; celle-ci noirâtre, excepté les deux pennes du milieu qui sont terminées de blanc ; bord des yeux et pieds rouges ; iris rougeâtre. Longueur, 31 centimètres environ, le *mâle*.

La *femelle* ne diffère guère du *mâle*, mais elle n'a pas le front blanc.

* Les amateurs de colombiers trouveront dans l'ouvrage de M. Lesson, cité plus haut, une foule de connaissances et de détails utiles pour l'éducation des Pigeons.

La Tourterelle , Buff. — A leur arrivée d'Afrique , les Tourterelles sont si fatiguées que, souvent, sur nos côtes , plusieurs se laissent tuer de près sans chercher à prendre la fuite ; mais une fois qu'elles ont pris quelque repos, elles se hâtent de s'envoler dans les bois et dans les lieux couverts par de grands arbres , comme sur les bords du Rhône et dans les parcs qui s'y trouvent ; cette espèce voyage jusque fort avant dans le Nord et y niche ; il en reste beaucoup aussi dans nos contrées pour s'y reproduire; ces oiseaux recherchent les endroits les plus ombragés et les plus frais ; leur monotone roucoulement précède toujours leurs caresses ; ils le répètent précipitamment. Ils nichent sur les arbres , leur nid est très-négligé. C'est au printemps que cette Tourterelle arrive en Languedoc ; elle repart en septembre. C'est par troupes nombreuses que les Tourterelles des champs effectuent leurs voyages.

Espèces domestiques.

TOURTERELLE A COLLIER. — *C. RISORIA.* (Linn.)

Nom du pays : *Tourtourèlo.*

La Tourterelle à Collier , que chacun connaît, est d'une teinte blonde ou café au lait; elle doit son nom au demi-collier noir qui tranche sur son plumage.

Cette Tourterelle se plaît dans nos maisons, où elle se reproduit beaucoup ; l'on sait que les deux sexes ont l'un pour l'autre un grand attachement et une grande fidélité. Le roucoulement du mâle est très-monotone ; celui-ci le répète lentement en faisant un mouvement de tête de bas en haut et en se plaçant devant sa femelle. Cet oiseau est originaire de l'Inde et du Sénégal.

UNE VARIÉTÉ CONSTANTE EST

LA TOURTERELLE BLANCHE.

Elle n'a point de collier ; son plumage est d'un blanc de neige ; ses mœurs sont aussi douces que celles de la *Tourterelle à Collier*. Elle est plus rare.

ORDRE DIXIÈME.

GALLINACÉS. — *GALLINÆ*. (LINN.)

CARACTÈRES. — Bec convexe à mandibule supérieure recourbée et à bords recouvrant l'inférieure ; une cire le plus souvent ; les narines à demi-recouvertes par une membrane ; les doigts séparés ou seulement unis à leur base par une membrane, se prolongeant le plus souvent en un léger rebord sur les côtés des doigts ; queue composée de quatorze et quelquefois dix-huit rectrices.

Les Gallinacés ont ordinairement le vol peu élevé * et court ; ils sont polygames ; le mâle ne prend aucun soin de sa femelle, et ne partage point l'incubation ; chez presque toutes les espèces, les petits courent et cherchent leur nourriture au sortir de l'œuf. Ils aiment à gratter la terre et à s'y rouler. Ils se nourrissent principalement de graines

* Lisez, dans l'*Ornithologie du Gard*, p. 320, *peu élevé*, au lieu de *le vol élevé*.

et de semences; quelques-uns y ajoutent de petites baies
sauvages et des bourgeons, ainsi que des pousses d'herbes
et des insectes. Leur naturel est farouche, aussi les voit-on
rarement près des habitations. Ils vivent dans les bois et
les champs, en plaines comme en montagnes. Leur chair
est généralement très-estimée.

GENRE QUARANTE-CINQUIÈME.

DINDON. — *MELEAGRIS.* (Linn.)

COLORATION. — La tête et le haut du cou revêtus
d'une peau sans plumes toute mamelonnée; sous la
gorge un appendice qui pend le long du cou, et sur
le front une autre appendice conique qui, dans le
mâle, s'enfle ou se prolonge dans le moment de pas-
sion; le bec court, fort, courbé, convexe, voûté;
doigts postérieurs portant à terre; dix-huit rectrices.

Les Dindons sont originaires de l'Amérique, d'où ils furent transportés en Europe par les missionnaires jésuites.
Les premiers Dindons qui parurent en France en 1570 furent servis au noces de Charles IX.

DINDON COMMUN. — *M. GALLO-PAVO.* (Linn.)

Nom du pays : *Dindo, Dindar, Dindoûn.*

COLORATION. — Plumage ordinairement noir avec
des reflets; le *mâle* porte un pinceau de poils raides,
implantés au bas du cou; les plumes de la queue
peuvent se redresser à la volonté de l'oiseau, et faire
la roue à la manière du Paon. La domesticité a fait.

subir de grandes variations à son plumage, comme chacun sait. L'espèce qui vit à l'état sauvage est d'un brun verdâtre, glacé de cuivré.

J'ai dit, d'après M. Cantraine, dans l'*Ornithologie du Gard*, que les habitans de la Sicile croyaient rencontrer accidentellement dans cette île des *Dindons sauvages*; mais M. Temminck regarde ce fait comme ayant besoin de confirmation*.

La bonté de la chair de cet oiseau, et sa grande multiplication sont causes qu'on en élève partout, car il est maintenant naturalisé dans presque toutes les contrées du globe.

GENRE QUARANTE-SIXIÈME.

PINTADE. — *NUMIDA*. (Linn.)

CARACTÈRES. — Bec court, fort, voûté, garni à sa base d'une membrane verruqueuse; mandibule inférieure ayant deux fanons caronculés et pendans; tête nue ou emplumée; front garni d'un casque ou d'un panache; narines percées dans la cire; queue courte et pendante.

L'espèce la plus connue est la

PINTADE DOMESTIQUE. — *NUMIDA MELEAGRIS*. (Linn.)

Nom du pays : *Pintardo.*

COLORATION. —Plumage d'une couleur ardoisée,

---

* Peut-être sont-ce quelques individus échappés des basses-cours ou de quelques navires naufragés, qui se sont multipliés dan s des endroits déserts, et qui, prenant la fuite à l'approche de l'homme, ont fait croire à l'existence d'une espèce sauvage. J'ai vu des poules dans l'île

couvert partout de grandes et de petites taches rondes et blanches ; du rouge et du blanc à la tête. Les *deux sexes* se ressemblent.

La Pintade Buff. — Cet oiseau fut introduit en Europe vers l'an 1508 ; il est originaire d'Afrique. Il vit en grandes troupes et se tient souvent près des marais L'espèce est commune au Congo et dans la Guinée. Ici on l'élève en domesticité, mais son naturel criard et querelleur la rend incommode ; on aime à la conserver cependant à cause de sa fécondité et de l'excellence de sa chair.

GENRE QUARANTE-SEPTIÈME.

PAON. — *PAVO*. (Linn.)

Caractères. — Bec convexe, un peu épais, courbé vers le bout, glabre à la base ; joues en partie nues ; narines basales, ouvertes ; tête couverte de plumes courtes et serrées, un peu frisées et surmontées d'une aigrette ; les couvertures de la queue très-longues dans le *mâle.* On en connaît trois espèces selon Cuvier, toutes trois sont ornées de couleurs éclatantes.

PAON DOMESTIQUE. — *PAVO CRISTATUS*. (Linn.)

Nom du pays : *Pavoûn.*

Coloration. — Tête surmontée d'une aigrette de

de Pourquerolle, une des îles d'Hyères, qui vivaient dans cet état depuis bien longtemps ; le gardien du phare m'assura qu'elles provenaient d'un navire qui s'était brisé contre les rochers de cette île.

plumes raides, élargies au bout; corps d'un bleu vert changeant en-dessous, et d'un vert doré brillant en dessus; les couvertures supérieures de la queue longues, pouvant se relever pour faire la roue; elle présente une multitude de miroirs de couleurs métalliques.

La *femelle* ne partage pas la riche parure du *mâle*, et n'a pas les couvertures de la queue alongées.

Le Paon, Buff. — Ce superbe oiseau, qui est aujourd'hui très-répandu et que l'on élève plutôt comme objet d'ornement que comme utilité, est originaire des Indes-Orientales, d'où il a été introduit en Europe au temps d'Alexandre-le-Grand. Les anciens les avaient en haute vénération; ils en firent l'attribut de l'orgueil et de la puissance.

Le Paon est criard, sa voix est forte et désagréable. Cet oiseau cause beaucoup de dégâts aux jardins et aux toits des maisons. L'espèce sauvage est encore plus riche par l'éclat de sa parure que l'espèce domestique. Le Paon blanc est une variété du paon domestique.

GENRE QUARANTE-HUITIÈME.

COQ. — *GALLUS.* (Briss.)

Caractères. — Bec médiocre, fort, convexe en dessus, garni de deux barbillons pendans; tête surmontée d'une crête charnue et verticale; les pennes de la queue, au nombre de 14, se redressent en deux plans verticaux adossés; les couvertures de celle-ci, chez le *mâle*, se prolongent en arc.

Les Coqs et les Poules sont sans contredit le plus précieux gibier que l'on ait pu rendre domestique ; tout le
monde connaît leur utilité. L'on est à peu près d'accord
sur leur origine, et l'on pense que la souche sauvage nous
vient de la Perse ; mais M. Lesson croit que c'est l'Inde
qui nous les a fournis, car il dit avoir trouvé des Poules
et des Coqs pareils aux nôtres dans toutes les îles de la
mer du Sud, et chez les peuplades avec lesquelles les Eu-
ropéens n'ont jamais eu la moindre relation.

Le COQ et la POULE ORDINAIRES.

PHASIANUS GALLUS. (Linn.)

Chacun en connaît les nombreuses variétés qui peuplent
nos basses-cours. Le mâle chante la nuit et de très-bonne
heure ; il est belliqueux et très-lascif, fécondant un grand
nombre de femelles, et montrant pour toutes une égale
prévenance. Son esclavage, qui remonte aux temps fabu-
leux, l'a fait varier à l'infini et il a donné plusieurs races.
Les principales sont :

Le Coq à Crête — *Gallus domesticus.* (Brisson.)
Le Coq Huppé. — *Gallus Cristatus.* (Brisson.)
Le Coq Nain, Buff. — *Gallus Puminio.* (Brisson.)
Le Coq Patu de Camboge, Buff. — *G. Plumipes.* (Bris.)
Il existe une variété monstrueuse du Coq Ordinaire qui
a cinq doigts à chaque pied : *Gallus Pendactylus.* (Briss.)

M. Temminck a signalé le Coq Bronzé et le Coq et la
Poule de Sonnerat, dont le mâle a une brillante livrée. La
femelle, qui est plus petite, est privée d'ornement. Ces
gallinacés font partie de ma collection.

GENRE QUARANTE-NEUVIÈME.

FAISAN. — *PHASIANUS*. (Linn.)

CARACTÈRES. — Tête arrondie ; bec robuste , convexe en dessus ; mandibule supérieure voûtée , courbée vers la pointe ; narines placées à la base du bec, latérales , recouvertes par une membrane voûtée ; joues garnies d'une peau nue et verruqueuse ; queue composée de 11 pennes étagées.

La seule espèce de ce genre qui vive à l'état sauvage est répandue jusque fort avant dans le nord de l'Europe, où elle s'est naturalisée. Les Grecs en firent présent à leur patrie au retour de la conquête de la Toison-d'Or. Les oiseaux qui composent ce genre sont en grand renom pour la bonté de leur chair.

FAISAN ORDINAIRE. — *PH. COLCHICUS*. (Linn.)

Nom du pays : Fésan.

COLORATION. — Joues et tour des yeux garnis de papilles rouges ; tête et cou dorés, à reflets bleus et violets ; de petits faisceaux de plumes verts doré sur les côtés de l'occiput ; le bas du cou, la poitrine et les flancs d'un marron pourpré très-brillant avec des reffets d'un violet sombre qui changent selon l'aspect du jour ; ailes variées de brun , de blanchâtre et d'olivâtre ; plumes du dos et scapulaires bordées de marron, de brun et de blanchâtre dans leur milieu ; queue longue, d'un gris olivâtre, marquée de mar-

ron et de noir ; iris jaune. Longueur , 97 centimètres
environ , le *mâle*.

La *femelle* est moins grande et son plumage est
un mélange de brun, de gris, de roussâtre et de noirâtre.

Le Faisan Vulgaire , Buff. — On trouvait autrefois ce
Faisan dans nos contrées; maintenant, les pays où il vit le
plus proche de nous , à l'état sauvage , sont les montagnes du Dauphiné. Nos chasseurs en tuent quelquefois cependant, mais ce sont des individus échappés de quelques
faisanderies voisines. Plusieurs particuliers en élèvent chez
nous comme objet de luxe ; ils produisent assez bien ; mais
les jeunes , dans les premiers temps de leur vie , demandent beaucoup de soins.

Le Faisan Doré. — *Phasianus Pictus*. (Linn.)
Et le Faisan Argenté. — *Ph. Nicthymerus*. (Linn.)

Tous les deux sont originaires de la Chine et du Japon ;
on les fait multiplier en France , mais seulement comme
ornemens de nos volières ou de nos parcs. Plusieurs personnes en élèvent dans notre pays et dans nos environs.
Cuvier dit que le Faisan Doré était le *Phénix* des anciens.

Remarque. Les femelles des Faisans sont susceptibles de
prendre quelquefois la belle parure des mâles ; ces cas sont
rares , mais cela existe : M. Edouard Michel, de Nîmes ,
possède une femelle du Faisan Doré qui depuis quelque
temps s'est revêtue du plumage du mâle ; cette femelle a
longtemps pondu des œufs, et sa robe n'avait rien de plus
remarquable que chez les autres femelles de son espèce.

M. Isidore Geoffroy-St-Hilaire cite dans les *Mémoires du
Muséum* des faits analogues à celui-ci ; ce savant a vu une
femelle du Faisan Argenté et une autre du Faisan Doré

qui présentaient ce phénomène physiologique. L'on a donné à ces individus le nom de *Faisans Coquards* ou *Coqs Faisans.*

En 1770, Mauduit en parla l'un des premiers ; mais, depuis lors, à l'exception de MM. Vieillot et Temminck, bien peu de naturalistes ont signalé ces faits dans leurs écrits.

GENRE CINQUANTIÈME.

TÉTRAS. — *TETRAO.* (Linn.)

Caractères. — Bec court, fort, convexe en dessus, courbé ; narines à demi-fermées par une membrane, et cachées sous les plumes du front, dessus de l'œil nu et garni de mamelons charnus, rouges ; tarses emplumés jusqu'aux doigts ou jusqu'aux ongles ; seize ou dix-huit rectrices à la queue ; ailes courtes.

Ces oiseaux vivent en polygamie ; dès que les femelles ont été fécondées les mâles les abandonnent ; les petits restent auprès de leur mère à-peu-près un an. Ils habitent les grandes forêts des pays montagneux.

On en connaît huit espèces en Europe ; une seule se trouve quelquefois dans nos départemens du Languedoc ; mais il en existe trois autres espèces qui habitent les Alpes et les Pyrénées, et, quoique ces oiseaux n'émigrent point, il s'en trouve souvent dans le département des Basses-Alpes, d'où ils descendent dans les plaines de la Provence. Il en est de même pour ceux qui vivent sur les Pyrénées, et qui se montrent en hiver dans les environs de Perpi-

gnan. Des personnes dignes de foi m'ont assuré avoir vu et
tué dans les pays voisins du Mont-Ventoux les deux espèces suivantes : Le TÉTRAS BIRKAN , *Tetrao Tetrix* (Temm.),
Coq de Bruyère à queue fourchue (Buff.) , ainsi que le TÉ-
TRAS PTARMIGAN , *Tetrao Lagopus* (Temm.) Le premier de
ces deux oiseaux est connu des habitans de quelques contrées voisines des Alpes sous le nom de *Faisan Noir*, et le
second est appelé *Perdrix Blanche*. La chair de ce dernier
est coriace et d'un goût peu estimé. On sait aussi que cet
oiseau prend jusqu'à quatre livrées différentes dans l'année,
une pour chaque saison.

TETRAS GÉLINOTTE. — *T. BONASIA*. (LINN.)

Nom du pays : *Ghélinotto*.

COLORATION.—Plumes de la tête un peu alongées ;
gorge noire , entourée d'une bande blanche qui remonte entre le bec et l'œil ; dos et croupion variés
de gris cendré et de points noirs et roussâtres ; la poitrine et le ventre couverts de taches brunes sur le
centre de chaque plume ; les ailes variées de roux
et de noir ; une bande noire en travers de la queue ;
les pennes de celle-ci , à l'exception de celles du milieu , terminées de cendré ; un petit espace rouge au-
dessus des yeux ; iris brun. Longueur, 56 centimètres environ.

La *femelle* n'a point de noir sur la gorge.

LA GÉLINOTTE , Buff. — Ce Tétras est rare dans nos
contrées , et son apparition n'a lieu qu'à de longs intervalles ; mais quand il nous visite c'est toujours en automne.
En 1839 , on en tua beaucoup dans le département de

l'Hérault, et des chasseurs en abattirent plusieurs du même coup de fusil ; mais ces cas sont aussi tout-à-fait accidentels. La Gélinotte recherche la solitude, elle se plaît dans l'épaisseur des grands bois de sapins et de mélèzes ; c'est dans ces lieux qu'elle se reproduit. Cette espèce vole moins qu'elle ne marche, elle se décide toujours difficilement à prendre son essor, et lorsque quelque danger la menace elle préfère souvent se cacher que de s'envoler. On trouve la Gélinotte dans les hautes montagnes de la France, et on en voit ordinairement sur celles de la Provence et du Dauphiné.

GENRE CINQUANTE-UNIÈME.

GANGA. — *PTEROCLES*. (Temm.)

CARACTÈRES. — Bec médiocre, comprimé, courbé vers la pointe ; narines cachées par les plumes du front, à demi-fermées par une membrane ; tarses garnis en partie par de petites plumes ; trois doigts devant réunis à leur base ; le pouce presque nul ; queue en pointe ; les deux plumes du milieu longues et effilées ; ailes larges et pointues.

Ces oiseaux vivent dans les plaines sablonneuses et incultes des contrées méridionales ; quelques pays du sud de l'Europe en possèdent seulement. Quoiqu'ils aient le port lourd, ils sont voyageurs ; quelques-uns se réunissent en bandes nombreuses, d'autres se contentent de vivre en famille. Ils nichent à terre, la femelle ne pond que trois œufs. L'Europe en fournit deux belles espèces, dont une vit sédentaire dans nos environs.

GANGA CATA. — *PT. SETARIUS.* (Temm.)

COLORATION. — La gorge et un trait derrière l'œil
d'un noir profond ; côtés de la tête et tour de la gorge
d'un beau roux ; côtés et devant du cou d'un cendré
jaunâtre ; un ceinturon sur la poitrine d'un roux
foncé, bordé en dessus comme en dessous d'une
bande noire ; toutes les parties inférieures blanches ;
les plumes du haut du dos et les scapulaires ont une
tache d'un cendré bleuâtre ; une couleur chocolat sur
les petites couvertures des ailes ; bas du dos et couvertures de la queue traversés par des *zigzags* noirs
et jaunes ; deux longs filets au milieu de la queue ;
les pieds emplumés sur le devant ; bec et tour nu des
yeux, ainsi que les doigts, d'un cendré bleuâtre ; iris
brun. Longueur , 30 centimètres environ , les *vieux
mâles au printemps.*

La *femelle* a la gorge blanche ; elle porte un double collier noir ; elle n'a pas les petites couvertures
des ailes d'une couleur chocolat, et le dos est rayé en
travers.

LE GANGA , vulgairement LA GÉLINOTTE DES PYRÉNÉES,
Buff. — Les Gangas Catas sont sédentaires dans les lieux
incultes et plats de la Crau, en Provence ; parfois des individus égarés se montrent sur notre territoire en hiver.
Ce sont des oiseaux méfians et farouches dont le vol est
très-rapide. En hiver ils se mêlent aux troupes des Pluviers dorés avec lesquels ils volent et jouent dans les
airs, où ils peuvent se soutenir assez longtemps ; mais
ils ne s'écartent jamais de leur quartier habituel, car , dès

que les Pluviers abordent au-dessus des marais , les Gangas les abandonnent et reviennent sur leur terrain ordinaire , parmi les cailloux et les herbages. La voix de ces gallinacés est forte, et a souvent du rapport avec celle d'un petit chien qui aboie. Elle exprime *kaak, kaak, kaak, kaak , kaak.* Au moment des amours , le mâle poursuit sa femelle en baissant la tête près de terre et en écartant les ailes; lorsqu'il est en colère il prend la même pose , mais il relève la queue en l'étalant. J'en conserve depuis dix ans plusieurs paires dans une très-grande volière , et j'ai fait la remarque que chaque mâle reste fidèle à sa femelle tout le temps que dure la saison des amours , c'est-à-dire depuis le mois de mars jusque vers la fin de l'été. On les voit presque toujours par paires isolés. Les femelles sont très-jalouses les unes des autres , et se disputent souvent en jetant des cris très-forts. Elles pondent des œufs qu'elles couveraient si elle s'étaient dans un lieu favorable ; les Gangas tiennent d'ailleurs des *Pigeons.* Voir l'*Ornithologie du Gard* pour d'autres détails intéressans sur cette belle espèce d'oiseaux , la plupart de ceux que je donne ici sont nouveaux , et n'ont pas, que je sache, été mentionnés.

GENRE CINQUANTE-DEUXIÈME.

PERDRIX. — *PERDIX* (Lath.)

CARACTÈRES.—Bec court, comprimé, fort, nu à sa base; mandibule supérieure fortement voûtée , couvrant l'inférieure, courbée vers sa pointe; narines à moitié fermées par une membrane nue; trois doigts devant et un derrière; les antérieurs réunis par une membrane jusqu'à la première articulation; queue composée de 14 et 18 pennes; ailes courtes.

Les Perdrix sont abondantes dans certaines contrées , et sont plus communes dans les pays tempérés que dans les pays froids. Elles passent presque toute leur vie à terre, et ne volent que lorsqu'on les surprend. Les jeunes , au sortir de l'œuf, suivent leur mère qui les conduit , les protége avec amour et brave souvent le danger pour les y soustraire.

On les divise en trois sections : les *Francolins* , les *Perdrix* et les *Cailles*. Les premiers ne se rencontrent point en France.

DEUXIÈME SECTION.

PERDRIX Proprement dites.

PERDRIX BARTAVELLE. — *PERDIX SAXATILIS*. (Meyer.)

Nom du pays : Bartavèlo , Perdigal.

COLORATION.— Une bande noire, partant du front, passe au dessus-des yeux , s'étend au-delà et descend ensuite en entourant le devant du cou ; *mais on ne voit point de taches isolées sur sa poitrine comme dans la Perdrix rouge* ; gorge blanche; parties supérieures et poitrine d'un gris cendré un peu bleuàtre; les flancs émaillés de cendré bleuàtre clair, de blanc jaunâtre , de noir et de roux; ventre et abdomen d'un jaune roussâtre; cou et tour des yeux rouges. Longueur, 36 à 38 centimètres environ, le *mâle*.

La *femelle* est plus petite et a des couleurs moins vives et moins pures.

La PERDRIX BARTAVELLE , Buff. —Cette Perdrix est rare dans nos contrés bien qu'elle se montre quelquefois dans

certains cantons ; on assure qu'il y a plusieurs années
qu'elle était plus abondante. Elle se plaît davantage dans
les pays élevés que dans ceux en plaine , où elle ne descend qu'en hiver. Les mâles sont très-ardens en amour et
se livrent des combats meurtriers à l'approche des nichées.
Cette espèce n'est guère plus grande que la *Perdrix rouge ;*
mais on prétend que sa chair est d'un meilleur goût. On la
trouve en France et dans plusieurs provinces des contrées
orientales de l'Europe.

PERDRIX ROUGE. — *PERDIX RUBRA.* (Briss.)

Nom du pays : *Perdigal , Perdris.*

COLORATION. — Gorge blanche ainsi que les joues ;
une bande qui prend naissance derrière les yeux entoure ce blanc et se dilate en taches et en points de
la même couleur ; haut de la tête d'un cendré roussâtre ; nuque et côtés de la poitrine d'un roux de brique ; poitrine d'un cendré bleuâtre ; les flancs sont
maillés de bleuâtre clair, de blanc , de noir et de
roux vif ; les autres parties inférieures rousses ; parties supérieures d'un cendré roussâtre glacé de verdâtre ; les rémiges bordées d'un jaune d'ocre pâle ;
bec, pieds et tour des yeux rouges ; iris d'un brun
rougeâtre. Longueur , 34 centimètres environ, le
mâle vieux.

La *femelle* est moins grande et *n'a point de tubercule au milieu de la partie postérieure du tarse.*

On voit quelquefois des individus qui sont tout
blancs ou blanchâtres sur certaines parties du corps,

ou bien d'une couleur café au lait. Ce ne sont que des variétés accidentelles.

Cette belle espèce de Perdrix est abondante dans nos contrées ; on la trouve dans les pays montueux, le versant des collines, dans les bois et au milieu des vignes en plaines comme dans celles des pays élevés. C'est la chasse qui procure le plus d'agrémens chez nous, surtout depuis la mi-août jusqu'à la fin du mois de septembre ; l'on sait que cette espèce produit beaucoup, et que la mère a pour ses petits un amour vraiment admirable ; car, si l'on vient à surprendre sa jeune famille dans les champs, elle emploie toutes sortes de moyens ingénieux, et ne craint pas de braver le péril pour la sauver. Les mâles sont très-ardens et très-passionnés au printemps ; ils rôdent alors pour découvrir une femelle, et chantent beaucoup afin que celle-ci réponde à leur voix ; mais cela leur est souvent funeste, car des personnes sans pitié pour ces oiseaux, profitant de leur délire amoureux, se cachent en imitant le cri de la femelle, les attirent dans leurs embûches, et les tuent à bout portant. Puisque j'ai abordé ce sujet, je dirai aussi que l'on devrait être plus humain pour cette pauvre mère qui passe de longues heures accroupie sur ses œufs qu'elle réchauffe, et que l'on devrait protéger contre le danger, au lieu d'aller tendre des piéges autour de son nid, afin que sa nombreuse progéniture ne périt pas avant d'être née, car c'est un crime, d'après les lois de la nature, qui veut que toutes les espèces se multiplient.

La Perdrix rouge habite la France, mais elle est plus commune dans le Midi que dans le Nord. Sa chair, surtout celle des jeunes, est une des meilleures.

PERDRIX GRISE. — *PERDIX CINEREA.* (Lath.)

Nom du pays : *Perdigal gris*, *Perdris griso.*

Coloration. — Une grande tache en forme de fer à cheval sur le haut du ventre ; la face est d'un roux clair ; les flancs cendrés avec des *zigzags* noirs et de grandes taches d'un roux rougeâtre ; bas-ventre d'un blanc sale et jaunâtre ; parties supérieures d'un cendré foncé avec des *zigzags* de la même couleur ; une raie blanche sur la baguette des plumes ; un espace nu et rouge derrière les yeux ; iris noisette. Longueur, 33 centimètres environ, le *mâle vieux*.

La *femelle* a de petites taches blanches sur la tête, et le fer à cheval du haut du ventre est moins marqué.

La Perdrix Grise, Buff. — Cette espèce a donné lieu à beaucoup de doubles emplois de la part de plusieurs auteurs qui en ont fait mention. Elle est rare dans les départemens qui bordent la Méditerranée, mais elle habite communémentceux situés dans les montagnes voisines, comme dans la Lozère et les Cévennes. La Perdrix grise est voyageuse ; il lui arrive de parcourir beaucoup de pays en automne, en se réunissant en bandes nombreuses. C'est alors seulement que l'on en trouve quelques-unes sur notre marché. Cette Perdrix aime à vivre dans les pays de blé, {se plaît dans la campagne, et ne se réfugie dans les taillis ou dans les vignes que lorsqu'elle est poursuivie. On la trouve jusque fort avant dans les contrées du Nord. Sonnini la vit en grand nombre dans les sables de l'Egypte.

CAILLES.

CARACTÈRES. — Queue courte, penchée en bas et cachée par les plumes du croupion. la première rémige est la plus longue.

On trouve des Cailles, dans les pays étrangers à l'Europe, qui se rapprochent des *Perdrix* ou des *Francolins*. Quelques auteurs ne les séparent point des premières. Les Cailles sont essentiellement voyageuses ; elles se réunissent en bandes pour leurs migrations.

CAILLE. — *PERDIX COTURNIX.* (Lath.)

Nom du pays : *Caïo.*

COLORATION. — Tout le monde connaît la Caille ; on sait qu'elle a le haut de la tête varié de noir, de rougeâtre avec trois bandes longitudinales ; le dos est brun, varié de noir et de jaunâtre, la gorge est entourée de deux bandes d'un brun noirâtre ; poitrine et flancs d'un roux clair ; ventre blanchâtre ; quatorze pennes à la queue ; bec et pieds couleur de chair. Longueur, 20 centimètres environ.

Le *mâle vieux* a la gorge d'un brun noirâtre, mais sans bandes autour.

La *femelle* a la gorge blanche ; point de bandes qui l'entourent ; le dos plus foncé et les plumes d'un roux plus clair.

On trouve des variétés accidentelles d'un blanc pur ou blanches sur plusieurs parties du corps, quel-

quefois avec les ailes blanches ou le corps d'un blanc
jaunâtre, etc.

LA CAILLE, Buff. — C'est au mois d'avril que les Cailles
arrivent dans le Midi après avoir franchi la Méditerranée
d'île en île. Elles se répandent dans les champs de blé et de
luzerne des pays plats ; les mâles sont alors très-amoureux,
et font retentir au loin leur forte voix, et, comme ils pré-
cèdent ordinairement les femelles dans leurs migrations,
leur désir d'en trouver une les fait donner dans les piéges
qu'on va leur tendre de très-grand matin, pourvu qu'on
sache bien donner les coups de *sonnet* à propos, car si
l'on commet la moindre faute en imitant la voix de la
femelle, le mâle s'en aperçoit et il ne faut plus compter
de l'attirer sous le filet de soie que l'on a tendu au-dessus
des herbages ou du blé. Les mâles que l'on prend ainsi ne
tardent pas à chanter si on les met en cage. Les Cailles
font leurs voyages de nuit ou au crépuscule. En automne,
ces oiseaux passent les mers et vont en Egypte et dans le
Levant. Quelques-uns restent ici pendant l'hiver.

GENRE CINQUANTE-TROISIÈME.

TURNIX. — *HEMIPODIUS*. (TEMM.)

L'Europe ne fournit qu'un oiseau de ce genre. C'est le
TURNIX TACHYDROME, *H. Tachydromus*. Cette espèce ressemble à la Caille, mais elle est plus petite ; elle habite le
midi de l'Espagne et la Sicile ; il pourrait se faire qu'elle
nous visitât quelquefois. Elle n'est mentionnée ici que pour
ordre.

ORDRE ONZIÈME.

ALECTORIDES. — *ALECTORIDES.* (Temm.)

CARACTÈRES. — Bec plus court que la tête, ou de la même longueur, robuste, fort et dur ; mandibule supérieure courbée, convexe, voûtée, souvent crochue à la pointe ; pieds à tarses longs, grêles ; trois doigts devant, un derrière ; le postérieur articulé plus haut sur le tarse que ceux de devant.

Cet ordre a été divisé par M. Temminck en *Campestres* et *Riverains*, et se compose tout d'oiseaux étrangers à l'Europe, à l'exception d'un seul qui se trouve chez nous en été.

GENRE CINQUANTE-QUATRIÈME.

GLARÉOLE. — *GLAREOLA.* (Briss.)

CARACTÈRES. — Bec court, convexe en dessus, très-fendu ; mandibule supérieure crochue à son extrémité ; le doigt postérieur ne portant à terre que sur le bout ; les ailes longues et pointues.

Les Glaréoles ont été rangées dans différens genres ; on les a quelquefois nommées *Perdrix de mer* ; elles ont le vol très-rapide, s'élèvent haut et se soutiennent longtemps dans l'air ; à terre leur course est rapide, et leur nourriture consiste en insectes et en vers. Elles nichent sur le

sol sans s'occuper beaucoup de la préparation de leurs
nids.

GLARÉOLE A COLLIER. — *GLAREOLA TORQUATA*. (Meyer.)

Nom du pays : *Piquo-ën-Terro* *.

COLORATION. — Plumage généralement d'un gris
brun, plus clair en dessous qu'en dessus ; une bande
noire, partant du coin des yeux, descend sur le cou
en forme de collier; l'espace qui y est encadré est
d'un blanc lavé de roussâtre ; les rémiges noires; la
queue très-fourchue, blanche à son origine ; iris et
pieds d'un brun roussâtre. Longueur totale, 27 centimètres environ, les *adultes*.

LA PERDRIX DE MER, Buff. — Les bords des marécages et des étangs salés sont les lieux où se plaisent chez
nous les Glaréoles ; c'est vers le milieu du mois d'avril
qu'elles y arrivent, et elles y font leur demeure jusque
vers la première quinzaine du mois d'août. Ces oiseaux
voyagent par petites troupes serrées de quinze à vingt individus. Lorsqu'on approche de l'endroit où ils ont fait
leurs nids, on les voit venir à soi en criant; leur cri
semble exprimer *brrou, brrou*; elles volent au-dessus des
chiens, et les poursuivént en s'abaissant vers eux, c'est
un assez bon moment pour les tuer ; j'ai même pu en tirer
en leur lançant mon chapeau, parce qu'elles le suivaient
de près à la manière des *Alouettes*. C'est au milieu des endroits vastes et découverts, où croissent les plantes de la
Salicorne ligneuse, qu'elles nichent. Les œufs, que j'ai déjà

* Ce nom lui a été donné à cause de l'habitude qu'elle a de frapper
la terre avec son bec, en courant pour saisir les insectes.

fait connaitre, sont au nombre de deux ou trois (j'en ai
vu un de quatre) ; ils sont de forme arrondie, d'un jaune
d'ocre, recouverts par de grandes et de petites taches irrégulières, noires et brunes, plus ou moins épaisses, et de
quelques marbrures de pareille couleur. La *femelle* les dépose dans un petit enfoncement, ou dans l'empreinte du
pied d'un cheval ou d'un bœuf sauvage dans lequel elle
met quelques brins d'herbes sèches.

La Glaréole se trouve dans nos environs, en Hongrie,
en Sardaigne et en Asie, probablement aussi dans le midi
de l'Espagne, toujours dans les environs des étangs salés.

ORDRE DOUZIÈME.

COUREURS. — *CURSORES*. (TEMM.)

CARACTÈRES. — Bec médiocre ou court; tarses
longs, nus jusqu'au-dessus du genou; les yeux
grands; point de pouce, seulement deux ou trois
doigts devant.

Dans cet ordre se trouvent placés des oiseaux d'un naturel farouche, et qu'on ne voit jamais près des habitations. Les endroits sablonneux et les landes désertes conviennent à leur goût. Ils se réunissent souvent plusieurs
pour voyager, mais tous ne portent pas également leur vol
haut; il y en a qui l'exécutent en rasant la terre, ou courent avec une grande rapidité en se tenant serrés. Leur
nourriture consiste en herbes, graines et insectes.

GENRE CINQUANTE-CINQUIÈME.

OUTARDE. — *OTIS*. (Linn.)

CARACTÈRES. — Bec droit, conique, médiocre, comprimé, courbé vers le bout, convexe en dessus; mandibule supérieure couvrant l'inférieure; narines ovales, ouvertes, situées vers le milieu du bec; tarses nus au-dessus du genou; doigts courts, réunis à leur base, bordés par une membrane; ailes médiocres.

Les *mâles* diffèrent des *femelles* par des ornemens autour de la tête et du cou.

Les Outardes sont des oiseaux lourds qui se tiennent plus à terre qu'ils ne volent. Leur chair est délicate et très-estimée. Leur nourriture consiste en herbes, en graines et en insectes.

Ils sont divisés en deux sections.

OUTARDE BARBUE. — *OTIS TARDA*. (Linn.)

Nom du pays : *Oustardo.*

COLORATION. — Un bouquet de plumes longues à barbes déliées de chaque côté du bec; la tête, le cou et la poitrine cendrés; dessus du corps d'un roux jaunâtre, traversé d'un multitude de traits noirs; ventre, abdomen et queue blancs, celle-ci a du roussâtre vers les deux tiers de sa longueur; iris châtain-clair; pieds noirs; bec bleuâtre. Longueur, jusqu'à 1 mètre 8 centimètres environ, les *très-vieux mâles*.

La *femelle* est toujours plus petite et n'a point de plumes longues sur les côtés du bec.

L'Outarde , Buff. — C'est en hiver seulement que cette Ontarde se trouve dans le Midi ; elle n'y est jamais commune , excepté pendant les gros froids ; autrement nous en voyons peu , et le plus souvent ce sont des femelles. Ces oiseaux recherchent les pays en bas-fonds , les endroits humides , comme le voisinage des étangs et des marais. S'ils sont plusieurs ensemble , il est assez difficile de les surprendre , car ils ont la ruse de placer des sentinelles pour avertir la troupe en cas de danger ; mais ils ont de la peine à prendre leur essor , et sont obligés de courir en écartant les ailes avant de pouvoir quitter la terre.

La chair de cette Outarde est un excellent mets ; on prétend qu'elle a jusqu'à sept goûts différens , selon ses différentes parties. On la trouve en France, en Italie ; elle niche en Allemagne. La *femelle* dépose ses œufs dans les champs de blé ou de seigle.

OUTARDE CANEPETIÈRE. — *O. TETRAX.* (Linn.)

Nom du pays : *Femello d'ou Faisan.*

COLORATION. — Côtés de la tête , gorge et cou d'un cendré teint de noirâtre , entouré dans sa partie inférieure par du blanc ; cette couleur est suivie d'un large espace d'un noir profond , formé de longues plumes ; au-dessous se dessinent deux colliers , un blanc et l'autre noir ; dessous du corps blanc ; tête et nuque marquées de jaunâtre et de noirâtre ; le reste des parties supérieures jaunâtre avec de nombreux *zigzags* noirs et blancs ; queue moitié blanche et moitié couverte de *zigzags* pareils à ceux du dos , avec deux bandes noires ; iris jaune-orange. Longueur, 50 centimètres environ , le *mâle vieux , au printemps,*

La *femelle* et les *jeunes* n'ont point de noir autour
du cou, ni de collier sur la poitrine.

C'est la PETITE OUTARDE ou CANEPETIÈRE de Buff. —
Cette Outarde ne se montre dans le Midi que chaque
année ; elle y arrive en automne, mais le plus souvent en
hiver, toujours en fort petit nombre ; c'est dans les prairies
humides et les endroits sablonneux qu'elle se plaît ; tous
les individus que j'ai eu l'occasion de voir avaient été tués
autour de nos étangs salés ou de nos marécages. La Cane-.
petière a toute la méfiance et la ruse de l'*Outarde Barbue.*
Comme celle-ci, elle fuit de loin, vole bas, après quoi
elle se met à courir avec une extrême vitesse. La bonté de
sa chair lui a fait donner dans le pays le nom de *Femelle de
Faisan.* Nous ne voyons ici que des femelles ou de jeunes
mâles. Cet oiseau est assez commun dans quelques provinces de la France, ainsi qu'en Espagne, en Italie et en
Sardaigne. Très-abondant dans le nord de l'Afrique.

Remarque. Une troisième espèce, l'OUTARDE HUBARA,
Otis Hubara (Linn.), se trouve quelquefois en Europe,
surtout dans les contrées du midi, telles qu'en Espagne, en
Dalmatie, dans le cercle de Raguse et même en Allemagne. Il ne serait pas surprenant qu'elle visitât aussi notre
pays ; elle n'est pas rare dans le nord de l'Afrique.

GENRE CINQUANTE-SIXIÈME.

COURE-VITE. — *CURSORIUS.* (TEMM.)

CARACTÈRES. — Bec court, déprimé à sa base, un
peu voûté à la pointe, légèrement courbé, aigu ; narines ovales ; tarses longs, grêles, trois doigts pres-

que entièrement divisés; ongles faibles, pointus;
ailes médiocres.

Ce genre ne comprend que trois espèces connues , qui
sont propres aux contrées chaudes de l'Asie et de l'Afrique ; une d'elle se montre quelquefois en Europe.

Ces oiseaux volent par petites troupes , en rasant la terre
de près; ils courent avec rapidité sur les sables des plages
maritimes.

COURE-VITE ISABELLE. — *C. ISABELLINUS*. (Lath.)

COLORATION. — La tête, le cou et toutes les parties
supérieures d'un beau roux isabelle ; gorge blanchâtre ; le reste des parties inférieures d'un isabelle clair,
excepté l'abdomen et les couvertures de la queue
qui sont blancs ; deux larges bandes, une blanche,
l'autre noire, partent de derrière les yeux et vont
se joindre sur le haut du cou ; du cendré sur le derrière de la tête, suivi d'un espace noir ; queue isabelle, tachée de noir vers le haut, et terminée de
blanc; pieds jaunâtres , bleuâtres au-dessus du genou ; iris noisette. Longueur, 25 centimètres environ, le *mâle vieux*.

Les *jeunes* sont d'un isabelle plus clair , et les parties supérieures ont de nombreux *zigzags* plus blanchâtres.

LA COURE-VITE, Buff. — Cette jolie espèce d'oiseau ne
visite l'Europe qu'accidentellement ; on compte encore les
captures qui y ont été faites. Je ne puis citer d'autres exemples de son apparition dans nos contrées que celui que
j'ai déjà mentionné dans mon autre publication, et je

renvoie le lecteur à ce livre pour tout ce que j'ai pu observer sur les mœurs de cette rare espèce que j'ai eu l'avantage de posséder vivante dans mes volières. Elle fut prise dans nos environs, en chassant aux vanneaux avec des filets.

Les Coure-Vite Isabelle sont communs dans les parages de Tunis, en Barbarie; ils y arrivent dans le commencement de juin et y restent jusqu'au mois de septembre; ils fréquentent les bords de la mer. L'on n'a pu encore connaitre la manière dont la femelle niche.

ORDRE TREIZIÈME.

GRALLES. — *GRALLATORES*. (Temm.)

CARACTÈRES. — Bec plus long que la tête, de forme variée, fort, en cône, très-fendu, carené en dessus, un peu renflé à son extrémité ; pieds longs, grêles, nus au-dessus du genou; doigts réunis par une membrane qui suit la direction des doigts intérieurement ; ailes médiocres ; deuxième rémige la plus longue ; queue un peu étagée.

Les *Gralles*, que l'on nomme aussi *Echassiers* et *Oiseaux de Rivage*, sont très-nombreux en espèces ; ils se réunissent par troupes pour voyager ; plusieurs volent de nuit comme de jour; ils fréquentent les bords de la mer, des fleuves, des étangs et des marais; ils sont très-rusés et farouches. Ils varient leur nourriture selon les lieux et les saisons ; ils mangent indistinctement des poissons, des

frais, des insectes, des vers et des serpens, suivant la
forme et la solidité de leur bec. Leurs ailes sont amples et
organisées pour entreprendre de grandes pérégrinations.
Les vieux ne suivent pas toujours la même route que les
jeunes.

PREMIÈRE DIVISION.

GRALLES A TROIS DOIGTS.

Ils n'ont point de doigt postérieur.

GENRE CINQUANTE-SEPTIÈME.

OEDICNÈME. — *OEDICNEMUS*. (TEMM.)

CARACTÈRES. — Bec plus long que la tête, droit,
fort, très-fendu, renflé à l'extrémité; narines au
milieu du bec; tarses longs, grêles; doigts réunis par
une grande membrane; ailes médiocres; queue étagée.

L'Europe ne produit qu'une seule espèce d'Œdicnème.
Elle vit par paires isolées au milieu des terrains incultes
des pays montueux et dans les contrées basses et sablonneuses, voyage de nuit, et sa course à terre est d'une
grande célérité. Cette espèce habite le Midi toute l'année.

ŒDICNÈME CRIARD. — *OED. CREPITANS*. (TEMM.)

Nom du pays : *Courli deï Garrigos*.

COLORATION. — Cet oiseau a toutes les parties supérieures roussâtres, avec une tache noirâtre sur

le centre de chaque plume ; un trait blanc sur l'œil ;
gorge , ventre et cuisses d'un blanc pur ; devant du
cou , poitrine , lavés de roussâtre ; chaque plume
tachée de brun en long ; ailes noires, marquées d'une
tache longitudinale blanche ; toutes les pennes de la
queue, excepté celles du milieu ; terminées de noir ;
bec jaune à sa base , noir à sa pointe ; yeux grands ;
iris et les pieds jaunes. Longueur , 46 centimètres
environ , le *mâle* et la *femelle adultes*.

Le Grand Pluvier ou Courli de Terre, Buff. — Au
mois de mars et de novembre nous avons un passage de
ces oiseaux dans le Midi ; ils vont par petites troupes
que l'on entend la nuit ou de grand matin , et pendant le
jour ils restent blottis sous quelques touffes et n'en sortent
que si on les surprend. Leur voix pénètre au loin ; elle
est flûtée et semble exprimer *courli* ; parfois elle paraît
venir d'un côté opposé à celui où l'oiseau se trouve.

Lorsqu'on les voit de loin il est bien difficile de pouvoir
les atteindre, car, après qu'ils ont fait une petite volée , ils
se mettent à courir avec une vitesse extrême à travers les
herbes et les broussailles, disparaissent dans un instant ,
et leur cri seul vous annonce qu'ils sont déjà à une grande
distance.

On peut nourrir l'Œdicnème en volière ; mais c'est un
oiseau triste et dont tous les mouvemens sont brusques.
L'espèce reste sédentaire dans le pays.

GENRE CINQUANTE-HUITIÈME.

SANDERLING. — *CALIDRIS*. (Illiger.)

Caractères. — Bec médiocre, faible, droit, à

pointe lisse, dilatée, un peu obtuse ; narines longues ;
pieds, trois doigts devant, à peine réunis à leur base ;
ailes médiocres ; première rémige la plus longue.

Ce genre ne compte qu'une seule espèce qui a resté longtemps confondue avec le genre *Tringa*. Elle est des contrées du nord de l'Europe ; en hiver, elle émigre vers le
Midi, en longeant les côtes maritimes. C'est de petits ver-
misseaux et de petits insectes marins qu'elle se nourrit.

SANDERLING VARIABLE. — *CALIDRIS ARENARIA.* (Illiger.)

Nom du pays : *Espagnoulet.*

COLORATION. — Toutes les parties supérieures et
les côtés du cou d'un cendré blanchâtre qui prend
une teinte brune sur le centre de chaque plume ;
face, gorge, devant du cou et parties postérieures
blancs ; poignet et bord des ailes, de même que les
rémiges noirs ; couvertures bordées de blanc ; queue
cendrée, les pennes lisérées de blanc ; iris et bec
noirs. Longueur, 22 centimètres environ, les *deux
sexes, en hiver.*

Au printemps et en été, la tête est marquée de taches noires bordées de roux et de blanc ; tout le reste
du plumage est varié de noir, de cendré, de roux
et de blanchâtre, excepté le ventre et les autres parties postérieures qui sont blanes.

LE SANDERLING, Buff. — Son apparition dans le Midi n'a
lieu qu'en hiver pendant les gros froids, mais il y reste jusqu'au printemps, ou peut-être à cette époque est-il de passage dans nos contrées ; je n'ai encore vu que quelques sujets

tués dans notre département, ce qui me fait penser que l'espèce n'y est jamais commune.

Cet oiseau vit sur les bords des plages maritimes ou des fleuves. Sa patrie est le nord de l'Europe. L'espèce est aussi la même dans l'Amérique Septentrionale.

GENRE CINQUANTE-NEUVIÈME.

ÉCHASSE. — *HIMANTOPUS*. (Briss.)

CARACTÈRES. — Bec grêle, long, pointu; narines linéaires, longitudinales; pieds très-longs, grêles, flexibles; trois doigts antérieurs réunis à leur base; ailes longues, première rémige la plus longue de toutes.

Ces oiseaux portent le nom d'*Echasse*, d'après l'extrême longueur de leurs jambes; ils vivent dans les marais salés et sur les bords de la mer. Ils se réunissent par petites troupes dans un même canton pour y nicher. L'espèce est peu nombreuse dans tous les pays où elle habite. On n'en connait que la suivante.

ÉCHASSE A MANTEAU NOIR. — *H. MELANOPTERUS*. (Meyer.)

Nom du pays : *Cambé* *.

COLORATION. — Toutes les parties inférieures d'un beau blanc qui prend une teinte rosée sur la poitrine et le ventre; du noir ou du noirâtre à la nuque et sur l'occiput; les ailes et le dos d'un noir profond et luisant; ayant des reflets verdâtres; queue cendrée;

* *Grandes-Jambes.*

bec noir ; iris cramoisi ; jambes d'un rouge vermillon. Longueur totale, 50 centimètres environ.

Les *très-vieux mâles* manquent quelquefois de noir
à l'occiput et à la nuque.

Les *femelles* sont plus petites et n'ont point de reflets en dessus.

L'ÉCHASSE, Buff. — Ce singulier oiseau arrive dans nos
contrées dès les premiers jours d'avril et nous quitte dans
le courant du mois d'août. C'est sur le rivage de la mer ,
au bord des étangs et des marais salés qui en sont peu
éloignés que se plaisent les Echasses. Leur démarche est va-
cillante et embarrassée , et la ténuité de leurs jambes semble ne pouvoir soutenir leur corps. Souvent elles se mettent en ligne sur le bord des eaux pour chercher ensemble leur nourriture dans la vase ; elles font entendre un
petit cri qui semble exprimer les syllabes *speït*. Mais dès
qu'on veut approcher des lieux où sont déposés leurs œufs,
elles volent au-dessus de votre tête en criant , et ne vous
quittent que lorsque vous vous êtes bien éloigné. Ces oiseaux établissent leurs nids sur une petite éminence au
milieu des marais. Leur patrie , en France , est le Midi ,
jamais le Nord.

GENRE SOIXANTIÈME.

HUITRIER. — *HÆMATOPUS.* (Linn.)

CARACTÈRES. — Bec droit, alongé, robuste, comprimé, taillé en ciseaux ; narines latérales, longitudinales ; pieds forts, recticulés ; trois doigts dirigés
en avant, bordés par un rudiment membraneux ; les

extérieurs réunis à leur base par une membrane ;
ailes moyennes ; première rémige la plus longue.

Ces oiseaux aiment à fréquenter les bords de la mer, courent sur la grève, afin de s'emparer des coquilles bivalves
que les flots rejettent et qu'ils ouvrent avec leur long bec
pour en manger le contenu : c'est ce qui leur a valu le nom
d'*Huitriers*. L'Europe n'en fournit que l'espèce suivante.

HUITRIER PIE. — *HÆMATOPUS OSTRALEGUS.* (Linn.)

Nom du pays : *Agasso dé Mar.*

COLORATION.— Tête, joues, derrière du cou, dos,
ailes et extrêmité de la queue d'un noir profond ; un
large hausse-col d'un blanc pur sous la gorge ; parties inférieures, milieu du dos, croupion, origine de
la queue ainsi qu'une bande sur l'aile, blancs ; le tour
des yeux et le bec, qui est long, d'une couleur
orange rougeâtre ; iris cramoisi ; pieds d'un rouge
blafard. Longueur, 40 centimètres environ, les *deux
sexes en hiver*.

Au printemps, tout le noir du plumage plus lustré, et l'espace blanc de la gorge est de la même couleur du cou.

L'HUITRIER Buff. — Ce joli oiseau vit sédentaire dans
nos côntrées voisines de la mer ; mais il est plus rare l'hiver que l'été. Au mois de mars, nous en avons un passage,
et plusieurs restent pour nicher ; ces oiseaux voyagent par
petites bandes, mais ils ne tardent pas à s'isoler, c'est-à-
dire que chaque couple se retire dans le lieu qu'il a choisi
pour demeure. C'est ordinairement dans les endroits peu

fréquentés , dans les dunes et au milieu des îlots qu'ils
s'établissent. Ils sont très-méfians et inquiets.

L'Huîtrier cherche sa nourriture en marchant dans l'eau
ou au bord du rivage. On le trouve dans toute l'Europe.

———

GENRE SOIXANTE-UNIÈME.

PLUVIER. — *CHARADRIUS*. (Linn.)

CARACTÈRES. — Tête ronde; bec droit, médiocre,
presque rond, un peu obtus à son extrémité ; narines
longitudinales , placées au milieu d'une membrane;
pieds grêles, longs ou médiocres ; le doigt extérieur
réuni à sa base à celui du milieu par une petite membrane; ailes moyennes, première rémige la plus
longue.

Le genre Pluviers est très-nombreux en espèces; on en
trouve dans toutes les contrées du globe ; ils fréquentent le
bord des étangs et des marais, les plaines humides et les
bords des fleuves. Ils se nourrissent de vers et d'insectes
d'eau. L'Europe en fournit sept espèces, dont cinq se rencontrent dans le Midi. Leur chair est délicate et très-estimée.

PLUVIER DORÉ, — *CH. PLUVIALIS*. (Linn.)

Nom du pays : Pluvié Doura.

COLORATION. — Sommet de la tête, de même que
toutes les parties supérieures du corps y compris les
ailes, d'un noir fuligineux, marqué d'un jaune doré

sur les bords des barbes des plumes ; gorge et parties inférieures blanches; côtés , devant du cou, poitrine et flancs couverts de taches cendrées, brunes et jaune doré ; bec noir ; iris et pieds d'un cendré brun. Longueur, 50 centimètres environ, le *mâle* et la *femelle*, *en hiver*.

Au printemps et en été, toutes les parties inférieures y compris la gorge et le devant du cou d'un noir profond ; de cette même couleur en dessus, avec de petites taches d'un jaune doré.

Les Pluviers Dorés arrivent dans nos contrées en automne ; ils y restent tout l'hiver, et, au printemps, ils font un second passage qui est très-considérable ; mais bientôt après ils nous quittent entièrement pour remonter dans les pays du Nord où ils nichent. Ces oiseaux vont par grandes bandes en suivant la direction des vents , toujours rangés sur une même ligne horizontale , et volent ainsi de front en jetant un cri flûté qui pénètre au loin. Les personnes qui leur font la chasse avec des filets en prennent quelquefois en très-grand nombre en imitant leur voix avec un bec de flageolet, ou tout autre instrument qu'ils fabriquent. La délicatesse et la saveur de la chair du Pluvier Doré sont passées en proverbe.

PLUVIER GUIGNARD. — *CH. MORINELLUS.* (Linn.)

Nom du pays : *Sourdo* , *Pluviérotto*.

COLORATION. — Sommet de la tête et occiput d'un cendré noirâtre ; un large trait part du haut des yeux et va sur la nuque, d'un blanc roussâtre ; gorge blanche . pointillée de noir ; parties supérieures cendrées ;

chaque plume est bordée de roussâtre ; poitrine grise ;
le reste des parties inférieures blanchâtre ; bec noir ;
iris brun ; pieds d'un cendré verdâtre. Longueur, 25
centimètres environ, les *vieux en hiver*.

Plumage de printemps et d'été : gorge et sourcils
d'un blanc pur; cou gris; sommet de la tête brun
noirâtre; parties supérieures variées de roux pur;
une bande brune et un ceinturon blanc, avec un espace d'un roux très-vif en travers de la poitrine;
flancs roux; ventre noir; queue noire, terminée de
roux.

Le Pluvier Guignard, Buff. —Cette espèce de Pluvier
est rare dans le Midi, et ce sont les jeunes qui s'y montrent seulement pendant l'hiver. Le Pluvier Guignard est
d'un naturel indolent et stupide ; il recherche les endroits
déserts où il se plaît à fixer sa demeure.

M. Temminck nous apprend qu'il vit sous le sixième
degré de latitude, et qu'il se plaît sur les montagnes de la
Bohême et de la Silésie à une élévation de 1,600 mètres.

GRAND PLUVIER A COLLIER. — *CH. HIATICULA.* (Linn.)

Noms du pays : *Couriolo.*

Coloration. — Un plastron sur la poitrine, qui
remonte sur la nuque, d'un noir profond; une bande
sur la tête, qui entoure les yeux et s'étend sur le
front, de cette même couleur ; une petite bande sur
le front; la gorge, un collier et toutes les parties inférieures d'un blanc parfait ; parties supérieures gris-
brun ; une tache blanche sur l'aile ; les pennes laté-

rales de la queue sont en partie blanches; bec noir à
la pointe, orangé sur le reste; tour des yeux et pieds
de la même couleur. Longueur, 20 centimètres environ.

La livrée d'hiver est moins pure.

LE PLUVIER A COLLIER, Buff. — Cette charmante espèce
de Pluvier est de passage dans les contrées du Midi au
printemps et en automne, mais elle y est moins commune
dans cette dernière saison qu'à la première. Ces Pluviers
voyagent par petites bandes, et ne volent guère haut,
mais ils ne cessent de jeter un petit cri aigre et perçant. Un
certain nombre s'arrête dans le pays pour nicher, et c'est
ordinairement le long des fleuves et des rivières sablonneuses qu'ils se plaisent davantage, quoique on les trouve
aussi près de la mer. C'est entre les graviers et les coquillages que la femelle dépose ses œufs.

PETIT PLUVIER A COLLIER. — *CH. MINOR.* (MEYER.)

Nom du pays : *Couriolo.*

COLORATION. — Cette espèce ressemble beaucoup
à la précédente; elle porte un plastron noir sur la
poitrine; la gorge, une bande sur le front et les parties inférieures d'un beau blanc pur; toutes les parties supérieures d'un brun cendré; les deux pennes
extérieures de la queue blanches, les suivantes sont
en partie blanches, les deux du milieu exceptées; le
bec est tout noir; le cercle qui entoure les yeux est
d'un jaune vif; les pieds jaunes livides; iris brun.
Longueur, 12 centimètres environ. Le plumage d'*automne et d'hiver* est plus sombre qu'en été.

La *femelle* ressemble beaucoup au *mâle*.

Le Petit Pluvier a Collier, Buff. — Les mœurs de cette jolie petite espèce diffèrent peu de celle du *Grand Pluvier à Collier* ; comme ce dernier, elle arrive au printemps et repart en automne ; on en voit de petites troupes rasant la terre de près, se posant par intervalle, et poussant, dès qu'on les fait lever, un petit cri qui ressemble à celui de l'espèce précédente. Ils préfèrent vivre sur les bords graveleux des fleuves et des rivières que sur le rivage de la mer. Nous le voyons chez nous le long du Gardon, du Vidourle et autour de nos étangs. La femelle pond ses œufs dans un tout petit enfoncement sur le sable. Cette espèce est la même au Japon.

PLUVIER A COLLIER INTERROMPU. — *CH. CANTIANUS.* (Lath.)

Nom du pays : *Couriolo*

Coloration. — Front, sourcils, une bande sur la nuque et toutes les parties inférieures d'un blanc de neige; une bande qui traverse l'œil, et une tache qui s'avance de chaque côté da la poitrine, de même qu'une tache angulaire sur la tête d'un noir profond; tête et nuque d'un roux clair; les parties supérieures d'un gris brun mêlé de roux; du blanc sur l'aile; toutes les rémiges ont leur baguette blanche; les pennes caudales sont en partie de cette couleur; les deux du milieu brunes; bec, iris et pieds noirs. Longueur, 12 centimètres environ, le *mâle au printemps*.

La *femelle* porte sur la tête une petite raie transversale au lieu d'une tache angulaire ; les parties noires sont ici d'un brun cendré.

Point dans Buffon. — Cet oiseau fait deux passages dans notre pays , au printemps et en automne. Plusieurs nichent dans le voisinage de la mer , et autour des étangs et des marais. J'ai dit dans l'*Ornithologie du Gard* que je ne pensais pas que cet oiseau nichât dans le pays; c'est qu'en le voyant voler , je l'avais pris pour le *Grand Pluvier à Collier*; mais, depuis, en ayant tué quelques-uns, je me suis convaincu que je m'étais trompé; il en reste au contraire un bon nombre en été autour des eaux salées des parties basses de nos départemens méridionaux limitrophes de la mer. J'ai souvent rencontré ses œufs en cherchant à découvrir ceux de la *Glaréole à Collier* , entre les plantes de la Salicorne ligneuse.

DEUXIÈME DIVISION.

GRALLES A QUATRE DOIGTS.

Le pouce est toujours distinct; mais il varie en longueur

GENRE SOIXANTE-DEUXIÈME.

VANNEAU. — *VANELLUS*. (Briss.)

CARACTÈRES. — Bec droit, court, cylindrique, un peu renflé à la pointe; fosse nasale de la longueur des deux tiers du bec; narines longitudinales; tarses grêles; trois doigts devant, un derrière, celui-ci n'ap-

puyant pas à terre ; ailes accuminées ou amples,
quelquefois armées d'un éperon.

Les Vanneaux voyagent par troupes ; ils ont le vol élevé
et soutenu ; ils aiment à fréquenter les lieux humides et
inondés, où ils cherchent les vers, les insectes aquatiques
et les petits limaçons dont ils font leur nourriture. Leur
mue est double. On n'en connaît que trois espèces en
Europe ; mais nous allons en faire connaître une quatrième qui vient d'y être observée tout nouvellement.

PREMIÈRE SECTION,

Ayant la première rémige de l'aile la plus longue
de toutes.

VANNEAU PLUVIER. — *VANELLUS MELANOGASTER.* (Bechst.)

Nom du pays : *Pluvié deï gris.*

COLORATION. — Tête et toutes les parties supérieures d'un gris brun, mais chaque plume bordée de
blanchâtre ; parties inférieures variées de blanc et de
noirâtre, excepté la gorge et le bas-ventre qui sont
blancs ; la queue est blanche avec des bandes brunes
en travers ; bec fort et noir ; iris d'un brun foncé ;
pieds noirâtres. Longueur, 50 centimètres environ,
le *mâle* et la *femelle*, *en hiver*.

Au printemps et *en été*, toutes les parties, sans
exception, d'un noir profond ; côtés du cou, de la
poitrine, le front et les sourcils d'un blanc parfait ;
toutes les parties supérieures marquées de noir et de
blanc.

Ce Vanneau se trouve chez nous depuis l'automne jusque vers la fin du mois de mai ; il vit dans les lieux marécageux et au bord des étangs ; son naturel est gai et peu farouche , car il se laisse approcher d'assez près. On en voit de petites troupes volant ensemble , poussant de temps en temps un petit cri qui paraît exprimer *pii-ouit, pii-ouit.* Les chasseurs qui tendent leurs filets autour des marécages en prennent de vivans sans employer beaucoup de ruse.

Je pense qu'il en reste un petit nombre pour nicher dans le pays , quoique cet oiseau se plaise dans les régions du Nord pendant l'été.

VANNEAU DE VILLOTEAU. — *V. VILLOTOTÆI.* (Savigni.)

Première rémige un peu plus courte que la deuxième, mais d'égale longueur avec la troisième.

COLORATION. — Le dessus de la tête , les côtés et le dessus du cou d'un cendré roussâtre ; le dos , les scapulaires et les petites couvertures des ailes d'une couleur isabelle à reflets verdâtres pourprés ; les grandes rémiges d'un noir profond ; les rémiges secondaires , les pennes caudales , ainsi que leurs couvertures supérieures , d'un blanc de lait pur ; les grandes couvertures des ailes cendrées , avec une grande tache noire , et terminées de blanc pur ; le front et la gorge d'un blanc sale ; la poitrine et le haut du ventre d'une teinte d'un cendré vineux violâtre ; le ventre , l'abdomen et les couvertures inférieures de la queue d'un fauve clair ; bec noir ; iris brun ; pieds jaunes ; tarses longs de 11 centimètres , non compris les doigts. Longueur totale , prise du

haut du bec à l'extrémité des doigts, 32 centimètres, livrée et longueur de la *femelle*.

Le *mâle* n'est pas connu.

Point dans Buffon. — Cet oiseau n'a encore été décrit par aucun naturaliste, comme se trouvant en Europe ;
sa patrie est l'Egypte, d'où il fut rapporté pour la première fois en France par la commission scientifique, au
retour de la grande expédition ; je l'ai trouvé décrit et figuré dans la partie ornithologique du grand Atlas du pays
qu'arrose le Nil. Le Vanneau dont il est parlé ici fut tué
le 25 novembre 1840, près l'île de Maguelone (Hérault),
et appporté à mon excellent ami M. Lebrun de Montpellier,
qui a mis le plus grand empressement à me l'envoyer pour
le décrire : c'est une *femelle* ; des chasseurs l'avaient distinguée au milieu d'un vol de *Vanneaux Huppés*, avec lesquels
elle vivait depuis plusieurs jours. Il est à remarquer que
les individus trouvés en Égypte, étaient également tous
des *femelles*. La présence de ce Vanneau chez nous ne
doit être attribuée qu'à quelque cause extraordinaire, à
un coup de vent, peut-être, qui l'aura jeté sur notre con-
tinent.

Sa nourriture est la même que celle des autres *Vanneaux*, mais sa propagation est inconnue.

DEUXIÈME SECTION.

VANNEAU HUPPÉ. — *V. CRISTATUS.* (MEYER.)

Nom du pays : *Vanèlo*, *Vanéou*

COLORATION. — Front, sommet de la tête, une
large bande sous les yeux et une espèce de moustache, d'un brun noirâtre ; les plumes occipitales for-

ment une huppe longue et étagée ; parties inférieures blanches, excepté la poitrine qui est noire avec
quelques reflets verdàtres ; dessus du corps et des
ailes d'un vert foncé à reflets éclatans ; queue blanche
terminée de noir ; pieds d'un rouge brun, les *deux
sexes*, *en hiver*.

Au printemps et en été, gorge et devant du cou
noirs comme la poitrine ; tout le plumage est plus
brillant de reflets. On trouve des variétés acciden‑
telles d'un blanc pur ou d'un blanc jaunàtre et d'autres encore.

Le Vanneau Huppé, Buff. — Un grand nombre de Vanneaux nichent dans le pays ; toujours autour des marais.
Ils sont beaucoup plus communs en hiver qu'en été , et
font un passage en automne et au printemps. Ils voyagent
par bandes. Cet oiseau vit en volière ; j'en nourris depuis
longtemps qui sont devenus très-privés ; de jour comme
de nuit, ils font entendre un petit cri qui ressemble assez
au son que rend l'anche d'un hautbois et qui finit en
dièze. Mais lorsqu'ils sont approchés par des chiens, ou
si on les effraie, ils en ont un autre qui exprime *kirii* ; il
est très-aigu.

J'ai dit dans mon autre ouvrage qu'un Vanneau vivant
était indispensable aux personnes qui chassent aux filets
les étourneaux ou les pluviers, et une foule d'autres oiseaux du bord des eaux. *Voyez* l'*Ornithologie du Gard*,
page 379, pour quelques renseignemens sur cette chasse.

GENRE SOIXANTE-TROISIÈME.

TOURNE-PIERRE. — *STREPSILAS*. (Illig.)

Caractères. — Bec droit, fort, conique, légèrement fléchi en haut, pointe un peu tronquée ; narines alongées, placées dans une rainure, à demi-ca-
chées par une membrane.

Ce genre ne se compose que d'une seule espèce qui
est propre aux deux continens. Elle vit sur la grève de la
mer ; elle a la singulière habitude de retourner les pierres
pour y saisir les insectes qui se trouvent cachés dessous.

TOURNE-PIERRE A COLLIER. — *STREPSILAS COLLARIS*. (Illig.)

Nom du pays : *Picho Pluvié, Pluvieïroto.*

Coloration. — Une bande partant du front s'étend
jusqu'aux yeux, couvre les joues, descend sur le
cou, sur la poitrine, et forme un collier qui remonte
en pointe sur la nuque, le tout d'un noir profond ;
haut du dos et couvertures des ailes variés de roux et
de noir ; haut de la tête d'un blanc roussâtre rayé en
long par du noir ; espace entre le bec et l'œil, front,
un large collier, milieu de la poitrine, parties inférieures et bas du dos d'un blanc pur ; queue blanche
.terminée de noir ; iris brun ; bec noir ; pieds de couleur orange. Longueur, 25 centimètres environ, les
vieux mâles.

La *femelle* ne diffère que par des nuances moins
pures.

Le Tourne-Pierre et le Coulond-Chaud, Buff. — Cet

oiseau vit sur les bords de la mer, autour des lacs et le long des rivières ; il court rapidement et s'arrête souvent pour retourner avec son bec les pierres et les coquillages, afin d'y saisir les vers et les petits mollusques dont il se nourrit. Cette espèce voyage seule ou par paires, et se mêle parfois aux volées des *Bécasseaux Variables*.

Le Tourne-Pierre nous visite au printemps et en automne ; il n'est jamais commun.

GENRE SOIXANTE-QUATRIÈME.

GRUE. — *GRUS.* (Cuvier.)

CARACTÈRES. — Bec fort, droit, sillonné sur les côtés de sa partie supérieure ; corps gros et oblong ; région des yeux et base du bec souvent nus ; tarses très-longs, nus, recticulés.

Les Grues sont voyageuses, et sont de passage périodique dans les pays qu'elles habitent ; elles se réunissent en bandes nombreuses, s'élèvent dans les nues et parcourent en peu de temps de très-grands espaces. Elles ont l'habitude de voyager de nuit et de s'appeler souvent. L'espèce la plus commune est la

GRUE CENDRÉE. — *GRUS CINEREA.* (Bechst.)

Nom du pays : *Gruïo.*

COLORATION. — Un grand espace blanc derrière les yeux, qui descend sur le cou ; le front et le crâne couverts d'une peau rouge garnie de poils noirs clairsemés ; gorge, une partie du cou et occiput d'un gris noirâtre. Le reste du plumage généralement cendré; quelques pennes secondaires longues, arquées, à barbes déliées; bec rougeâtre à sa base, d'un noir verdâtre dans son milieu, noir à la pointe; iris d'un brun rouge. Longueur, 1 mètre 28 centimètres environ, les *vieux*.

LA GRUE, Buff. — Chez nous, comme dans les autres provinces de la France, les Grues ne se montrent qu'à l'époque de leur passage de printemps et d'automne. Elles se reposent autour de nos marécages pour y prendre leur nourriture; on en tue quelques-unes, mais c'est avec beaucoup de difficultés qu'on parvient à les approcher, car elles ont soin, de jour comme de nuit, de placer des sentinelles pour avertir la troupe en cas de surprise. De tous les oiseaux qui changent de climats ce sont les Grues qui entreprennent les courses les plus lointaines et les plus hardies; habitant jusque dans l'extrême nord, elles descendent fort avant dans le Midi. L'ordre le plus parfait règne dans la troupe lorsqu'elle fend les airs. Les Grues se privent vite, deviennent dociles, et sont, susceptibles de quelque éducation. C'est dans les pays froids qu'elles se reproduisent.

GENRE SOIXANTE-CINQUIÈME.

CIGOGNE. — *CICONIA*. (Briss.)

CARACTÈRES. — Bec très-long, droit, robuste, peu fendu; narines près du front; tour des yeux nu; jambes longues, nues; les doigts de devant réunis par une membrane à leur base.

Les Cigognes ont de tout temps attiré l'attention de presque tous les peuples qui les ont connues ; et dans beaucoup de pays elles sont respectées parce qu'elles font une grande destruction de reptiles nuisibles. On en connaît trois espèces en Europe ; deux se trouvent chez nous pendant leur passage.

CIGOGNE BLANCHE. — *CICONIA ALBA.* (BELLON.)

Noms du pays : *Cigogno*, *Ganto*.

COLORATION. — Plumage généralement blanc ; les scapulaires et les ailes noires ; les plumes du bas du cou longues, pendantes et pointues ; le bec et les jambes rouges ; un espace nu autour des yeux, noir ; iris brun. Longueur, 1 mètre 12 centimètres environ, le *mâle* et la *femelle adultes*.

CIGOGNE BLANCHE, Buff. — Amies de l'homme, les Cigognes recherchent les villes et établissent leurs nids sur les toits des maisons, descendent sur les places publiques et chassent jusque dans les jardins. Mais il n'en est pas de même lorsqu'elles voyagent, car à l'aspect du moindre danger elles se hâtent de fuir ; il faut user de beaucoup de précautions pour pouvoir les tirer ; rarement on entend leur voix ; mais, en revanche, elles font un bruit qui est produit par le battement des deux mandibules du bec. Les Cigognes s'accoutument bientôt à la vie domestique et reconnaissent la voix de leur maître. C'est au printemps et en automne que ces oiseaux opèrent leur passage, qui a lieu par bandes nombreuses ; elles s'arrêtent alors autour de nos marécages ; mais, quelques mois après le passage, nous trouvons encore chez nous quelques individus égarés ou retardataires.

CIGOGNE NOIRE. — *CICONIA NIGRA.* (Bellon.)

Nom du pays : *Ganto Négro.*

Coloration.—Dessus de la tête, gorge, cou, dos, croupion et les ailes, d'un noirâtre avec de beaux reflets pourprés et verdâtres ; bas de la poitrine et ventre, d'un blanc pur ; peau nue des yeux et celle de la gorge d'un rouge cramoisi ; iris brun ; pieds d'un rouge très-foncé. Longueur, 1 mètre environ.

Les *jeunes* ont les plumes du cou d'un roux brun et sont bordées de blanchâtre ; le noir est rembruni et presque sans reflets ; bec et pieds verdâtres.

La Cigogne Noire, Buff. — C'est dans les forêts épaisses et au milieu des marais boisés que vit cette Cigogne ; elle ne se montre jamais autour des habitations, et fuit toujours le voisinage de l'homme. On dit qu'elle descend sur les bords des lacs les moins fréquentés, y guette sa proie, vole au-dessus des eaux, et quelquefois s'y plonge avec rapidité pour saisir des poissons. La Cigogne noire est rare dans le Midi ; les vieux s'y montrent encore moins que les jeunes, toujours en hiver.

GENRE SOIXANTE-SIXIÈME.

HÉRON. — *ARDEA.* (Linn.)

Caractères. — Bec très-fendu, plus ou moins long, comprimé et finement dentelé ; dans quelques espèces, tranchant et aigu ; narines près du front ;

yeux placés dans une peau nue qui se prolonge jusqu'au bec; jambes et doigts longs; l'extérieur et
celui du milieu réunis à leur base; pouce grand;
ailes longues.

Les Hérons forment une famille naturelle; ils ont les
mœurs tristes, et leur pose est peu gracieuse; ils vivent
au bord des eaux, se nourrissent de poissons, de reptiles
et de petits mammifères. Ils se posent sur les arbres et y
nichent quelquefois.

PREMIÈRE SECTION.

HÉRONS PROPREMENT DITS.

Bec plus long que la tête; une portion du tibia
nue. Ils se nourrisent de poissons.

HÉRON CENDRÉ. — *ARDEA CINEREA.* (LATH.)

Nom du pays : *Galichoûn, Berna-Pescaïre.*

COLORATION. — Une aigrette composée de quelques
plumes noires, longues et effilées sur la nuque, de
plumes blanches sur la tête; cou d'un blanc cendré
avec deux rangées de taches noires sur le devant; de
longues plumes pendantes à sa base; parties supérieures d'un gris cendré; quelques plumes scapulaires subulées, d'un blanc argentin; côtés de la poitrine et flancs d'un noir lustré; ventre et cuisses
blancs; bec et iris jaunes; pieds bruns, mais rouges
vers la partie emplumée. Longueur, 1 mètre environ, les *deux sexes vieux.*

Le Héron, Buff. *Un jeune*, le Héron Huppé, du même auteur, et l'*adulte*. — Cet oiseau vit sédentaire dans le Midi; mais, aux époques d'automne et de printemps, nous en avons qui sont de passage; ils vont souvent par bande nombreuses en jetant un cri bref, sec et un peu rauque, qui paraît exprimer *khorr, khorr*. Cet oiseau est pendant toute la nuit en mouvement; je l'ai souvent entendu crier pendant l'hiver en volant au-dessus des marais; il se place au bord des eaux, où il reste longtemps immobile en attendant qu'une proie passe à sa portée pour s'en emparer avec son long bec qu'il dirige avec une dextérité surprenante. Le Héron Cendré se trouve dans tout le Midi, le long des rivières, mais il se tient de préférence dans les jonchaies épaisses et autour des étangs. Sa chair a le goût de la sardine; il habite toute l'Europe et niche sur les arbres ou dans les buissons.

HÉRON POURPRÉ. — *A. PURPUREA.* (Linn.)

Noms du pays : *Charpantié, Berna-Pescaïrë.*

Coloration. — Une huppe composée de longues plumes effilées, d'un noir verdâtre; tête d'un noir brillant; gorge blanche, cou d'un roux ardent, avec trois bandes noires sur le devant; des plumes longues et pendantes d'un blanc pourpré à sa base; parties supérieures d'un cendré roussâtre, avec des reflets verdâtres, des plumes à barbes délayées aux scapulaires; poitrine et flancs d'un pourpre éclatant; bec et tour des yeux, jaune; iris d'un beau jaune orange; nudité au-dessus du genou, jaune. Longueur, 84 centimètres environ, les *deux sexes vieux*.

LE HÉRON POURPRÉ , Buff. — Ce joli Héron est de passage au printemps dans le Midi ; on le trouve alors le long des rivières et des ruisseaux , mais le plus grand nombre se rencontre dans nos endroits marécageux. C'est là aussi qu'il niche. Ils ne volent guère pendant le jour , mais, vers le soir , on les voit s'élever plusieurs ensemble au-dessus du lieu où les femelles ont pondu leurs œufs et faire entendre au loin leur voix qui semble exprimer les syllabes *khre, khre, kokereu, kokereu*, que l'on peut comparer au bruit d'une grosse scie , ce qui leur a valu chez nous le nom de *Charpentiers*. A l'approche de l'automne ils nous quittent , à l'exception d'un très-petit nombre.

HÉRON AIGRETTE. — *ARDEA EGRETTA*. (LINN.)

Nom du pays : *Galichoún blan*.

COLORATION. — Tout le plumage d'un beau blanc pur ; une petite huppe qui pend sur la nuque ; sur le bas du dos des plumes longues de 52 centimètres , à tiges fortes et à barbes effilées *(ce sont ces belles plumes que l'on emploie pour parure, sous le nom d'*ESPRIT*)* ; bec d'un jaune verdâtre , quelquefois la pointe est noire ; peau nue du tour des yeux , verdâtre ; iris d'un jaune brillant ; pieds d'un brun verdâtre. Longueur , 1 mètre 6 centimètres environ, les *vieux, au printemps*.

En hiver, point de longues plumes sur le bas du dos , ni de huppe. Les *jeunes* leur ressemblent alors.

LA GRANDE AIGRETTE , Buff. — Cette belle espèce ne se trouve dans notre pays qu'en hiver ; j'ai eu l'occasion de m'en procurer plusieurs toujours vers la fin de cette

saison, et , par conséquent , privés de la belle parure de
noce que la nature leur donne à l'époque des amours ,
car une fois que les petits sont affranchis des soins de leurs
parens , la mue d'été commence à leur enlever, comme à
tant d'autres , ces plumes extraordinaires de leur livrée.
Comme ses congénères , l'Aigrette vit au milieu des pays
inondés et marécageux. Elle est beaucoup moins répandue
que les deux espèces précédentes. C'est sur les arbres
qu'elle place son nid.

HÉRON GARZETTE. — *A. GARZETTA.* (Linn.)

Nom du pays : *Galichoûn blan* , *Berna blan.*

Coloration. — En entier d'un blanc pur ; une
huppe pendante derrière la tête, formée par deux
ou trois plumes longues et minces ; un bouquet de
ces mêmes plumes au bas du cou ; le dos paré de
plumes semblables à celles de la *Grande Aigrette* ,
mais plus flexibles et plus courtes ; tour des yeux
garni d'une peau verdâtre ; bec noir ; iris d'un jaune
d'or ; pieds d'un noir verdâtre ; base des doigts d'un
jaune verdâtre. Longueur , 1 mètre 25 centimètres
environ, le *mâle* et la *femelle adultes.*

En automne et *en hiver* , les *vieux* n'ont plus de
ces longues plumes sur le dos, ni de huppe. Les *jeunes* diffèrent peu de cette livrée.

L'Aigrette , Buff. — Cet oiseau est de passage chaque
année au printemps dans le Midi , mais il est rare cependant, car l'espèce n'est commune nulle part en France. Il
fréquente les côtes maritimes , et se trouve aussi dans les
lieux couverts de roseaux. Ses mœurs sont celles des autres

Hérons ; il se tient caché pendant le jour , et ne s'envole que lorsqu'on le surprend. Son plumage , d'un blanc de neige , produit un joli effet dans les airs. La Garzette ne quitte guère les contrées méridionales pour aller vers le Nord. Je crois qu'elle niche dans le pays au milieu des jonchaies.

HÉRON VÉRANY. — *ARDEA VERANY*. (Roux.)

Nom du pays : *Routaïrë*.

COLORATION. — Dessus de la tête , nuque et occiput garnis de plumes longues à barbes détachées, d'une belle couleur de café au lait ou de roux clair; un bouquet de plumes qui retombent sur le devant de la poitrine, ainsi qu'une touffe sur le bas du dos également roux clair ou couleur de café au lait ; tout le reste du plumage d'un blanc parfait avec une légère teinte d'isabelle sur le dos; peau nue des yeux, bec et pieds jaunes ; iris jaune clair. Longueur , 50 centimètres environ , les *vieux*.

Le Héron Vérany est assez répandu en Algérie et sur toute la côte barbaresque , ainsi qu'en Egypte et au Sénégal. Il se rencontre quelquefois dans le midi de la France, en Italie et dans le midi de l'Espagne. Je peux citer deux captures faites dans nos environs. Sa propagation est inconnue.

BUTOR.

Mandibule supérieure courbée en bas ; cou moins
long, épais ; la nudité du tibia est très-petite.

HÉRON GRAND-BUTOR. — *ARDEA STELLARIS.* (Linn.)
Nom du pays : *Bitor Doura.*

COLORATION. — Sommet de la tête et un trait en
forme de moustache, noirs ; plumes du cou longues
et pendantes ; tout le fond du plumage d'un roux
jaune doré très-clair, varié de raies, de mouchetures, de taches et de zigzags bruns ; quelques taches
rousses sur le devant du cou ; quelques reflets pourprés sur les ailes ; bec brun, jaunâtre et verdâtre ; iris
jaune ; pieds verdâtres. Longueur, 76 centimètres
environ, les *deux sexes.*

LE BUTOR, Buff. — Ce Héron est extrêmement mé-
fiant ; constamment caché au milieu des endroits broussailleux entourés d'eau, il use encore de mille détours
lorsqu'il se voit surpris. S'il est blessé par un chasseur,
il se blottit, rentre son cou en dedans, et dès qu'on veut,
le saisir, il lance un fort coup de bec qui risque de vous
blesser, car c'est surtout à la figure qu'il dirige ses coups.
Dans ce cas, les chiens courent de grands dangers en voulant s'en approcher. Pendant la nuit il pousse un cri grave
qui retentit au loin, il imite la voix du taureau. Cet oiseau
est sédentaire dans les contrées marécageuses du midi de
la France ; mais nous en voyons encore qui sont de passage
au printemps et en automne. Il habite une grande partie
de l'Europe.

HÉRON CRABIER. — *A. RALLOIDES.* (Scopoli.)

Nom du pays : *Routairé.*

Coloration. — Dessus de la tête garni de plumes effilées jaunâtres, marquées de raies noires; sur l'occiput sont huit ou dix plumes très-longues, flexibles, blanches et bordées de noir; le haut du dos et les scapulaires d'un roux clair garni de plumes longues et minces d'un marron clair; parties inférieures blanches; bec bleu à sa base, et noir à sa pointe; peau nue des yeux d'un gris verdâtre; iris d'un beau jaune; pieds d'un jaune verdâtre. Longueur, 45 centimètres environ, les *adultes.*

Les *jeunes,* avant l'âge de deux ans, manquent de plumes longues sur la nuque, et leur plumage supérieur, qui est d'un brun roux, est tacheté en long de brun clair.

Le Crabier de Mahon et le Crabier Caiot, Buff. — Ce très-joli Héron nous visite au printemps, mais il est toujours peu nombreux. C'est par petites troupes de cinq ou six individus, ou bien seul ou par paires qu'ils arrivent dans nos contrées. Le caractère du Crabier n'est pas aussi farouche que celui de plusieurs autres espèces du même genre. Il aime à se poser sur les arbres, où il demeure immobile. Comme tous ses congénères, il est patient par instinct, assez lourd dans ses mouvemens et triste dans son maintien; il habite les marais; mais, pendant son passage, on le voit quelquefois le long des rivières des pays montagneux.

HÉRON BLONGIOS. — *ARDEA MINUTA* (Linn.)

Nom du pays : *Routaïré*.

Coloration. — Dessus de la tête et dos noirs avec des reflets verdâtres ; pennes des ailes et de la queue de cette même couleur ; cou , couvertures des ailes et parties inférieures , d'un jaune roussâtre ; bec jaune mais noir à la pointe ; tour des yeux et iris jaunes ; pieds d'un jaune verdâtre. Longueur , 36 centimètres environ , les *vieux*.

Le Blongios de Suisse , le Butor Brun Rayé et le Butor Roux , Buff. — Le Blongios est commun en été au milieu de nos marais ; il se cache parmi les roseaux ou se perche sur les tamaris , et s'y tient longtemps immobile. Le son de sa voix peut se rendre par les mots , *rehou, rehou*. C'est le plus petit Héron qu'on rencontre en Europe. Il vit longtemps en volière et il aime à se percher haut ; j'en ai nourri avec de la chair, quelques petits poissons et des anguilles ; mais ils sont très-méchans : de quatre que j'en possédais l'un deux tua les trois autres, puis se mit à faire la guerre aux petits volatiles de la volière ; il les attendait près de l'abreuvoir pour leur lancer un coup de bec dans la cervelle , et je fus obligé de le renfermer seul pour mettre fin à cette destruction. Nous en avons très-peu en hiver dans le pays.

GENRE SOIXANTE-SEPTIÈME.

NYCTICORAX. — *NYCTICORAX.* (Cuv.)

CARACTÈRES. — Bec gros, large et dilaté à sa base; quelques plumes longues pendantes à l'occiput; les ongles courts, celui du doigt du milieu pectiné.

L'Europe ne fournit que l'espèce suivante.

BIHOREAU A MANTEAU NOIR. — *N. ARDEOLA.* (TEMM.)

Noms du pays : *Mouak, Láourënt, Berna.*

COLORATION. — Nuque et dos d'un noir à reflets verdâtres; trois ou quatre longues plumes d'un blanc de neige implantées à la nuque; leur extrêmité est noire; parties supérieures, d'un joli cendré pur; front, un espace au-dessus des yeux, d'un blanc pur; bec noir, jaunâtre à sa base; yeux grands; iris d'un brun rouge; pieds d'un vert jaunâtre. Longueur, 50 centimètres environ, les *vieux*.

Les *jeunes*, jusqu'à l'âge de deux ans, sont bruns en dessus avec des taches alongées d'un roux clair; point de plumes longues à la nuque; le dessous du corps nuancé de brun, de blanc et de cendré.

Buffon a décrit cet oiseau sous les noms suivans : LE BIHOREAU, LE POUACRE DE CAYENNE, LE BIHOREAU FE-MELLE et le CRABIER ROUX.

Le Bihoreau est tout-à-fait cosmopolite; on le trouve dans toutes les contrées de l'ancien et du nouveau Monde. Il se plait beaucoup le long du Rhône où il se cache sur les grands arbres; il se laisse approcher, mais on ne peut l'apercevoir que lorsqu'on l'a vu se poser ; rarement il est seul , j'en ai presque toujours trouvé plusieurs ensemble. Quand on les a fait lever sans pouvoir faire feu sur eux , il faut se cacher et tâcher d'imiter leur grosse voix , que l'on peut rendre par les syllabes *moüack* ou *moack*. Alors ils reviennent vers le lieu d'où ils se sont envolés , et l'on peut les tirer d'assez près, La chair du Bihoreau est d'un goût ordinaire.

GENRE SOIXANTE-HUITIÈME.

FLAMMANT. — *PHOENICOPTERUS*. (Linn.)

Caractères. — Bec garni d'une membrane à sa base, plus haut que large, conique vers la pointe qui est recourbée en bas ; les bords finement dentelés ; narines étroites , fendues en long ; yeux à fleur de tête ; pieds très-longs , grêles ; les trois doigts de devant enveloppés dans une membrane échancrée ; pouce très-court , ailes moyennes ; deuxième rémige la plus longue.

L'on ne connaît que trois espèces de Flammants sur la surface du globe : l'une appartient à l'Amérique , l'autre se trouve au Sénégal et au cap de Bonne-Espérance ; la troisième, qui vit sédentaire dans notre pays , se rencontre aussi en Asie et dans quelques parties de l'Afrique. Ces singuliers oiseaux tiennent tout à la fois des *Échassiers* et des *Palmipèdes*. Ils vivent en grandes bandes dans les marais , dans les étangs salés et dans le voisinage de la mer; ils se nourrissent de petits coquillages et d'insectes qu'ils pêchent en retournant le cou pour mieux se servir du crochet de leur bec dont la forme est unique.

FLAMMANT ROSE. — *PH. ANTIQUÒRUM.* (Temm.)

Nom du pays : *Flamën.*

Coloration. — Tout le plumage d'un beau rose, souvent avec des teintes et des mèches plus vives sur la tête, le long du cou et sur le dos; les ailes d'un rouge ardent; de longues plumes rose et cramoisi sous le pli de l'aile; bec d'un rouge vif, noir à sa pointe; pieds d'un rose presque rouge; iris d'un jaune clair et brillant. Longueur, du bout du bec à l'extrémité des jambes, jusqu'à 1 mètre 65 centimètres environ, les *très-vieux mâles au printemps.*

Les *femelles*, quoique aussi grandes, sont toujours d'une couleur plus pâle, quelquefois presque blanche sur toutes les parties du corps, excepté les ailes qui sont plus ou moins d'un rouge vif.

Les *jeunes de l'année* sont d'un gris cendré. On trouve de *très-vieux individus* qui sont de petite taille, mais le plus souvent colorés de rose très-vif.

Le Flammant est particulier aux plages qui bordent la Méditerranée depuis Hyères jusqu'à Perpignan. Mais il n'est nulle part plus abondant que sur les étangs de la Camargue et des environs d'Aiguesmortes; cependant, il arrive que tout-à-coup ces oiseaux diminuent et restent plus ou moins longtemps à revenir, c'est-à-dire quelques mois seulement. Cette disparition ne peut être attribuée qu'à des causes atmosphériques ou au choix de nourriture. Ils sont d'un naturel très-méfiant, et se laissent difficilement surprendre au milieu des pays découverts qu'ils habitent;

car, dès qu'on veut les approcher, les vedettes isolées de la troupe donnent le signal du danger, et on les voit s'élever dans les airs tenant les jambes et le cou étendus sur une même ligne; alors rien de plus beau que de voir ces légions couleur de feu se replier en arrière à mesure qu'on les approche, surtout durant l'été, pendant que le mirage est bien transparent, sur l'étang de Valcarès.

Quoique les Flammants soient attachés aux pays inondés, il arrive parfois qu'ils s'égarent; j'en ai reçu qui avaient été tués dans des endroits montueux, et cette année encore (1843), au mois de mai, M. Cambacède en tua quatre dans sa propriété sur les hautes montagnes au-dessus des *Cosses*, à plus de vingt lieues de la mer, mais ces faits sont rares. L'on a écrit et l'on dit encore que les Flammants construisent un nid en terre glaise au milieu des marais et que les femelles s'y mettent comme à cheval pour couver leurs œufs; je puis affirmer que, dans notre pays, ils ne construisent point de nids, ainsi que je l'ai déjà dit dans mon autre ouvrage; c'est sur une petite élévation, le plus souvent sur un petit chemin entre deux fossés, que les femelles pondent, et si elles choisissent une éminence, c'est pour préserver leur progéniture des eaux, la femelle ne se met point à cheval sur les œufs, mais elle les couve en reployant ses jambes sous le ventre; les œufs nouvellement pondus sont recouverts d'une couche crayeuse qui vous blanchit la main en les touchant; mais s'il survient de fortes pluies cette couche disparaît en partie, de même que lorsque un œuf a été manié; il ne présente plus alors qu'une surface raboteuse et comme sillonnée, car la coquille est très-épaisse. Il en est de même pour les œufs du *Pélican*, et de quelques autres espèces exotiques. Quand je fis paraître l'*Ornithologie du Gard*, je n'avais pas encore connaissance de ces faits que j'ai eu l'occasion d'observer depuis.

Les Flammants nichent sur une même ligne et toujours en grand nombre.

Voir l'*Ornithologie du Gard*, pour quelques autres notes sur leurs habitudes.

***

GENRE SOIXANTE-NEUVIÈME.

AVOCETTE. — *RECUVIROSTRA*. (Linn.)

CARACTÈRES. — Bec long, se courbant en haut, très-mince à son extrémité qui est flexible ; narines à la surface du bec ; pieds longs ; les trois doigts antérieurs réunis par une membrane échancrée.

Ces oiseaux vivent sur la grève de la mer, au bord des rivières et des étangs salins. Quoique les Avocettes aient des palmures aux pieds, elles ne nagent point. Leur nourriture consiste en très-petits insectes et en œufs de petits animaux aquatiques qu'elles enlèvent de dessus la vase.

AVOCETTE A NUQUE NOIRE, — *A. RECUVIROSTRA*. (Linn.)

Nom du pays : *Bé-dé-Léséno.*

COLORATION. — Plumage d'un beau blanc pur, excepté le haut de la tête, la partie postérieure du cou et des ailes qui sont d'un noir profond ; bec de cette même couleur ; iris brun ; pieds d'un cendré bleuâtre. Longueur, 50 centimètres environ, le *mâle* et la *femelle vieux.*

L'AVOCETTE, Buff. — Nous trouvons les Avocettes dans notre pays depuis le mois d'avril jusque vers la fin de l'été. Elles vivent au bord de nos marécages et de nos

étangs salés peu éloignés de la mer ; elles ont le vol haut
et soutenu ; au moment des nichées, elles se réunissent
plusieurs dans un canton pour y passer tout le temps que
dure la reproduction. Leurs œufs sont déposés sur le sable
les uns près des autres. L'espèce est répandue en Europe.

———

GENRE SOIXANTE-DIXIÈME.

SPATULE. — *PLATALEA*. (Linn.)

CARACTÈRES. — Bec très-long et très-aplati, ayant
la forme d'une spatule ; narines oblongues ; pieds
longs et robustes ; les doigts réunis jusqu'à la seconde
articulation.

Les Spatules vivent en bandes dans les lieux couverts
de marécages et dans les bois qui en sont peu éloignés,
rarement sur les plages maritimes. Leur nourriture se
compose de petits poissons, de leurs œufs, d'insectes et
même de petits reptiles, surtout de salamandres.

SPATULE BLANCHE. — *P. LEUCORODIA*. (Linn.)

Nom du pays : Bé d'Espatulo.

COLORATION. — Plumage d'un blanc pur ; une
huppe très-fournie, composée de plumes longues, et
déliées sur l'occiput ; un large plastron d'un jaune
d'ocre foncé sur la poitrine et remontant sur le dos ;
une nudité d'un jaune pâle autour des yeux et sur la
gorge ; bas de la gorge teint de rouge ; bec noir, mais
jaune à la pointe ; le fond des sillons un peu bleuâ-

tre ; pieds noirs, iris rouge. Longueur , 86 centimètres environ , les *très-vieux mâles*.

La *femelle* a la huppe moins touffue et le plastron
est moins marqué.

Les *jeunes* manqnent de huppe ; point de plastron
sur la poitrine ; le bec est de couleur cendrée.

La Spatule, Buff. — Cette belle espèce d'oiseau est
rare dans les contrées du Midi , surtout les vieux ; en hiver seulement on les rencontre sur les bords des fleuves et
près de leur embouchure , dans les environs des étangs et
les eaux des marais. Pendant leurs voyages , les Spatules
se réunissent quelquefois aux troupes de Cigognes. Elles
sont assez répandues en Europe ; on les trouve plus communément dans le Nord que dans le Midi.

GENRE SOIXANTE-ONZIÈME.

IBIS. — *IBIS*. (Lacép.)

Caractères. — Bec long , arqué, un peu carré à
sa base ; pointe arrondie ; mandibule supérieure sillonnée ; narines linéaires ; face nue, quelquefois une
partie de la tête et du cou manquent de plumes ;
pieds grêles et longs.

L'on connaît plusieurs espèces d'Ibis ; ils habitent l'Europe, l'Asie , l'Afrique et le nouveau Monde. L'on sait que
l'Ibis fut longtemps l'objet d'une grande vénération chez
les peuples de l'antiquité, et de nos jours on trouve encore
leurs restes embaumés à côté des momies des anciens rois
d'Egypte.

L'on pensait que son apparition amenait la crue du Nil.

Ces oiseaux vivent au bord des fleuves et des lacs ; ils se nourrissent de vers , de molusques, mais ne touchent jamais aux serpens quoiqu'on leur ait attribué cette habitude.

IBIS FALCINELLE. — *IB. FALCINELLUS.* (Temm.)

Nom du pays : *Charlot vert ou d'Espagno , Lisiairo.*

Coloration. — Tête d'un roux noirâtre ; cou, poitrine, haut du dos, pli de l'aile et dessous du corps, d'un roux bai ; dos, croupion, ailes et queue, d'un vert noirâtre avec des reflets bronzés et pourprés ; bec d'un noir verdâtre, brun à sa pointe ; iris brun. Longueur , 60 centimètres environ, les *vieux.*

Les *jeunes* ont les plumes rayées en long sur la tête ; la gorge et le cou sont aussi rayés de brun et bordés de blanchâtre ; le fond du plumage est d'un noir cendré, et les reflets des parties supérieures sont moins vifs.

Le Courlis Vert et le Courlis d'Italie, Buff. — Cet Ibis est de passage dans le pays à l'époque du mois de mai ; il y a des années où nous n'en voyons presque pas , tandis que d'autres fois ils se montrent nombreux ; cela dépend des variations atmosphériques qui les forcent à s'arrêter ou bien à passer rapidement. La pluie et le vent du sud-est les retiennent ordinairement dans notre pays. Ces oiseaux vont par petites troupes , ils sont peu farouches ; leur chair est d'un mauvais goût. Dans ces derniers temps j'ai pu me convaincre qu'il en nichait quelquefois chez nous, dans le voisinage de la mer , mais en très-petit nombre. L'Ibis Falcinelle habite l'Egypte et l'Asie. On ne connaît point ses œufs.

COURLIS. — *NUMENIUS.* (Briss.)

Caractères. — Bec arqué comme dans les Ibis ; la mandibule supérieure un peu plus longue que l'inférieure ; narines percées dans la canelure ; pieds longs, grêles ; doigts courts, les antérieurs réunis à leur base par une membrane.

L'Europe possède trois espèces de Courlis ; toutes les trois visitent le Midi, fréquentent les marais et se nourrissent d'insectes terrestres et aquatiques, ainsi que de limaçons et de petits coquillages.

COURLIS CENDRÉ. — *N. ARQUATA.* (Lath.)

Nom du pays : *Charlot*

Coloration. — Tout le plumage est mélangé de gris et de blanc comme flambé ; cependant le ventre et le croupion sont d'un blanc pur ; rémiges et queue noirâtres ; cette dernière partie est coupée par du brun et du blanc en travers ; mandibule supérieure noirâtre, l'inférieure en partie couleur de chair ; pieds bruns. Longueur, 64 centimètres environ, les *deux sexes*.

Le bec varie beaucoup par sa longueur.

Le Courlis, Buff. — Le nom de Courlis donné à cet oiseau lui vient du cri qu'il fait entendre en volant, soit pendant la nuit, soit pendant le jour ; ce cri exprime *coûrrili*, *coûrrili*. Ces oiseaux vont ordinairement par troupes de dix à vingt individus ; leur vol est élevé et rapide.

Le Courlis cendré niche dans le pays, mais il est moins commun en été qu'en hiver et à l'époque de ses passages qui ont lieu dans les premiers jours de septembre et en mars. Sa chair est fort estimée pour la table.

COURLIS CORLIEU. — *N. PHÆOPUS.* (Lath.)

Noms du pays : *Picho Charlot, Charlotino.*

Coloration. — Tout le fond du plumage est d'un cendré clair ; sur le cou et sur la poitrine des taches brunes longitudinales ; trois bandes sur la tête, celle du milieu est plus claire que les latérales qui sont brunes ; ventre blanc ; les plumes du dos et les scapulaires, brunes, bordées de brun plus clair ; bec noirâtre, mais rougeâtre à sa base ; iris brun ; pieds couleur de plomb. Longueur, 45 centimètres environ, le *mâle* et la *femelle vieux.*

Le Petit Courlis ou Corlieu, Buff. — Ce Courlis est moins abondant chez nous que l'espèce précédente. Son véritable passage a lieu au printemps, je dis son véritable passage parce que nous n'en voyons que quelques-uns qui voyagent isolément vers le milieu de l'automne. Ses habitudes sont les mêmes que celles du Courlis Cendré ; il fréquente ici les mêmes lieux, mais l'on assure qu'il niche dans les régions boréales et en Asie.

COURLIS A BEC GRÈLE. — *N. TENUIROSTRIS.* (Ch. Bonap.)

Nom du pays : *Charlot dei pichos.*

Coloration.— Sommet de la tête, derrière du cou

et dos , d'un cendré roussàtre marqué en long par
des taches brunes ; côtés du dos et couvertures des
ailes de pareille couleur ; mais chaque plume , milieu
de l'aile et scapulaires blanchàtres, avec une tache
qui finit en pointe le long des baguettes ; queue blanche, rayée en travers par six bandes brunes; milieu
du dos et croupion d'un blanc pur ; parties inférieures blanches, avec une ligne brune sur la baguette
des plumes; ces lignes deviennent plus larges sur la
poitrine , et sont de forme lancéole sur le ventre et
les flancs ; abdomen et couvertures de dessous la
queue, d'un blanc sans mélange; bec grêle , n'ayant
pas tout-à-fait 8 centimètres de long ; iris brun. Longueur 45, centimètres environ , les *deux sexes*.

Point dans Buffon. — Le Courlis à bec grêle est encore
peu mentionné dans les ouvrages d'ornithologie , et n'est
guère répandu en Europe ; il arrive chez nous chaque année, en automne, mais je ne crois pas qu'on l'ait encore
observé autre part que dans les contrées méridionales ; c'est
autour des eaux stagnantes , au bord des fleuves et des
marécages qu'on le trouve. La manière dont cet oiseau
niche et la couleur des œufs sont encore inconnues.

GENRE SOIXANTE-TREIZIÈME.

BÉCASSEAU. — *TRINGA.* (Briss.)

CARACTÈRES. — Bec un peu grêle, flexible, presque rond, droit ou un peu arqué, médiocre ou
long, sillonné en dessus, lisse et dilaté à sa pointe ;

doigts totalement séparés, ou les extérieurs unis à
leur base par une membrane ; pouce portant à terre
sur le bout.

Dans ce genre sont comprises les plus petites espèces
d'oiseaux qui courent sur les plages ou qui vivent au bord
des eaux. Les Bécasseaux vont toujours en troupes en
voyageant, et se réunissent plusieurs dans une même
localité pour nicher. Ils recherchent leur nourriture , qui
consiste en insectes , vers, et en petits coquillages en
fouillant dans les terres limoneuses et au bord des eaux.
Le plumage du printemps ne ressemble point à celui d'hiver, le premier est plus brillant et a des couleurs plus
variées.

PREMIÈRE SECTION.

BÉCASSEAUX PROPREMENT DITS.

Les doigts entièrement séparés.

BÉCASSEAU COCORLI. — *T. SUBARQUATA.* (Temm.)

Nom du pays : *Espagnolé* *.

COLORATION. — Face, sourcils, gorge, ventre et
couvertures de la queue d'un blanc pur ; haut de la
tête , scapulaires et dos d'un brun cendré marqué de
brun foncé sur chaque plume ; nuque, devant du
cou et poitrine rayés de brun ; les plumes bordées de
blanchâtre ; queue cendrée, frangée de blanc ; bec

* Le nom d'Espagnolé est appliqué chez nous à beaucoup de petites
espèces d'oiseaux de rivage, parce qu'on croit que ces oiseaux nous
viennent d'Espagne au moment de leur passage du printemps.

arqué, plus long que la tête, noir; iris brun. Longueur, 20 centimètres environ, les *deux sexes*, *en hiver*.

Au printemps et en été, quelques plumes blanches au menton seulement; tout le reste est d'un roux marron en dessous; le dessus du corps est varié de noir, de roux et de blanchâtre.

C'est la Brunette, le Cincle et l'Alouette de Mer de Buffon. A l'époque où cet illustre auteur écrivait l'histoire des oiseaux d'une manière si entraînante, l'on ne connaissait pas encore tous les changemens qui s'opèrent dans leur livrée, selon l'âge, le sexe et les saisons ; de là cette confusion de noms qui furent imposés à un seul et même individu comme formant plusieurs espèces.

Le Bécasseau Cocorli fait un passage qui est nombreux au printemps ; bientôt après, il ne reste plus un seul individu dans le pays, mais, vers le milieu du mois d'août, il paraît de nouveau ayant encore en partie sa livrée d'amour : en automne, nous en avons un passage assez considérable, et plusieurs hivernent dans nos contrées. Les chasseurs ne reconnaissent point dans cette saison ces oiseaux pour la même espèce qui leur est apparue au printemps, vu le changement total de couleur de leur robe. C'est autour de nos étangs, de nos marais, et sur les bords de la mer qu'on peut les rencontrer.

BÉCASSEAU BRUNETTE. — *T. VARIABILIS.* (Mey.)

Nom du pays : *Espagnolé*.

COLORATION. — Un trait depuis le bec jusqu'au-dessus des yeux, la gorge et toutes les parties inférieu-

res d'un blanc pur ; poitrine d'un cendré blanchâtre ;
parties supérieures d'un gris rembruni avec un petit
trait noirâtre sur les baguettes ; croupion et les deux
pennes de la queue d'un brun noirâtre ; ces deux dernières plus longues que les autres qui sont cendrées
et bordées de blanc ; bec à-peu-près droit et noir ; iris
et pieds d'un brun noirâtre. Longueur, 20 centimètres environ, le *mâle* et la *femelle*, *en hiver*.

Au printemps, les plumes de la tête moins bordées de roux ; celles du dos et couvertures des ailes
noires, bordées de roux et de blanchâtre ; une plaque
noire sur le ventre ; la poitrine et les côtés marqués
de petites raies noires.

Le Cincle et La Brunette, Buff. — Les Bécasseaux
Brunettes sont très-abondans dans les contrées marécageuses du Languedoc et de la Provence ; ils arrivent par
bandes nombreuses, en volant ras de terre, tout en jetant
un petit cri qui paraît exprimer *pritz, pritz*. Ils se posent
sur la grève ou sur la vase des marais et des étangs, en
se tenant presque en ligne droite. Ces oiseaux nous visitent
en automne, alors que le froid se fait sentir dans le Nord ;
plusieurs restent l'hiver dans le pays ; mais, au printemps,
nous les voyons arriver de nouveau en très-grand nombre,
venant des côtes d'Espagne. Cette espèce varie par la
taille ; on en trouve de beaucoup plus grands les uns que
les autres, ce qui a permis d'en faire une sous-espèce.

Remarque. Dans l'*Ornithologie du Gard*, page 413, au
lieu de *subespèce* lisez *subspecies*.

BÉCASSEAU PLATYRHINQUE. — *T. PLATYRHINCHA.* (Temm.)

Nom du pays : *Espagnolé.*

COLORATION. — Deux larges bandes blanches, prenant naissance sur le front, vont passer sous les yeux
et s'étendent au-delà ; une lignée de petites plumes
blanches, partant du milieu du front, va se réunir
sur la nuque ; espace entre le bec et l'œil, et celui qui
sépare les deux bandes blanches, ainsi que le milieu
de la tête, d'un brun noir ; une tache de cette même
couleur sur les plumes du haut du bec ; joues, derrière et côtés du cou, d'un cendré rayé de noirâtre ;
côtés de la poitrine et flancs lavés de roux, avec
quelques traits noirâtres ; milieu de la poitrine et toutes les autres parties inférieures, d'un blanc pur ;
haut du dos, scapulaires, couvertures des ailes et les
pennes latérales de la queue, noires, mais chaque
plume entourée de roux et de blanchâtre ; rémiges
noires ; bec plus long que la tête, courbé vers la
pointe ; déprimé à sa base et plus large partout que
dans les autres espèces de Bécasseaux ; il est d'un
cendré rougeâtre, noir à la pointe ; pieds d'un cendré
verdâtre ; iris brun foncé. Longueur, 17 centimètres
environ. *(Livrée des individus que nous trouvons ici
vers le milieu du mois d'août.*

Inconnu à Buffon. — Le plus petit des *Courlis.* (*Sonnini. Nouv. Edit. de Buffon.*) Ce rare Bécasseau n'est point
mentionné dans l'*Ornithologie du Gard.* Quand je fis paraître cet ouvrage, je ne savais point encore qu'il se

trouvât dans le Midi ; il y est cependant de passage chaque
année vers la mi-août, et se fait tuer avec les *Bécasseaux
Cocorlis*, en compagnie desquels il voyage. M. Lebrun et
moi nous l'avons trouvé plusieurs fois, tant dans le département de l'Hérault que dans le Gard. Le Platyrhinque
habite les marais du nord de l'Europe et de l'Amérique,
l'Archipel de la Sonde et des Moluques. Il se montre sur
les lacs de la Suisse au printemps. On ne l'avait pas encore
décrit comme visitant la France.

BÉCASSEAU VIOLET. — *T. MARITIMA*. (Temm.)

Nom du pays : *Charlotino* , *Cambé*.

COLORATION. — Tête et face d'un brun noirâtre ;
poitrine gris foncé ; un croissant blanchâtre au bas
de chaque plume ; milieu du ventre, blanc pur ; le
dessus du corps est d'un brun violet qui a des reflets
pourprés ; les rémiges ont leurs baguettes blanches ;
pennes du milieu de la queue noires , les autres sont
d'un cendré clair ; le bec est noirâtre, mais rougeâtre à sa base ; iris noirâtre ; pieds , d'un jaune d'o-
cre. Longueur, 17 centimètres environ, les *deux
sexes en habit d'hiver*.

Au printemps et en été, les parties supérieures
fortement nuancées de violet ; les plumes entourées
de blanc pur et d'un peu de roux sur les côtés ; des
taches noirâtres , de forme lancéolée, sont placées
sur un fond blanc cendré en dessous.

Le Bécasseau Violet est fort rare dans les contrées méridionales , il ne s'y montre qu'en hiver et toujours isolément. Sa véritable patrie est l'Angleterre, la Hollande et

quelques autres pays du Nord. Il aime à fréquenter les rivages de la mer et va fouiller dans les jetées de pierres
qui s'avancent dans les flots, pour y trouver de petits insectes marins qui composent en grande partie sa nourriture.

BÉCASSEAU TEMMIA. — *T. TEMMINCKII.* (Leisl.)

Nom du pays : *Espagnoulé deï pichot.*

COLORATION. — Parties supérieures d'un cendré
foncé avec du brun noirâtre le long de la baguette
des plumes; devant du cou et poitrine d'un cendré
teint de roux ; gorge et parties inférieures d'un blanc
pur; queue étagée ; les deux pennes latérales blanches ; les suivantes blanches et brunes ; celles qui suivent, d'un brun cendré ; les deux du milieu les plus
longues ; bec faible, un peu recourbé au bout, brun,
noirâtre ; pieds de cette même couleur ; iris brun.
Longueur, 14 centimètres environ, *en hiver.*

Au printemps et en été, parties supérieures noires ; chaque plume entourée de roux vif; le front,
le devant du cou et la poitrine teints de roux, avec
de fines raies noires ; la gorge, les parties inférieures d'un blanc pur ; les deux pennes du milieu de la
queue noires et bordées de roux vif.

Point dans Buffon. — TRINGA TEMMINCKII, Cuv. — Ce
petit Bécasseau n'est jamais abondant dans nos contrées,
mais il y est de passage deux fois par an, en automne et au
printemps ; il voyage en compagnie de ceux de son espèce,
et se mêle souvent avec les *Bécasseaux variables.* Il fréquente les marais et niche dans les régions du Nord.

BÉCASSEAU ECHASSE. — *T. MINUTA.* (Leisler.)

Nom du pays : *Espagnoulÿ deï pichos.*

COLORATION. — Front, sourcils, gorge, milieu de
la poitrine et toutes les parties inférieures, d'un blanc
pur ; un trait entre le bec et l'œil, haut de la tête,
côtés de la poitrine et toutes les parties supérieures
cendrés ave : une ligne d'un brun noirâtre sur la
baguette ; queue cendrée ; les pennes latérales et les
deux du centre sont les plus longues ; les couvertures
sont blanches sur chaque côté de cet organe, brunes
au milieu ; bec droit, noir, ainsi que les pieds. Longueur, 14 centimètres environ, le *mâle* et la *femelle*,
en hiver.

Au printemps et *en été*, sommet de la tête, derrière du cou, milieu du dos et les scapulaires variés
par des plumes qui sont rousses, avec une tache
noire au centre, et frangées de cendré clair ; les deux
pennes du milieu de la queue noires, entourées de
roux vif ; joues, côtés du cou et la poitrine roussâtres, parsemés de petites taches brunes.

Point dans Buffon. — TRINGA MINUTA, Cuv. — Cette
espèce, qu'il est facile de confondre avec la précédente,
arrive chez nous et en repart en même temps qu'elle ; on
la trouve également autour de nos pays inondés et marécageux. Ces Bécasseaux vont en petites troupes, se posent tous dans un même lieu, et jettent de petits cris quand
ils prennent leur essor ; leur vol est très-rapide, mais ils
ne s'élèvent pas à une grande hauteur. On les trouve en
été jusque très-avant dans le Nord.

BÉCASSEAU CANUT ou MAUBÈCHE. — *T. CINEREA*. (Linn.)

Nom du pays : *Gros Espagnoulé*.

COLORATION. — Gorge, bas de la poitrine, milieu du ventre et parties postérieures, d'un blanc pur ; front, sourcils, cou, poitrine et flancs variés de petits traits bruns et de lunules sur un fond blanc ; tête, derrière du cou et les parties supérieures d'un cendré clair ; croupion et couvertures de la queue blancs avec des zigzags et des croissans noirs ; bec et pieds d'un noir verdâtre ; iris brun. Longueur, 26 centimètres environ, les *deux sexes*, *en hiver*.

Au printemps et en été, une large bande au-dessus des yeux ; la gorge, le cou et toutes les autres parties inférieures, d'un roux de rouille pur ; sommet de la tête et nuque roux, marqués de taches noires ; les plumes des parties supérieures d'un noir profond, bordé de roux vif.

LA MAUBÈCHE GRISE et LA MAUBÈCHE TACHETÉE, Buff. — Sous ces deux noms, l'immortel naturaliste désigne un individu en *livrée d'hiver* et *un jeune de l'année*, il paraît aussi qu'il ne fut pas à même de voir les vieux en habit *de noces* ou *d'amour*. Ces oiseaux passent en bandes nombreuses durant le mois de mai, mais ce passage se fait rapidement, sans doute parce qu'ils sont pressés d'arriver dans les contrées éloignées du nord de l'Europe où ils vont nicher. Rarement la Maubèche fait entendre sa voix, soit en volant, soit quand elle est posée. En automne, nous revoyons quelques individus voyageant séparément, et ce sont presque toujours des jeunes. Comme tous ses congénères, ce Bécasseau fréquente les pays submergés par des eaux stagnantes.

COMBATTANT. — *MACHETTES*. (Cuv.)

CARACTÈRES. — Le doigt du milieu est uni à l'extérieur jusqu'à la première articulation; les *mâles* sont ornés de longues plumes de parade durant le temps des amours. Ce genre ne comprend que l'espèce suivante :

COMBATTANT VARIABLE. — *M. PUGNAX*. (Cuv.)

Nom du pays : *Gabidoulo , Sourdo.*

COLORATION. — Gorge, devant du cou, ventre et parties postérieures, blancs; poitrine roussâtre avec des taches brunes ; plumes des parties supérieures le plus souvent brunes , tachetées de noir et bordées de roussâtre; queue rayée de brun, de noir et de roux ; bec brunâtre ; pieds jaunâtres, teints de verdâtre, de brun ou de rougeâtre; iris brun. Longueur, 32 centimètres environ . le *mâle*.

La *femelle* est moins grande, elle a le devant du cou tacheté sur un fond blanc; le bec est noir et les pieds sont noirâtres ; *plumage des deux sexes en hiver*.

Au printemps et en été , cet oiseau change tellement de livrée et les individus se ressemblent si peu entr'eux , qu'il serait impossible de les bien décrire. Les *mâles* ont la face garnie de verrues ou papilles jaunes et rougeâtres; des plumes longues sur l'occiput; de plus longues encore, un peu frisées, ornent la gorge et les côtés du cou; elles sont rousses, cendrées, noires, brunes, blanches ou jaunâtres; souvent plusieurs de ces couleurs sont mélangées sur le même individu; celles des parties supérieures varient de la même manière et ont des reflets violâtres et pourprés.

Le Combattant, Le Chevalier Varié et Le Chevalier Commun , Buff. — Ainsi que l'indique leur nom, ces oiseaux se livrent des combats terribles à l'époque des amours; ce sont les mâles qui se disputent la possession d'une femelle au point de se donner la mort. Au printemps ces oiseaux arrivent dans nos contrées marécageuses par troupes nombreuses; leur vol est d'une grande vélocité, et, comme ils ne crient point, nos chasseurs riverains les ont appelés *Sourdos*. Leur plus fort passage est au printemps; celui d'automne est moins nombreux, nous en voyons aussi durant l'hiver. Les jeunes nous visitent dès la fin d'août. Le Combattant niche très-avant dans le Nord.

GENRE SOIXANTE-QUINZIÈME.

CHEVALIER. — *TOTANUS* *. (Bechst.)

Caractères. — Bec médiocre, un peu grêle ou long, tranchant à la pointe, sillonné; mandibule supérieure légèrement courbée sur l'inférieure; narines fendues en long; pieds longs, grêles, nus au-

* Cette dénomination scientifique vient de *Totano*, nom usité en Sicile pour désigner plusieurs oiseaux de rivage.

dessus du genou ; doigt du milieu réuni à l'extérieur
par une assez forte membrane , le pouce ne portant
que faiblement à terre.

Les Chevaliers sont des oiseaux de taille svelte , montés
sur des jambes longues et minces. Comme les Bécasseaux ,
ils vont par troupes , fréquentent les bords des eaux et les
prairies marécageuses. Ils se nourrissent d'insectes et de
petits coquillages , rarement de petits poissons. Ils muent
deux fois l'année.

PREMIÈRE SECTION.

CHEVALIERS PROPREMENT DITS.

CHEVALIER ARLEQUIN. — *T. FUSCUS.* (Leisler.)

Nom du pays : *Charlotino , Gabidoulo , Sourdo , Cambé* *.

Coloration. — Toutes les parties supérieures, excepté le croupion, sont noirâtres sur la baguette des
plumes, gris cendré sur les barbes ; croupion et toutes
les parties de dessous le corps blanchâtres ; deux
traits , un noirâtre et l'autre blanc, entre le bec et
l'œil ; queue traversée par du noir et du blanc ; bec
noir, rouge à sa base ; iris brun ; pieds d'un rouge
vif. Longueur , 32 centimètres environ , les *deux
sexes en hiver.*

Le *plumage du printemps* est d'un brun noir avec
des taches blanches sur le dos , les ailes et les flancs ;
pieds d'un noir teint de rougeâtre.

* Nos chasseurs riverains donnent ces noms à toutes les espèces de
chevaliers indistinctement.

La **Barge Brune**, Buff. — Dès le mois de mars, ce Chevalier commence d'arriver dans les contrées marécageuses du Midi; mais il n'y est véritablement commun que dans la dernière quinzaine d'avril. Ils vont par troupes et font entendre un sifflement aigu ; ils fréquentent le bord des eaux, y rentrent de toute la longueur de leurs jambes, et cherchent leur nourriture en enfonçant la tête dans l'eau. Cette espèce quitte le pays en mai et reparaît en automne, mais elle est peu abondante à cette époque. Elle niche dans les contrées du Nord.

CHEVALIER GAMBETTE. — *T. CALIDRIS.* (Bechst.)

Nom du pays : *Gabidoulo deï Pés roujhës.*

Coloration. — La tête, le derrière du cou, le haut du dos et les ailes d'une seule teinte de cendré plus ou moins rembruni avec un petit trait plus foncé sur la tige de chaque plume ; devant du cou et poitrine d'un gris blanchâtre, avec une ligne brune sur le centre de chaque plume ; parties inférieures et croupion d'un blanc pur ; queue rayée de noir et de blanc ; iris brun ; pieds et base du bec rouges, celui-ci noir sur le reste de sa longueur. Longueur, 27 centimètres *en hiver*.

La *femelle* lui ressemble.

Au printemps et en été, la tête, la nuque et toutes les parties supérieures d'un brun cendré olivâtre varié de raies noires en longs et en travers ; croupion blanc ; côtés de la tête et toutes les parties postérieures blanches, couvertes de taches alongées d'un brun noirâtre ; moitié du bec et pieds d'un rouge vermillon.

Le Chevalier aux Pieds Rouges ou la Gambette, Buff.
— Ce Chevalier fait deux passages dans nos contrées, l'un
au printemps, l'autre en automne, qui sont ordinairement
abondans. Ils volent par petites troupes, autour de nos
étangs et de nos palus, en jetant de petits cris plaintifs qui
expriment *gli, gli, gli,* ou *kli, kli, kli.* Cette espèce, qui
se trouve dans toute l'Europe, vit également au Bengale
et au Japon.

CHEVALIER STAGNATILE. — *T. STAGNATILIS.* (Bechst.)

Nom du pays : *Cambé dei Gris.*

COLORATION. — Cette jolie espèce a le haut de la
tête, la nuque et le derrière du cou d'un gris blanc
rayé longitudinalement de noir ; parties de dessus le
corps et des ailes d'un gris de perle à reflets rougeâtres marqué par des taches noires en travers de chaque plume ; milieu du dos, croupion et queue blancs,
cette dernière est rayée de brun ; les deux pennes
du milieu cendrées et dépassant les autres, toutes
les parties inférieures d'un blanc de lait ; mais le devant et les côtés du cou de même que les côtés de la
poitrine marqués par de petites taches brunes ; bec
d'un noir cendré ; pieds verts ; iris brun. Longueur,
environ 24 centimètres.

Plumage de printemps et d'été ; les taches de devant et des côtés du cou, ainsi que celles de la poitrine sont entièrement effacées ; toutes ces parties
alors sont d'un blanc parfait.

Buffon l'a figuré sous le nom de Barge Grise, mais il ne
donne point de texte de cet oiseau. J'ai dit dans l'*Ornitho-*

logie du Gard, page 427, que le Chevalier Stagnatile n'arrivait chez nous qu'au mois d'avril; mais depuis je l'ai trouvé sur notre marché vers le milieu du mois d'août, en plumage parfait d'été, ce qui m'a permis de faire une légère modification sur ce que j'avais dit de sa robe dans cette saison.

Cette espèce n'est jamais nombreuse dans le Midi; on la trouve au bord des lacs, des étangs et sur les plages maritimes; on assure qu'elle niche dans le Nord; mais comment concilier cette assertion avec sa présence ici dès le mois d'août?

CHEVALIER CUL-BLANC. — *T. ACHROPUS.* (Temm.)

Nom du pays : *Quiou blan d'Aiguo*, *Pié-Vert.*

COLORATION. — D'un brun olivâtre en dessus avec des points blancs sur le dos, les scapulaires et les couvertures des ailes; gorge, poitrine et ventre blancs; un trait de cette couleur et l'autre brun entre le bec et l'œil; moitié supérieure de la queue blanche; bec d'un noir verdâtre à sa base, noir sur le reste; pieds d'un cendré verdâtre. Longueur, 21 centimètres, *les deux sexes vieux en plumage d'hiver.* *En été* le plumage supérieur est plus foncé et a des reflets verdâtres.

LE BÉCASSEAU ou CUL-BLANC, Buff. — On reconnaît ce Chevalier à sa voix quand il passe dans les airs : elle semble exprimer *tui, tui, tui, tui,* redit d'un ton clair, perçant, et sur des intonations différentes; on le rencontre au bord des marais, le long des fossés fangeux et des rivières. Il vit presque toujours isolé de ses pareils; il habite jusque dans les contrées du centre de l'Europe ; mais l'espèce reste sédentaire dans le Midi.

CHEVALIER SYLVAIN. — *T. GLAREOLA.* (Temm.)
Noms du pays : *Pié-Vert*, *Pluvieiroto griso.*

Coloration. — Un sourcil blanc et un trait brun entre le bec et l'œil ; haut de la tête rayé en long par du brun et du blanchâtre ; joues , devant du cou, poitrine et flancs de couleur blanche rayée de brun foncé ; gorge et ventre d'un blanc pur , d'un brun noirâtre en dessus ; les plumes tachées de blanc ; queue rayée transversalement de brun et de noir ; les pennes latérales ont du blanc sur leur partie intérieure ; bec verdâtre à sa base, noir sur le reste ; pieds verdâtres ; tour des paupières blanc. Longueur, 16 centimètres , *les vieux au printemps.*

Point dans Buffon. — C'est le Chevalier des Bois de Cuvier. — Cet échassier passe en grand nombre durant le mois d'avril , et les jeunes se montrent encore dès le milieu du mois de juillet , ce qui ferait présumer que ces oiseaux ne nichent pas dans des pays bien éloignés du nôtre ; mais je ne puis assurer s'ils se multiplient dans nos contrées. Les Chevaliers Sylvains fréquentent les bords des eaux douces, et surtout les marais boisés. Leur chair est un excellent mets que l'on recherche ici pour la table. On les trouve dans beaucoup de pays étrangers à l'Europe.

CHEVALIER GUIGNETTE. — *T. HYPOLEUCOS.* (Temm.)
Noms du pays : *Pié-Vert*, *Courriolo d'aïguo.*

Coloration. — Haut de la tête, nuque et parties

supérieures d'un brun olivâtre avec des reflets verdâtres et violâtres ; le dos et les ailes rayés en travers
par des lignes et des zigzags noirâtres terminés de
blanc ; une tache de cette couleur sur le milieu de
l'aile ; gorge, ventre et abdomen d'un blanc pur ;
devant du cou et côtés de la poitrine blanc rayés de
brun ; queue terminée-par du blanc pur ; iris brun ;
pieds d'un brun verdâtre. Ce petit Chevalier ne mesure que 18 centimètres (*les deux sexes*).

Buffon donna à cet oiseau les noms de *Guignette* et de
Petite Alouette de Mer. C'est sur les bords du Rhône et le
long de nos rivières que se plaît à vivre ce Chevalier ; on
le trouve moins communément dans les environs des marais. Il fuit de loin quand on veut l'approcher ; mais il
se pose bientôt à une petite distance ; s'il arrive qu'il soit
blessé par un coup de feu, il plonge et va sortir assez
loin de là. L'espèce n'est jamais aussi commune ici que
celle de la plupart de ses congénères. Sa chair est très-
délicate. Nous trouvons cet oiseau chez nous dans toute
la belle saison ; il émigre en automne.

DEUXIÈME SECTION.

CHEVALIER A BEC RETROUSSÉ.

Bec gros, fort et long, un peu relevé en haut ;
le doigt du milieu réuni avec l'extérieur.

CHEVALIER ABOYEUR. — *T. GLOTTIS*. (Bechst.)

Noms du pays : *Siblarèlo blanco*, *Charlotino griso*.

Coloration. — Haut de la tête et derrière du cou
cendrés ; haut du dos et couvertures des ailes d'un
brun noirâtre ; toutes les plumes de ces parties entourées de blanc jaunâtre ; un trait sur l'œil ; milieu
du dos, gorge et toutes les parties blanches ; mais le
cou et les côtés de la poitrine rayés en long par du
brun cendré ; queue rayée en travers de brun et de
blanc ; bec noirâtre, un peu couleur livide en dessous ;
pieds d'un vert teint de jaunâtre. Longueur, 32 centimètres, le *mâle*, et la *femelle en habit d'hiver*.

Au printemps et en été la tête et le cou rayés de
noir et de blanc, un cercle de la même couleur entoure les yeux ; depuis la gorge jusqu'à l'abdomen
règne un blanc parfait qui est marqueté de petites
taches très-nombreuses sur la poitrine et sur le cou ;
haut du dos et les scapulaires noirs avec des bordures
blanches sur les plumes du dos ; quelques taches un
peu rougeâtres sur les scapulaires.

La Barge Variée et la Barge Aboyeuse, Buff. —
Le nom que les naturalistes ont imposé à ce Chevalier lui
vient du cri qu'il jette en volant ; c'est une espèce de
sifflement fort, qui a du rapport avec la voix d'un petit
chien qui aboie. Il se montre dans nos pays inondés ;
au printemps et vers la fin de l'été, mais il ne fait que
passer]; on trouve le Chevalier Aboyeur dans une grande
partie de l'Erope.

BARGE. — *LIMOSA*. (Briss.)

CARACTÈRES. — Bec long, fléchi vers le milieu, sillonné latéralement, obtus au bout ; narines fendues en long, situées dans une rainure ; pieds longs et grêles.

Les Barges ont beaucoup de rapport avec les *Bécasses*, par la longueur de leur bec et la teinte de leur plumage ; mais leurs grandes jambes les rapprochent des *Chevaliers*, en ce qu'elles leur permettent, comme à ceux-ci, de fouiller dans les marais ainsi que dans la vase et le limon des fleuves.

BARGE A QUEUE NOIRE. — *LIMOSA MELANURA*. (Leisler.)

Nom du pays : *Bécasso d'Irlando* , *Bullo*.

COLORATION. — Cette Barge est d'un brun cendré en dessus ; varié de brun foncé le long des baguettes ; gorge, devant du cou, poitrine et flancs d'un gris clair ; parties inférieures blanches ; base de la queue blanche, noire sur le reste ; les deux pennes du milieu terminées de blanc ; le bec, qui est long d'environ 10 centimètres, est de couleur orange, noir vers le bout. Longueur totale, 40 centimètres environ, *en hiver*.

Au printemps, la gorge, la poitrine et les flancs sont d'un roux vif avec des pointes et de petites raies transversales ; ventre et parties postérieures blancs ;

sommet de la tête noir et roux ; haut du dos et scapulaires d'un noir profond.

La Barge et la Barge Commune , Buff. — C'est par petites troupes que ces oiseaux arrivent ordinairement dans
nos contrées où ils ne s'arrêtent que dans les parages couverts d'eaux stagnantes ; ils arrivent en automne et reparaissent au printemps ; quelques individus seulement restent l'hiver dans nos marais. On leur donne ici le nom de
Bécasso d'Irlando , à cause de leur grande ressemblance
avec les Bécasses. Ce sont des oiseaux rusés qui donnent
difficilement dans les piéges qu'on leur tend à leur passage. On les trouve dans toute l'Europe.

BARGE ROUSSE. — *LIMOSA RUFA*. (Briss.)

Nom du pays : *Charlotino* , *Pichotto Bullo*.

Coloration.— Sommet de la tête, espace entre le
bec et l'œil, côtés de la tête et cou d'un cendré
clair, rayé de brun ; sourcils, gorge et toutes les
autres parties postérieures blanches; haut du dos,
scapulaires cendrés ; bas du dos et croupion blancs,
variés de taches noirâtres ; couvertures des ailes noires, bordées de blanc ; les pennes caudales marquées
de noir et de blanc sur leurs barbes intérieures, d'une
seule couleur sur les extérieures, mais toutes bordées
et terminées de blanc ; base du bec d'un pourpré livide, noir à la pointe ; iris brun ; pieds noirs. Longueur, 34 centimètres environ , les *deux sexes en
hiver*.

Plumage du printemps et d'été : de larges sourcils, gorge, cou et toutes les parties de dessous le corps d'un roux très-vif, marqué de quelques taches noires sur les côtés de la poitrine et sur le croupion ; les parties supérieures variées de noir, de roux et de blanc.

La Barge Rousse, Buff. — Cette espèce est bien moins abondante dans le Midi que la précédente ; à peine en voyons-nous quelques individus sur notre marché pendant l'hiver ; au printemps il en arrive, venant du côté de l'Espagne, mais ils ne séjournent pas longtemps dans nos parages. La Barge Rousse est beaucoup plus commune dans les contrées du Nord que dans celles du Midi, toujours dans les pays marécageux.

GENRE SOIXANTE-DIX-SEPTIÈME.

BÉCASSE. — *SCOLAPAX*. (Illig.)

Caractères. — Bec long, renflé à la pointe, sillonné dans sa longueur ; mandibule supérieure dépassant l'inférieure et formant un crochet au bout ; pieds moyens.

Les Bécasses sont des oiseaux voyageurs qui font deux passages annuels. Leur naturel est stupide, triste et solitaire ; elles volent la nuit plutôt que le jour ; leur nourriture se compose de vers, d'insectes et de limaces qu'elles cherchent dans les lieux humides

BÉCASSES PROPREMENT DITES.

Le tibia est emplumé jusqu'au genou.

Elles vivent dans les bois des pays plats comme dans ceux des pays montagneux.

BÉCASSE ORDINAIRE. — *SC. RUSTICOLA.* (Linn.)

Nom du pays : *Bécasso.*

COLORATION. — Quatre larges bandes noires sur la nuque et l'occiput; un trait brun entre le bec et l'œil; parties supérieures variées de roussâtre, de jaunâtre, de cendré, et marquées de grandes taches noires; parties inférieures d'un roux jaunâtre ou cendré, avec des lignes brunes en zigzag; queue terminée par du gris en dessus, par du blanc en dessous; yeux grands, placés très en arrière; iris brun; pieds livides. Longueur, 35 centimètres.

La *femelle* est un peu plus grande. Elle est moins colorée que le *mâle.*

LA BÉCASSE, Buff. — C'est aux environs de La Toussaint que les Bécasses arrivent dans nos contrées du Midi, surtout pendant la pleine lune; l'on ne voit point voler ces oiseaux durant le jour par leur propre volonté; ils restent blottis au milieu des taillis, des haies et des touffes; les terrains humides et noirs conviennent beaucoup à leurs habitudes.

Les Bécasses font ici, vers le milieu du mois de mars, un second passage qui est ordinairement de peu de durée.

Elles nichent dans le Nord , et c'est à terre , dans un petit creux, que la femelle dépose trois ou quatre œufs.

DEUXIÈME SECTION.

BÉCASSINE.

Le tibia dénué de plumes à sa partie inférieure ; tarses alongés.

Elles vivent dans les pays marécageux. L'Europe en a produit cinq espèces dont trois nous visitent.

BÉCASSINE DOUBLE. — *SC. MAJOR.* (Linn.)

Nom du pays : *Bécassino deï grossos.*

COLORATION. — Deux bandes noires s'étendent du front à la nuque ; une troisième d'un blanc jaunâtre sur le milieu de la tête ; une de pareille couleur passe au-dessus des yeux ; parties supérieures mélangées de noir et de roux ; quelques taches blanches sur l'aile ; dessous du corps d'un blanc roussâtre ; le ventre et les flancs coupés par des raies et des bandes noires ; bec rougeâtre à sa base, brun à sa pointe. Longueur , 50 centimètres , les *deux sexes.*

En été le plumage est plus lustré et a des reflets.

Point dans Buffon. — Cet oiseau arrive chez nous dans la première quinzaine d'avril et ne fait que passer ; on croit généralement qu'il emmène les autres espèces de bécassines qui sont encore dans le pays, mais, si alors les uns et les autres quittent nos contrées, c'est que l'époque est arrivée où elles doivent aller payer à la nature le tribut

de la reproduction dans des pays plus élevés et plus convenables à leurs habitudes.

BÉCASSINE ORDINAIRE. — *SC. GALLINAGO.* (Linn.)

Nom du pays : *Bécassino.*

Coloration. — Une bande noirâtre à la base du
bec ; deux autres de cette même couleur sur la tête ;
parties supérieures variées de noir, de roux et de
larges bordures jaunâtres ; cou et poitrine variés de
brun et de roussâtre ; parties postérieures d'un blanc
pur, excepté les flancs qui sont rayés de noirâtre ;
bec cendré et brun ; iris brun ; pieds d'un verdâtre
terne. Longueur, 29 centimètres, les *deux sexes.*

Le plumage de *printemps* et *d'été* a de jolis reflets
en dessus.

La Bécassine, Buff. — Cet oiseau est d'un naturel mé-
fiant et farouche, on le surprend difficilement. Il s'envole
de loin, et sait donner à son vol une direction tortueuse ;
il jette un petit sifflement quand il prend son essor. La
Bécassine passe dans le Midi au printemps et en automne ;
un petit nombre niche dans les marais. Cette espèce habite
presque toute l'Europe.

BÉCASSINE SOURDE. — *SC. GALLINULA.* (Linn.)

Nom du pays : *Court, Sourdo, Bécassoûn.*

Coloration. — Dessus de la tête noir et couleur
de rouille ; sourcils jaunes ; cou varié de blanc, de
brun et de rouge pâle ; plumes des côtés du dos
longues, brunes, bordées de jaune, avec des reflets ;

croupion d'un pourpre bleuâtre; ventre blanc; iris brun; pieds d'un verdâtre couleur de chair. Longueur , 28 centimètres , le *mâle* et la *femelle*.

LA PETITE BÉCASSINE OU SOURDE , Buff. — Le nom que l'on a donné à cette petite espèce lui vient de ce qu'elle a l'habitude de ne s'envoler qu'au moment où on l'aborde de près; nous la voyons tout l'hiver dans le pays , surtout dans les endroits marécageux; ses passages ont lieu au printemps et en automne. La Bécassine Sourde se trouve dans toute l'Europe.

GENRE SOIXANTE-DIX-HUITIÈME.

RALE. — *RALLUS*. (LINN.)

CARACTÈRES. — Bec plus ou moins long que la tête , grêle , droit ; mandibule supérieure sillonnée ; narines longues , à demi cachées par une membrane ; pieds longs , forts ; les doigts antérieurs réunis à leur base.

Les Râles sont des oiseaux dont le corps comprimé leur permet de pénétrer dans les herbages des prairies et des marécages où ils courent avec une grande célérité ; leurs pieds , quoique sans palmures , leur permettent de nager au besoin. Ils se nourrissent d'insectes , de vers , de semences et de végétaux.

RALE D'EAU. — *R. AQUATICUS*. (LINN.)
Nom du pays : *Rasclé.*

COLORATION. — Gorgerette blanchâtre ; côtés de la

téte, cou , poitrine et ventre d'un cendré bleuâtre ;
flancs noirs rayés de blanc en travers, d'un roux olivâtre en dessus , avec une tache noire au centre de
toutes les plumes ; base du bec rouge , noir sur le
reste ; iris rouge-orange ; pieds de couleur de chair
rembrunie. Longueur , 26 centimètres , les *vieux*.

Le Râle d'Eau , Buff. —Cet oiseau reste dans le pays
toute l'année ; il est très-commun à l'époque de ses passages de printemps et d'automne ; il vit au milieu des
fourrés des marécages ; il est très-rusé, et ne sort guère
que le soir des lieux où il se tient caché durant le jour ; la
nuit l'on entend sa voix, qui peut se traduire par ces syllabes : *kri, kri, kri*. La chair de cet oiseau est un mets
délicieux. Il est fort répandu en Europe.

<hr>

GENRE SOIXANTE-DIX-NEUVIÈME.

POULE D'EAU. — *GALLINULA*. (Lath.)

Caractères. — Bec plus haut que large, plus
court que la tête , comprimé ; mandibule supérieure
entamant le front, se dilatant quelquefois en plaque
qui se colore de rouge au printemps ; narines à
moitié closes par une membrane ; pieds longs , nus
au-dessus des genoux ; les doigs antérieurs longs, divisés et munis d'une bordure étroite.

Comme les Râles , les Poules d'eau ont le corps comprimé le plumage serré et épais ; elles courent vite et
nagent parfaitement. Toutes les Poules d'eau, à l'exception de la suivante , vivent au milieu des eaux douces cou-

vertes par des joncs. Elles se nourrissent d'insectes , de
petits limaçons et de végétaux aquatiques , ainsi que de
leurs semences.

PREMIÈRE SECTION ,

Point de plaque frontale.

POULE D'EAU DE GENÊT. — *GALLINULA CREX.* (LATH.)

Nom du pays : *Rey deï Caïos.*

COLORATION. — Depuis le haut de la tête jusqu'au
croupion, d'un brun foncé ; chaque plume bordée de
roux et de cendré ; face d'un cendré clair ; rémiges
jaune olivâtre ; couvertures de la queue et flancs de
la même couleur ; mais ces derniers rayés de blanc ;
ventre d'un blanc lavé de roux ; bec d'un brun rougeâtre en dessus , blanchâtre en dessous ; iris brun
clair ; pieds d'un brun rougeâtre. Longueur , 26
centimètres , les *deux sexes.*

RALE DE GENÊT ou ROI DES CAILLES , Buff. — Comme
cet oiseau arrive à la suite des Cailles , l'on a pensé qu'il
les chassait devant lui , et on l'a nommé Roi des Cailles.
Cette espèce n'habite guère que dans les vignes, dans les
champs ensemencés et dans les prairies ; ses mœurs sont
tout-à-fait opposées à celles des autres oiseaux du même
genre. Son naturel est d'être rusé et habile à déjouer les
poursuites des chasseurs. Nous l'avons deux fois de passage par an dans le Midi. La Poule d'eau de Genêt se
trouve en France et jusque fort avant dans les contrées
du Nord.

POULE D'EAU MAROUETTE. — *G. PORZANA.* (Lath.)

Nom du pays : *Pié-Vert.*

COLORATION. — Front, gorge et sourcils d'un gris
un peu plombé ; tête d'un brun nuancé de noir ; poitrine gris foncé, tachée de blanc sur les côtés ; flancs
rayés de blanc en travers ; parties postérieures d'un
olivâtre cendré ; parties supérieures d'un brun olivâtre, marqué de noir et varié de blanc ; bec rouge à
sa base, jaunâtre sur le reste ; iris brun ; pieds d'un
vert jaune. Longueur, 19 centimètres, les *mâles
adultes.*

Le bec n'est coloré de rouge à sa base qu'*au
printemps et en été* seulement.

LE RALE D'EAU ou LA MAROUETTE, Buff. — Les habitudes de cette Poule d'eau tiennent beaucoup de celles
du Râle d'eau ; comme celui-ci, elle fréquente les bords
des eaux douces et herbues à travers desquelles elle court
et se cache. Nous l'avons deux fois de passage par an, au
printemps et en automne ; ils sont presque toujours très-
nombreux, et c'est une chasse fort attrayante que celle
qu'on lui fait au chien d'arrêt. La Marouette habite de
préférence les contrées du Midi à celles du Nord.

POULE D'EAU POUSSIN. — *GALLINULA PUSILLA.* (Bechst.)

Nom du pays : *Boiboy, Crèbo-Chins.*

COLORATION. — La gorge, les côtés de la tête et
jusqu'à l'abdomen d'un gris bleuâtre *sans taches* ;
d'un olivâtre cendré en dessus ; une lignée de plumes
noires le long du dos ; quelques taches blanches sur

les ailes ; haut du dos d'un brun noirâtre ; le bec est
d'un vert jaunâtre à la pointe, d'un brun verdâtre
sur le reste ; iris rouge ; pieds nuancés de jaunâtre.
Longueur, 19 centimètres, le *mâle vieux*.

La *femelle*, adulte, ressemble beaucoup au *mâle*,
quant aux parties supérieures ; mais la gorge et les
sourcils sont blanchâtres ; toutes les autres parties
inférieures sont d'un cendré roussâtre ; les cuisses et
l'abdomen un peu plus clair et rayés de blanc.

Cette très-petite Poule d'eau n'a pas été connue de Buffon ; elle arrive dans le Midi vers la fin du mois de mars,
mais elle disparaît bientôt, et ne revient plus que l'année
suivante. Sa course rapide et ses nombreux détours, lorsqu'on la poursuit, lui ont valu chez nous le nom de *Crèbo-
Chïns* (crève-chiens) ; mais ce qu'il y a de bien singulier,
c'est que cette espèce, ainsi que la suivante, s'abattent souvent au sein des villes ; l'on m'en a apporté plusieurs fois
de vivantes prises dans des jardins ou dans des basses-cours.
Cet oiseau estplus répandu dans le Midi que dans les pays
du Nord.

POULE D'EAU BAILLON. — *G. BAILLONII*. (Vieil.)

Noms du pays : *Boïboy*, *Voïvoï et Crèbo-Chïns*.

Coloration. — Fond du plumage supérieur d'un
roux olivâtre varié sur le sommet de la tête de stries
noires ; le dos, le croupion et les ailes sont marqués
de beaucoup de petites taches blanches ; gorge, poitrine et toutes les parties inférieures d'un gris bleuâtre ; mais les flancs, l'abdomen, et les couvertures de
la queue rayés par des bandes noires et par de plus

petites blanches; bec d'un vert foncé; iris rougeâtre. Longueur, 17 centimètres.

La *femelle* ressemble presque au *mâle*.

Point dans Buffon. — La Poule d'eau Baillon arrive au printemps dans le Midi en compagnie de la précédente, et ne revient qu'avec elle; elle a toutes les habitudes de ses congénères, et vit dans les mêmes lieux; sa chair qui, comme celle de la Marouette, est un mets délicat, surtout en automne, est cause que nos chasseurs riverains lui font une chasse assidue pendant ses passages. Cet oiseau est fort rare dans le Nord.

GENRE QUATRE-VINGTIÈME.

TALÈVE. — *PORPHIRIO.* (Briss.)

CARACTÈRES. — Bec droit, épais, presque aussi haut que large; arête s'avançant très-avant sur le crâne; narines longitudinales ouvertes de part en part; pieds longs et forts, nus au-dessus du genou; doigts antérieurs très-longs, divisés, et bordés d'une membrane étroite.

Les Talèves ne diffèrent guère des Poules d'eau par leurs mœurs; ils habitent les eaux douces et se promènent ou courent au milieu des herbes aquatiques. Leur livrée est ordinairement parée de belles couleurs bleues, avec des reflets. Leur nourriture consiste en graines et en plantes dont ils brisent les tiges les plus dures avec le bec. Ils se posent souvent sur un seul pied, et de l'autre ils portent les alimens à leur bec. L'Europe en fournit une grande et belle espèce.

TALÈVE PORPHIRION. — *P. HYACINTHINUS.* (TEMM.)

Nom du pays : *Poule d'ayguo d'Egyto.*

COLORATION. — Les joues, la gorge, tout le devant du cou d'un beau bleu de turquoise; milieu du
ventre, abdomen et l'intérieur des rémiges noirs ;
couvertures inférieures de la queue blanches ; le reste
du plumage d'un bleu qui change selon l'aspect de
la lumière ; la plaque frontale, bec et iris d'un rouge
vif ; pieds et doigts couleur de sang. Longueur, du
bout du bec à l'extrêmité de la queue, 50 centimètres.

LA POULE SULTANE ou LE PORPHIRION, Buff. — et sa
planche enlum. n° 810, sous le nom de *Talève de Mada-*
gascar. Ce superbe oiseau, qui ferait les délices des amateurs ainsi que l'ornement de nos parcs et de nos jardins,
a les mœurs si douces et si faciles qu'il semble vouloir
lui-même se plier à la domesticité, et l'on est surpris de
voir qu'on n'ait pas encore cherché à l'élever et à le faire
propager dans les contrées du Midi, ainsi qu'on le fait
dans plusieurs pays de l'Orient. A Syracuse, par exemple, et dans les villes voisines, on en voit de vivans se
promener sur les places publiques où ils recueillent les
débris d'herbes qu'on rejette, ainsi que le feraient des
poules ordinaires.

Le Talève Porphirion se montre quelquefois dans nos
marais à l'époque du printemps, et il est si craintif, que,
lorsqu'il se voit poursuivi, il enfonce la tête dans la vase
ou dans les herbages et se laisse prendre ainsi. Il habite
l'Afrique, quelques parties de l'Italie, et les contrées
orientales de l'Europe.

ORDRE QUATORZIÈME.

PINNATIPÈDES. — *PINNATIPÈDES.* (Temm.)

Caractères. — Bec médiocre droit, mandibule supérieure un peu fléchie au bout; pieds médiocres, tarses grêles ou comprimés; trois doigts devant et un derrière; des rudimens de membrane le long des doigts; le pouce articulé intérieurement sur le tarse. (Temm.)

Cet ordre ne comprend que peu d'espèces européennes qu'il sera toujours facile de distinguer par la forme de leurs pieds. Ces oiseaux vivent en grandes bandes et dans le même lieu, quoiqu'ils soient monogames. Ils nagent et plongent avec une grande facilité, et, lorsqu'ils sont dans l'eau, ne montrent que leur tête à découvert. Les deux sexes ne diffèrent point dans l'état adulte. Bien que l'eau soit leur élément favori, ils ont le vol rapide.

GENRE QUATRE-VINGT-UNIÈME.

FOULQUE. — *FULICA.* (Briss.)

Caractères. — Bec épais, droit, plus haut que large à sa base; mandibule supérieure s'avançant en plaque sur le front; l'inférieure formant un angle; narines percées de part en part; tarses grêles; doigts antérieurs longs, garnis d'une membrane découpée; ailes moyennes.

Quoique les Foulques n'aient qu'une partie des doigts garnie de membranes , elles ne le cèdent en rien aux au\-tres oiseaux nageurs ; rarement on les voit sur le rivage. Elles habitent les fleuves et les rivières, mais elles préfè\-rent les étangs et les marais salans. L'Europe n'a produit que l'espèce suivante.

FOULQUE MACROULE. — *F. ATRA*, (Linn.)

Nom du pays : *Fouquo* , *Macruso*.

Coloration. — Tête et cou d'un beau noir ; des\-sus du corps et queue d'un noir ardoisé ; dessous d'un cendré bleuâtre ; quelquefois glacé de verdâtre ; pla\-que du front et bec blanc, celui-ci légèrement rosé ; iris rouge cramoisi ; pieds d'un cendré teint de verdâtre ; un peu jaunâtre au-dessus du genou. Longueur, de 44 à 46 centimètres , les *vieux*.

Remarque. *Plusieurs pêcheurs m'ont assuré avoir tué au printemps des Foulques qui portaient la pla-que frontale rouge, et que celle-ci était très-renflée ; je n'ai pas vu de pareils individus ; mais j'y crois.*

La Foulque ou Morelle , Buff. — Cette espèce vit sédentaire dans nos contrées marécageuses, et y est ex\-trêmement commune ; elle reste tout l'hiver sur nos étangs où on lui fait quelquefois une guerre organisée , et, si le temps favorise cette chasse , chaque chasseur s'en retourne satisfait de son butin et du plaisir de la journée*.

Au printemps , ces oiseaux diminuent ; un bon nombre nous quittent , et ceux qui demeurent pour nicher se reti-

---

* Voyez l'*Ornithologie du Gard* , p. 459, pour quelques détails sur cette chasse.

rent au milieu des marais les plus épais ; c'est là qu'ils
construisent un nid ingénieusement placé sur des roseaux,
de manière que malgré la crue des eaux il soit à l'abri de
submersion. La Foulque peut vivre dans les basses-cours
comme en volière ; elle se contente de toute nourriture ;
le pain, le son détrempé, les graines et les herbes lui conviennent également. Mais, avant un an de captivité, elle
devient ordinairement boiteuse, et ne tarde pas à périr
par suite de cette infirmité. J'en ai perdu plusieurs de cette
manière. On trouve cet oiseau dans une grande partie de
l'Europe.

GENRE QUATRE-VINGT-DEUXIÈME.

PHALAROPE. —*PHALAROPUS.* (Briss.)

Coloration. — Bec droit, grêle, sillonné en dessus, un peu courbé vers le bout; narines linéaires
situées dans une rainure ; pieds grêles, médiocres ;
les doigts antérieurs réunis à leur base, garnis d'une
membrane découpée en festons sur le reste.

Les Phalaropes sont de fort bons nageurs qui s'avancent jusque sur les flots de la mer ; ils se nourrissent de
vers marins. L'Europe en fournit deux espèces ; nous trouvons ici la suivante.

PHALAROPE HYPERBORÉ. — *P. HYPERBOREUS.* (Lath.)

Noms du pays : *Espagnoulé, Couriolo.* (Peu connu.)

Coloration. — Sommet de la tête, nuque, côtés
de la poitrine, espace entre l'œil et le bec d'un noir
foncé ; devant et côtés du cou roux, dessus de la
tête, derrière du cou, gorge, devant de la poitrine

et les parties postérieures blancs, mais les flancs ont des taches cendrées; les plumes du dos et les scapulaires noires, largement bordées de roux; queue en pointe, cendrée; chaque penne entourée finement de blanc; les latérales sont de cette couleur; bec jaunâtre à sa base, noir sur le reste; iris brun. Longueur, 17 centimètres, le *mâle adulte au printemps*.

La *femelle* diffère peu du *mâle. En hiver*, le roux du cou est peu marqué, les parties supérieures sont alors d'un cendré bleuâtre et le noir de la tête est moins pur.

LE PHALAROPE CENDRÉ OU DE SIBÉRIE, Buff. — Les régions du Nord, telles que la Sibérie, l'Islande, l'Écosse, sont les pays qu'habite cet oiseau durant la belle saison; mais, en hiver, lorsque la nourriture devient rare, il s'en éloigne et pousse ses migrations jusque dans notre climat; c'est toujours sur les eaux que vit le Phalarope, où il nage avec autant de vitesse que de grâce. Il ne s'en trouve jamais qu'un très-petit nombre ici.

GENRE QUATRE-VINGT-TROISIÈME.

GRÊBES. — *PODICEPS*. (LATH.)

CARACTÈRES. — Bec robuste, un peu cylindrique, droit, pointu; narines oblongues, percées de part en part; pieds situés à l'arrière du corps; trois doigts devant, un derrière, festonnés; point de queue.

La démarche des Grèbes est gauche et gênée, ils sont

obligés de se tenir constamment dans une attitude verticale pour conserver leur aplomb, mais ils nagent avec
une égale facilité à la surface des eaux et entre deux eaux.
Dans cette dernière natation, ils emploient leurs ailes en
guise de rames, et semblent voler dans l'élément liquide.
Ils cherchent leur nourriture dans l'eau. Leur taille et
leur livrée changent beaucoup selon l'âge.

GRÉBE HUPPÉ. — *P. CRISTATUS*. (Lath.)

Noms du pays : *Cabussoûn*, *Grando Midouquo*.

COLORATION. — Plumes de la tête longues, divisées sur l'occiput en forme de deux cornes ; noires
vers le bout et rousses à leur base ; toutes les parties
inférieures d'un blanc argenté, un peu roussâtre sur
les côtés de la poitrine ; un trait rouge entre le bec
et l'œil ; bec d'un brun rouge, à pointe blanche ; iris
cramoisi ; pieds noirâtres en dessus, blanchâtres en
dessous. Longueur, du bout du bec au bout du croupion, 50 centimètres au moins, les *vieux*.

Les *jeunes* n'ont point de huppe ; mais l'on voit
des bandes noirâtres sur la face et le cou.

LE GRÈBE CORNU, Buff. — Cet oiseau, le plus grand du
genre, fréquente nos étangs, le Rhône et les bords de
la mer ; il est de passage chez nous en automne, et reste
jusqu'au printemps dans le pays ; on les voit ordinairement par paires, rarement en nombre. Ce Grèbe vole avec
une extrême vitesse, en cinglant la surface des eaux. Il
habite une grande partie de l'Europe.

GRÈBE JOU-GRIS. — *P. RUBRICOLLIS.* (Lath.

Noms du pays : *Cabussaïrë*, *Cabussoûn.*

Caractères. — Joues et gorge grises ; front, sommet de la tête et occiput noir, une bande sur la nuque, cou et haut de la poitrine couleur de rouille vive ; dessous du corps blanc, avec quelques taches sur les flancs d'un brun noirâtre ; manteau et pennes primaires des ailes noires ; bec jaune et noir ; iris rougeâtre ; pieds d'un vert jaunâtre en dedans, noirs en dehors. Longueur totale, de 45 centimètres environ les *vieux*. (*Voyez l'Ornithologie du Gard, p. 465, pour les jeunes.*)

Le Grèbe a Joues Grises, Buff. — Ce Grèbe est fort rare en France et dans le Midi. Les jeunes seulement viennent nous visiter en hiver, ils sont toujours peu nombreux ; les pays où se plaît cette espèce, sont les lacs et les étangs de l'Europe orientale. Son plumage, comme celui de ses congénères, a un éclat demi métallique. Il est encore aujourd'hui employé comme fourrure.

GRÈBE CORNU ou ESCLAVON. — *P. CORNUTUS.* (Lath.)

Nom du pays : *Cabussoûn.*

Coloration. — Sommet de la tête et fraise du tour du cou d'un noir luisant ; une touffe de plumes rousses placée en forme de cornes derrière les yeux ; cou, poitrine d'un beau roux ; parties postérieures d'un blanc argenté et luisant ; flancs roussâtres ; dessus du corps noirâtre, une tache blanche sur les

pennes secondaires des ailes ; iris jaune et rouge.
Longueur, 33 centimètres.

Le Petit Grèbe Cornu, Le Grèbe d'Esclavonie, et Le
Petit Grèbe, Buff. — Cette espèce est rare en France,
surtout dans le Midi, car elle ne nous visite guère que
pendant les hivers rigoureux. Elle se reproduit dans les
roseaux les plus touffus des pays du Nord, où elle cons-
truit un nid flottant.

GRÈBE OREILLARD. — *P. AURITUS.*

Nom du pays : *Miôouquo,*

COLORATION. — Tête, derrière et devant du cou
d'un noir profond ; un bouquet de plumes rousses
et longues couvre les oreilles ; haut de la poitrine
d'un noirâtre nuancé de roussâtre ; dos d'un noir
lustré ; flancs et cuisses d'un marron mêlé de noirâtre ; le reste des parties inférieures d'un blanc pur ;
iris et paupières rouges. Longueur, 32 centimètres.

Point dans Buffon. — Ce joli petit Grèbe se trouve sur
nos étangs pendant l'hiver ; au printemps il se retire dans
l'épaisseur des roseaux pour y nicher. Il est habile à éviter
le coup de feu lorsqu'il est posé sur l'eau par sa disparition subite dans cet élément. Le Grèbe Oreillard est assez
commun sur les lacs et les rivières de presque tous les pays
de l'Europe.

GRÈBE CASTAGNEUX. — *P. MINOR.* (Lath.)

Noms du pays : *Cabussié, Ploujhoûn deï Rivieïros.*

COLORATION. — Dessus de la tête, nuque et gorge
noirs ; côtés et devant du cou d'un marron vif,
d'un noir teint d'olivâtre sur le dos ; poitrine et côtés
du corps d'un brun noirâtre ; ventre et abdomen d'un

noir enfumé; iris rouge. Sa longueur n'est que de
26 à 28 centimètres, les *vieux*.

LE GRÈBE DE RIVIÈRE OU CASTAGNEUX, Buff. — C'est ici
la plus petite espèce du genre; nous la trouvons toute
l'année sur nos rivières et sur nos étangs; ses habitudes sont
les mêmes que celles des espèces précédentes. Le Castagneux est plus commun dans le Midi que dans le Nord.

ORDRE QUINZIÈME.

PALMIPÈDES. — *PALMIPEDES*.

CARACTÈRES. — Pieds placés à l'arrière du corps;
tarses courts; doigts enveloppés par une membrane
qui fait l'office de rames; plumage serré, lustré, im-
bibé d'un suc huileux, garni près de la peau d'un
duvet épais qui le rend imperméable à l'eau. Ce sont
des oiseaux dont le cou * dépasse quelquefois la longueur des pieds, parce que, nageant à la surface de
l'eau, il leur sert souvent à en sonder la profondeur.

Les Palmipèdes habitent sur toutes les mers du globe et
sur leurs côtes. Ils sont voyageurs et se répandent dans les
pays lointains; quelques espèces se reposent sur l'eau après
en avoir longtemps effleuré la surface, d'autres fendent les
ondes et plongent à une grande profondeur; il en est aussi
qui ne vont à terre que pour déposer leurs œufs. Leur
nourriture consiste en poissons, en frai, en insectes aquatiques et en coquillages, quelques-uns y joignent des végétaux.

* Dans l'*Ornithologie*, dans ce même passage, p. 469, lisez *cou*,
au lieu de *tarse*.

GENRE QUATRE-VINGT-QUATIÈME.

HIRONDELLE DE MER. — *STERNA.* (Linn.)

CARACTÈRES. — Bec de la longueur ou plus long que la tête, pointu, un peu fléchi à sa pointe, narines au milieu du bec; pieds courts; doigts antérieurs réunis par une membrane; queue plus ou moins fourchue; ailes très-longues.

Ce genre comprend des oiseaux qu'on trouve sur toute l'étendue du globe, ils sont affamés et criards; leur vol est très-rapide. Les femelles ne font point de nid, elles se contentent de déposer leurs œufs sur le sable ou sur des rochers près des écueils. Ils vivent de petits poissons et d'insectes.

HIRONDELLE DE MER TSCHEGRAVA. — *S. GASPIA.* (Pallas.)

Noms du pays : *Grand Fúmé, Gaffetto à bé roujhé.*

COLORATION. — Cette grande espèce a le dos et tout le dessus des ailes d'un cendré bleuâtre; rémiges d'un brun cendré; un espace sur le sommet de la tête et front d'un blanc pur; occiput varié de noir et de blanc; le reste du plumage d'un blanc uniforme; queue légèrement fourchue; bec d'un beau rouge vermillon; iris jaunâtre; pieds noirs. Longueur, 64 centimètres, le *mâle* et la *femelle vieux, en hiver.*

En été, le front, le sommet de la tête et des longues plumes à l'occiput d'un noir profond, le reste comme en *hiver.*

Buffon n'en a point parlé. Cette belle espèce, la plus

grande des Hirondelles de mer qui habitent l'Europe,
est rare dans le Midi ; sa patrie est la mer Baltique, la mer
Caspienne, et l'Archipel Ionien. Quelquefois, au printemps, on la rencontre volant aux alentours de nos marécages et sur les bords de la mer.

HIRONDELLE DE MER CAUGEK. — *S. CANTIACA.* (Gmel.)

Nom du pays : *Gros Fûmé.*

COLORATION. — Le front, la tête et les longues plumes de l'occiput d'un noir profond ; le dos et le dessus des ailes d'un cendré bleuâtre ; rémiges terminées
et bordées en partie de noirâtre ; dessous du corps
d'un blanc pur, un peu rosé sur la poitrine ; iris
brun ; bec noir, un peu jaune au bout ; pieds courts,
noirs, les *vieux en hiver*.

Le front et le sommet de la tête d'un blanc pur,
seulement varié de noir sur l'occiput ; les longues
plumes noires de cette parties sont frangées de blanc,
un croissant noir en avant des yeux ; le reste ne
change point.

Inconnu à Buffon, mais mentionné par Sonnini, sous
le nom de *Hirondelle de mer à dos et ailes bleuâtres.* —
Cette espèce arrive au printemps autour de nos plages
maritimes, vole sur nos étaugs et sur nos palus ; quelquefois elle niche dans le pays. Comme ses congénères, elle
ne redoute pas l'approche de l'homme, et les coups de feu
ne l'effraient point. Cette hirondelle est répandue dans
toutes les contrées du globe.

HIRONDELLE DE MER DOUGALL. — *S. DOUGALLI.* (Mont.)

Nom du pays : *Fûmé.*

COLORATION. — Dessus de la tête et la nuque d'un noir profond , parties supérieures et couvertures des ailes d'un blanc généralement cendré; un blanc pur et lustré règne depuis la gorge jusque sous la queue ; la poitrine un peu rosée ; queue très-fourchue ; la première rémige bordée de noir intérieurement ; bec long , mince et noir ; pieds orange; les *deux sexes au printemps et en été.*

Point dans Buffon. —Comme les autres hirondelles de mer , ce n'est qu'au printemps que celle-ci se trouve dans le Midi , mais son apparition n'y est pas constante, et c'est toujours en très-petit nombre qu'elle y passe. Les pays qu'elle habite sont les contrées salines et les marais du nord de l'Europe. Cependant , M. de Lamotte assure en avoir vu nichant en Picardie.

HIRONDELLE DE MER PIERRE-GARIN. — *S. HIRUNDO.* (Linn.)

Nom du pays : *Fûmé dou bé roujhe*.

COLORATION. — Front, tête et occiput d'un beau noir; les parties supérieures y compris les couvertures des ailes d'un joli gris bleuâtre ; toutes les parties de dessous le corps d'un blanc pur; pennes des ailes d'un cendré bleuâtre; un peu plus foncé à leur extrémité; queue très-fourchue et blanche; pieds et

* Cette dénomination patoise lui est plus souvent appliquée dans le pays que celle de *Testo négro* qu'elle porte dans l'*Ornithologie du Gard.*

bec rouges, celui-ci est noir au bout. Longueur, 35 centimètres, les *vieux au printemps*.

L'Hirondelle de Mer Pierre Garin, Buff. — Cette Hirondelle n'est pas rare au printemps et en été autour de nos étangs salés et sur les plages de la mer où elle niche. Son vol est rapide et élevé; elle crie souvent et se laisse moins approcher que ses congénères. On la trouve sur une grande partie du globe.

HIRONDELLE DE MER MOUSTAC. — *S· LEUCOPAREIA.* (Natter.)

Nom du pays : *Fâmé.*

COLORATION. — Dessus de la tête d'un noir profond, parties supérieures d'un cendré bleuâtre; gorge d'un blanc un peu cendré, qui se fond sur la poitrine en cendré pur et en cendré noirâtre sur le ventre et les flancs; une bande blanche depuis le coin du bec jusque sur l'oreille, en passant sous les yeux; queue peu fourchue; bec et pieds rouges; iris noir. Longueur, 29 centimètres, le *mâle* et la *femelle au printemps.*

Point dans Buffon. — L'Hirondelle de mer Moustac ne visite jamais les pays du Nord. On la trouve dans les contrées orientales et dans le Midi; comme les espèces précédentes, elle arrive chez nous au printemps, mais elle n'est guère commune, il y a même des années qu'elle est très-rare. Ses œufs et la manière dont elle se reproduit n'avaient pas encore été mentionnés jusqu'à ce jour; pour ma part, j'ignorais que cette hirondelle nichât dans nos environs; mais, en 1841, dans une de mes excursions, je fus surpris de la trouver pendant le mois d'août volant en

troupes au-dessus de nos marais ; m'étant fait accompagner
par un pêcheur , qui me conduisit au milieu des marécages , j'y rencontrai plusieurs nids peu éloignés les uns des
autres , contenant chacun de trois à quatre œufs. Ces œufs
sont de la grosseur de ceux du *Pierre Garin.* Le fond en
est verdâtre clair ; quelquefois teint de cendré , couvert
de taches et de traits noirâtres et bruns, qui sont plus con-
fluens vers le gros bout chez quelques-uns. Ils étaient déposés sur des détritus de roseaux amoncelés sur l'eau ; ces
nids étaient peu profonds et de forme sphérique à leur surface ; ils n'étaient fixés nulle part , de sorte que le vent les
pouvait faire changer de place.

HIRONDELLE DE MER LEUCOPTÈRE. — *S. LEUCOPTERA.* (Temm.)

Nom du pays : *Fúmé deïs Alos blancos.*

COLORATION. — Tout le fond du plumage d'un
noir profond , excepté les petites couvertures des
ailes ; la queue et ses couvertures sont d'un blanc
pur ; les grandes couvertures et les pennes secondaires d'un cendré bleuâtre ; grandes rémiges d'un
cendré noirâtre ; iris noir ; bec et pieds d'un rouge
de corail. Longueur, 29 centimètres, les *vieux au
printemps.*

Point connue de Buffon. — La Leucoptère est rare partout ; elle passe dans les contrées marécageuses du midi
de la France au printemps , mais je ne pense pas qu'elle y
niche. Elle est facile à distinguer lorsqu'elle vole , par la
couleur blanche d'une partie de ses ailes, qui tranche sur
le noir du reste du plumage. Cet oiseau appartient aux
pays méridionaux ; l'on n'a pas encore décrit sa propagation qui reste toujours inconnue.

HIRONDELLE DE MER ÉPOUVANTAIL. — *S. NIGRA*. (Linn.)

Nom du pays : *Fûmé négrë*.

Coloration. — **Tête et partie postérieure du cou d'un noir proiond ; espace entre le bec et l'œil ; gorge, devant du cou jusqu'à la poitrine, d'un blanc pur ; le reste d'un noir cendré ; d'un cendré bleuâtre en dessus ; couvertures inférieures de la queue d'un blanc pur ; iris brun ; bec noir ; pieds d'un noir rougeâtre. Longueur, 26 centimètres, les *deux sexes vieux en hiver*. *Au printemps et en été*, toutes les parties du plumage sont d'un noirâtre plus ou moins profond.**

C'est l'Hirondelle de Mer a Tête Noire ou Cachet de Buffon. — L'Épouvantail est l'espèce la plus commune du genre *Sterna* ; elles arrivent en grandes bandes au printemps au milieu de nos contrées inondées, d'où elles s'avancent jusque sur nos rivières ; goulues à l'excès, on les voit sans cesse tomber perpendiculairement sur les petits poissons et les insectes qui se montrent à la surface de l'eau ; je les ai vu faire la même chose au milieu des terres ensemencées pour s'emparer des insectes attachés aux tiges des plantes. L'Hirondelle Epouvantail ne redoute pas la présence des chasseurs, s'avance d'eux dès qu'elle entend la détonnation d'une arme à feu, et si une de son espèce est morte ou blessée, elle s'en approche et se laisse tirer de près. Elle niche dans nos marais, sur leurs bords ou sur les feuilles des herbes aquatiques. On la trouve jusque fort avant dans le Nord.

PETITE HIRONDELLE DE MER. — *S. MINUTA.* (Linn.)

Noms du pays : *Picho Fúmé, Pichotto Hiroûndello dé Mar.*

Coloration. — Une petite bande entre le bec et l'œil et le dessus de la tête d'un noir profond, front, sourcils, côtés du cou et tout le dessous du corps d'un blanc pur et lustré; manteau et les ailes d'un cendré bleuâtre; bec d'un jaune orangé, noir à la pointe; pieds d'un rouge orangé. Longueur, 23 centimètres, *les deux sexes vieux dans toutes les saisons.*

La Petite Hirondelle de Mer, Buff. — C'est la plus petite du genre; elle arrive au printemps en France et dans le Midi. Elle fréquente les plages maritimes et s'avance sur la mer où elle va chercher le frai qui flotte et les insectes marins pour s'en nourrir; je l'y ai vue presque toujours en compagnie du *Pierre Garin*; on la trouve aussi sur les étangs et le long du Rhône. Elle est vive, criarde et assez rusée, si ce n'est au moment où elle guette une proie au-dessus des eaux; elle semble alors mépriser le danger. Elle dépose ses œufs sur le sable de la mer ou autour des étangs salés, quelquefois sur la grève des fleuves.

GENRE QUATRE-VINGT-CINQUIÈME.

MOUETTE. — *LARUS.* (Linn.)

Caractères. — Bec robuste, long ou moyen, comprimé, tranchant; mandibule inférieure renflée et anguleuse en dessous; narines longitudinales percées de part en part; pieds longs, grêles, nus au-dessus du genou; les doigts antérieurs réunis par une membrane entière ; ailes longues, première et deuxiéme rémiges les plus longues.

Les Mouettes vivent en bandes sur toutes les limites des mers. Elles sont gourmandes et lâches ; toujours affamées, on les voit sans cesse en mouvement pour chercher une nourriture quelquefois dégoûtante ; criardes à l'aspect d'une proie dont elles s'emparent à la surface des eaux, elles se réjouissent dès que la tempéte se déclare, et c'est avec raison qu'on les a quelquefois nommés *Vautours de mer*. Confiante dans la puissance de leurs ailes, elles ne craignent point de s'avancer à de très-grandes distances au-dessus des flots.

MOUETTE A MANTEAU BLEU. — *L. ARGENTATUS*. (BRUNN.)

Nom du pays : *Couláou*, *Gabian*.

COLORATION. — Tête et cou blancs, rayés en long par du brun clair ; front et toutes les parties de dessous le corps d'un blanc parfait, d'un bleuâtre pur en dessus ; rémiges terminées de blanc et de noir ; bec jaune, un peu rouge en dessous ; paupières et iris jaunes ; pieds couleur de chair livide, les *très-vieux en hiver*. *Au printemps*, les taches brunes de la tête et du cou n'existent plus.

Les *jeunes* jusqu'à l'âge de trois ans n'ont pas les couleurs entièrement pures.

Le GOËLAND A MANTEAU BLEU ET BLANC, Buff. — Cette belle espèce vit sédentaire sur les bords de la Méditerranée, mais elle y est plus abondante au printemps qu'à toute autre époque. Elle s'avance au loin sur la mer pour aller à la découverte de quelques poissons morts ou de

tout autre cadavre balotté par les vagues. Cet oiseau se
montre quelquefois sur les lacs d'eau douce, mais il préfère vivre auprès des eaux salées. On le trouve aussi dans
plusieurs pays du Nord.

MOUETTE A MANTEAU NOIR. — *L. MARINUS.* (Linn.)

Nom du pays : *Couláou, Gabian négrē.*

COLORATION. — Plumes de la tête blanches, avec
une raie d'un brun clair sur le milieu ; front, cou et
toutes les parties de dessous le corps d'un blanc pur ;
le dos et les scapulaires d'un noir foncé ; profond,
nuancé de bleuâtre ; rémiges blanches terminées de
noir ; bec d'un jaune blanchâtre ; iris d'un jaune
brillant ; base de la mandibule inférieure et tour des
yeux rouges.

Au printemps et en été, toute la tête d'un blanc
pur ; tour nu des yeux orangé ; le reste comme en
hiver.

LE GOÉLAND MANTEAU NOIR et LE GOÉLAND VARIÉ ou
GRISARD, Buff. — Le premier de ces deux noms désigne
un oiseau adulte, le second un jeune individu. Les bords
de la Manche et les côtes des régions du nord de l'Europe
sont les pays où l'on rencontre communément cet oiseau,
et, s'il visite quelquefois la Méditerranée, ce n'est qu'à des
époques irrégulières. Je ne puis citer que peu de captures
faites dans nos contrées, qui ne doivent être considérées
que comme exceptionnelles.

MOUETTE A PIEDS JAUNES. — *LARUS FUSCUS.* (Linn.)

Nom du pays : *Couláou, Gabian.*

COLORATION. — Tête et côtés du cou blancs ; chaque

plume rayée de brun clair , mais le front, toutes les
parties inférieures, le bas du dos, y compris la queue,
d'un blanc parfait ; haut du dos et dessus des ailes
d'un noir ombré de cendré; les rémiges sont noires,
mais le bout des deux extérieures est blanc.

Au printemps, plus de rayures brunes sur la tête
et l'occiput, ces parties sont alors d'un blanc parfait.

Point dans Buffon. — La Mouette à pieds jaunes ne
quitte pas notre pays, elle vit sur les plages de la mer, et
vole au-dessus de nos étangs, sur les bords desquels elle
niche ainsi que dans les dunes. Au moment du passage des
autres mouettes elle est plus abondante qu'en hiver. Cet
oiseau, comme tous ses congénères, vit dans les basses-
cours et devient familier. L'Espèce se trouve également
dans l'Amérique Septentrionale.

MOUETTE À PIEDS BLEUS. — *LARUS CANUS.* (Linn.)

Nom du pays : *Gafféto , Pijhoûn dé Mar.*

COLORATION. — Tête , côtés du cou et de la poitrine blancs, parsemés de petites taches brunes ; toutes les parties postérieures d'un blanc pur ; le dos et
les ailes d'un joli cendré bleuâtre pur ; rémiges noires , les deux premières ont une tache blanche vers
leur bout ; queue blanche ; tour des yeux rougeâtre
pieds d'un cendré bleuâtre. Longueur, 45 centimètres , *les vieux en livrée d'hiver.*

Au printemps , les parties blanches qui portaient
des taches brunes sont d'un blanc parfait ; le bec est
de couleur jaune d'ocre.

LA GRANDE MOUETTE A PIEDS BLEUS et LA MOUETTE

D'HIVER , Buff. — Cet oiseau est assez répandu sur nos
côtes maritimes. Il y arrive en automne et y reste l'hiver ;
au printemps, il abandonne les parages de la Méditerranée et remonte dans les régions froides. A l'approche de
l'orage, il s'avance dans l'intérieur des terres. Il niche à
l'embouchure des fleuves et sur le rivage de la mer.

MOUETTE TRIDACTYLE.— *L. TRIDACTYLUS.* (LINN)

Nom du pays : *Gafféto dou bé jhâounë.*

COLORATION. — Front, côtés du cou, gorge, un
espace sur le haut du dos, tout le dessous du corps
croupion et queue d'un blanc parfait ; sommet de la
tête, la nuque, une partie des côtés du dos et les
ailes d'un cendré bleuâtre pur ; du noir vers l'extrémité de quelques rémiges qui sont blanches au bout ;
tour des yeux orange ; bec d'un jaune verdâtre ;
pieds d'un brun foncé. Longueur, 44 centimètres,
les *vieux en hiver.*

Au printemps et en été, plus de cendré bleuâtre
sur la tête ni sur les côtés du cou ; le reste comme en
hiver. Les *jeunes* jusqu'à l'âge dè deux ans varient
beaucoup.

La Mouette Tridactyle se rencontre en automne et en
hiver dans notre pays ; elle fréquente les étangs salés et
les bords de la mer ; elle n'est point craintive, car elle
s'avance au milieu des ports et vole entre les navires pour
s'emparer des saletés que les marins jettent à la mer. A
l'approche du printemps elle nous quitte pour se rendre
dans les régions arctiques où elle niche ; la femelle dépose ses œufs sur les rochers qui bordent la mer.

MOUETTE A BEC GRÊLE. — *L. TENUIROSTRIS.* (Temm.)

Nom du pays : *Gaffèto, Pijhoûn dé Mar.*

COLORATION. — Toute la tête , le cou , la poitrine,
le reste des parties inférieures , le croupion et la
queue d'un blanc parfait , mais le devant du cou , la
poitrine et les flancs fortement teints de rose; cette
teinte est très-vive si l'on relève les plumes ; d'un
joli cendré bleuâtre clair en dessus ; les quatre grandes rémiges d'un blanc pur , mais terminée de noir ,
bec brun , nn peu rougeâtre en dessous ; tour des
yeux et pieds d'un rouge orange. Longueur, 46 centimètres. Au printemps , *la livrée d'hiver* est inconnue.

Lorsque parut l'*Ornithologie du Gard* , je fis connaître
que cette nouvelle espèce se trouvait en France , car M.
Temminck n'avait encore reçu que deux dépouilles de
l'Italie. Mais au printemps 1842 , l'on m'apporta cinq de
ces mêmes oiseaux , pris sur les bords de la mer ; je
m'aperçus qu'il y avait deux femelles qui avaient déjà
commencé de couver , et je ne doutai plus qu'ils ne ni-
chassent dans le pays ; m'étant informé d'où provenaient
ces individus , je me mis de suite en devoir d'aller à la
recherche de leurs œufs qui n'étaient pas connus ; j'ar-
rivai, non sans beaucoup de difficulté , sur une élévation
de sable entourée d'eau salée , et là je trouvai quelques
œufs dont voici le signalement : Gros comme ceux d'une
poule , blancs , mais couverts d'un grand nombre de taches plus ou moins grandes , noires , noirâtres , brunes ou
cendrées; le gros bout est plus chargé de ces taches que
le reste. Quelques œufs sont presque entièrement blancs ,

et c'est à peine si l'on aperçoit quelques taches cendrées et
comme effacées. Je ne vis voler dans ces parages que quelques Mouettes de cette espèce.

MOUETTE RIEUSE ou A CAPUCHON BRUN.
LARUS RUDIBUNDUS. (Leisler.)

COLORATION. — Une tache noire en avant des
yeux, et une plus grande moins foncée sur l'orifice
des oreilles ; le reste du plumage d'un blanc parfait
excepté les parties supérieures qui sont d'un cendré
bleuâtre un peu foncé ; la rémige extérieure bordée
et terminée de noir ; iris d'un brun foncé ; bec et
pieds d'un rouge vermillon. Longueur, 58 centimètres , les *vieux en hiver*.

Au printemps et en été , la tête et le cou d'un brun
noirâtre ; paupières entourées de petites plumes blanches ; les parties inférieures très-colorées de rose ;
le bec et les pieds couleur de carmin foncé.

LA MOUETTE RIEUSE , Buff. — Son nom lui vient du son
de sa voix, qui a quelque ressemblance avec un éclat de
rire. On la trouve toute l'année dans le pays ; elle fréquente les rivières et les lacs salés en été, l'hiver elle
habite les bords de la mer. Elle est très-répandue en Europe. Elle niche près de l'embouchure des fleuves.

MOUETTE PYGMÉE. — *L. MINUTUS.* (Pallas.)
Nom du pays : *Gaffèto*.

COLORATION. — Front, un espace entre le bec et
l'œil, une tache derrière les yeux, gorge et toutes
les parties postérieures d'un blanc parfait ; derrière

de la tête , une tache en avant des yeux et sur l'orifice des oreilles d'un noirâtre cendré ; d'un cendré bleuâtre clair en dessus ; les pennes des ailes de cette couleur , terminées de blanc pur ; bec et iris d'un brun noirâtre ; pieds d'un beau rouge vermillon. Longueur , 28 centimètres , les *deux sexes en hiver*.

Au printemps et en été , la tête et le haut du cou d'un noir profond ; une tache blanche derrière les yeux ; tout le dessous du corps d'un beau blanc lavé d'aurore ; dessus du corps d'un cendré bleuâtre.

Point dans Buffon. — Cette espèce est la plus petite des Mouettes d'Europe , dont elle habite les contrées septentrionales , et d'où elle s'égare accidentellement dans le Midi. Pendant l'hiver , quelques rares individus ont été trouvés dans le sud de l'Europe ; j'en ai obtenu deux sujets tués dans nos environs à l'époque des premiers jours du printemps ; je ne l'ai jamais vue plus avant dans cette saison. On ignore comment elle niche.

GENRE QUATRE-VINGT-SIXIÈME.

STERCORAIRE. — *LESTRIS*. (Ill.)

Caractères. — Bec robuste , couvert d'une cire sur la mandibule supérieure qui est crochue ; narines situées au milieu du bec , demi-fermées ; tarses longs ; pieds palmés ; pouce presque nul ; ongles grands ; les deux pennes mitoyennes de la queue dépassant les autres.

Les Stercoraires habitent les contrées froides d'où ils

s'éloignent quelquefois; ils sont plus courageux que les Mouettes et vivent souvent aux dépens de celles-ci en les forçant à leur abandonner leur proie. Ils sont extrêmement adroits à s'emparer des petits poissons à la surface de l'eau morte; ils se jettent aussi sur la chair des cétacés morts.

STERCORAIRE POMARIN. — *L. POMARINA.* (Temm.)

Nom du pays : *Aoûssel dé Mar.*

COLORATION. — Gorge, devant du cou et abdomen blancs; côtés et derrière du cou d'un jaune d'or lustré; sommet de la tête, dos, ailes et queue d'un brun noir; un espace sur la poitrine formé de taches brunes; queue un peu arrondie avec deux filets au milieu, longs de 7 ou 8 eentimètres; bec crochu à son bout qui est noir; pieds de cette couleur, un peu teints de jaunâtre. Longueur, 42 centimètres (sans les filets), les *vieux.*

Les *jeunes* varient considérablement au fur et à mesure qu'ils avancent en âge.

Point dans Buffon. — La présence de cet oiseau sur nos côtes et sur nos étangs est peu ordinaire; quelques individus néanmoins s'y montrent en hiver : leur vol peut les faire reconnaître de loin, car il est inégal et ne cesse de décrire des arcs-boutans et de faire des sauts. Ce Stercoraire niche dans les régions de l'extrême Nord.

STERCORAIRE RICHARDSON. — *L. RICHARDSONII.* (Swain.)

COLORATION. — Sommet de la tête gris foncé; côtés et haut du cou gris clair, parsemé de taches brunes; une tache en avant des yeux; tout le dessus d'un

brun de terre d'ombre, chaque plume étant bordée
de brun jaunâtre ou de roussâtre ; parties inférieures variées de brun foncé et de brun jaunâtre sur un
fond blanchâtre ; ailes et queue noirâtres, mais blanches à leur base ; bec d'un vert jaunâtre et noir au
bout ; tarses bleuâtres, les *jeunes tels que nous les
voyons ici quelquefois.*

Les *vieux* ont une calotte noire ou brune sur la
tête ; les parties supérieures de cette même couleur ;
dessous du corps d'un blanc pur ; flancs d'un brun
clair ; des filets à la queue longs de 7 ou 8 centimètres ; bec noir au bout, bleuâtre sur le reste. Longueur, 42 centimètres environ (sans les filets).

La *femelle* est brune là où le *mâle* est blanc ; nuque et côtés du cou d'un brun d'ocre.

Le Labe ou le Stercoraire, Buff. — Cet oiseau habite les bords de la Mer-Baltique, la Norwège et la Suède ;
il visite assez régulièrement les lacs et les rivières situés
dans l'intérieur des terres ; parfois les jeunes s'avancent
jusque dans notre Midi, mais les vieux y sont extraordinairement rares. Cette espèce niche dans la mousse près
du rivage de la mer.

GENRE QUATRE-VINGT-SEPTIÈME.

PÉTREL. — *PROCELLARIA.* (Linn.)

Caractères. — Bec gros, très-crochu, renflé subi-
tement vers le bout ; mandibule inférieure creusée
en gouttière, formant un angle en dessous ; narines

réunies dans un seul tube, placées à la surface du bec ; doigts antérieurs palmés.

Les Pétrels sont très-nombreux en espèces ; ce sont les oiseaux qui s'éloignent le plus de la terre ; ils parcourent surtout les mers des pôles, tant au sud qu'au nord. Leur vol est aisé et gracieux ; lorsqu'une tempête est près d'éclater, ils vont chercher un refuge sur les écueils et même sur les vaisseaux ; souvent aussi ils suivent le sillage pour s'y mettre à l'abri du vent. Leur nourriture se compose de poulpes, de molusques, de poissons ainsi que de la chair des cétacés pourris qui flottent sur les vagues. Ils nichent sur les écueils, au milieu des rochers les plus escarpés et dans des trous à terre, où il est très-difficile d'approcher de leur progénitnre, car, dès qu'ils se voient surpris dans leur retraite, ils lancent de leurs narines une liqueur huileuse qui peut devenir fatale à la vue.

Ils sont divisés en trois genres : *Procelliria*, *Puffinus* et *Thalassidroma*. Le premier ne comprend qu'une seule espèce qui est étrangère à nos climats. Quant aux mœurs et aux habitudes de ces oiseaux, elles sont d'ailleurs les mêmes.

GENRE QUATRE-VINGT-HUITIÈME.

PUFFIN. — *PUFFINUS.* (Rai.)

CARACTÈRES. —Bec généralement plus long que la tête, grêle, fortement déprimé à la pointe ; mandibule inférieure formant un crochet aigu ; narines à la surface du bec, présentant deux tubes rapprochés.

PUFFIN CENDRÉ. — *PUFFINUS CINEREUS*. (Temm.)

Noms du pays : *Gafféto à Bé crouchu , Aoussel dé Mar.*

Coloration. — La tête , la nuque et derrière du
cou d'un gris clair ; dos gris avec une bordure plus
claire à chaque plume ; ailes d'un cendré noirâtre ;
grandes rémiges et queue noires ; côtés du cou et de
la poitrine couverts par des ondes d'un gris cendré
clair sur un fond blanc ; cette couleur règne sur le
reste des parties inférieures ; bec jaune à sa base,
noir à son crochet ; pieds couleur de chair ; iris brun.
Longueur, 50 centimètres environ, les *vieux.*

Le Puffin, Buff.—Ces Pétrels volent par petites troupes
près de nos côtes , en rasant la surface des vagues ; mais
dès que la mer devient orageuse ils se raprochent de la
terre pour y chercher un abri. Je puis aussi certifier que
cette espèce plonge, car cette année (1843) j'en ai vu en
été sur notre marché plus de trente qui avaient été pris
aux hameçons placés pour la pêche aux anguilles. Ce Puffin niche en Corse et dans autres îles de la Méditerranée.

PUFFIN MANKS. — *P. ANGLORUM*. (Temm.)

Nom du pays : *Gafféto à Bé crouchu.*

Coloration. — Parties supérieures généralement
d'un noir un peu lustré de bleuâtre ; cuisses de pareille couleur ; toutes les autres parties de dessous le
corps d'un blanc de lait ; sur les côtés du cou le noir
et le blanc se fondent ensemble et forment des ondes
et de petits croissans ; bec très-grêle , d'un brun noir,

un peu rougeâtre en dessous ; iris brun ; pieds de couleur de chair un peu mêlée de brun noir sur le bord du doigt extérieur et sur le tarse. Longueur, 35 centimètres environ.

Point dans Buffon. — Cet oiseau se trouve sur notre mer et se rapproche souvent de nos côtes ; il se montre surtout à l'embouchure du Rhône où il arrive par petites troupes, en rasant les vagues ; c'est toujours au printemps que je les ai vus ou que j'en ai reçu.

Le Puffin Manks vole surtout le soir et de grand matin ; le jour il ne quitte guère sa retraite, à moins qu'une tempête ne vienne à éclater, alors il pousse des cris de joie en parcourant les flots pour y saisir les vers, les insectes marins et autre nourriture qu'ils charrient.

GENRE QUATRE-VINGT-NEUVIÈME.

THALASSIDROME.—*THALASSIDROMA.* (Vig.)

Caractères. — Bec moins long que la tête, très-comprimé à sa pointe ; narines réunies en un seul tube, ou ayant deux orifices distincts ; tarses longs.

THALASSIDROME TEMPÈTE. — *TH. PELAGICA.* (Linn.)

Coloration. — Tout le plumage supérieur d'un noir mat, couleur de suie en dessous ; scapulaires et rémiges secondaires des ailes terminées de blanc ; une bande de pareille couleur en travers du croupion ; iris brun ; bec et pieds noirs. Longueur, 15 centimètres, les *deux sexes adultes.*

L'Oiseau de Tempète, Buff. — Cet auteur dit que l'apparition de cet oiseau en mer est un signe de salut pour le navigateur. Comme il a l'habitude, de jour comme de nuit, de suivre les vaisseaux, l'on a pensé que c'était pour s'abriter des gros vents de mer, mais il paraît que c'est pour s'emparer des substances dont il se nourrit, car, par le sillage du vaisseau, il s'opère un remoux qui fait remonter les petits molusques à la surface de l'eau. Cet oiseau est plus répandu sur les mers du Nord que dans la Méditerranée. L'on en trouve quelquefois des individus morts sur nos côtes.

GENRE QUATRE-VINGT-DIXIÈME.

OIE. — *ANSER*. (VIEILL.)

CARACTÈRES. — Bec plus haut que large à sa base, couvert d'une cire ; mandibule supérieure plus large que l'inférieure, à bords dentelés ; narines latérales placées au milieu du bec ; pieds palmés.

Les Oies vivent dans les prairies et dans les marais ; elles nagent, ne plongent point et ne vont à l'eau que pour se baigner. Leur vol est élevé ; elles voyagent par troupes et décrivent un angle pour fendre les airs. Elles nichent dans le Nord ; plusieurs descendent dans le Midi durant l'hiver.

OIE HYPERBORÉE ou DE NEIGE. — *AN. HYPERBOREUS*. (TEMM.)

Nom du pays : *Aoûquo.*

COLORATION. — Front d'un blanc mêlé de jaune ; tête, cou et corps d'un blanc pur ; rémiges blanches à leur base, noires sur le reste ; mandibule supérieures d'un beau rouge, l'inférieure blanchâtre ;

l'une et l'autre ont l'onglet bleu ; iris d'un gris foncé ; tour des yeux d'un rouge vif ; pieds d'un brun rougeâtre. Longueur, 80 centimètres, les *vieux*.

L'Oie des Esquimaux, Buff. — L'apparition de cet oiseau dans le Midi n'a lieu que lorsque le froid devient excessif. Elle a pour patrie les régions du cercle arctique, d'où elle ne s'éloigne qu'accidentellement.

OIE CENDRÉE ou PREMIÈRE. — *A. FERUS.* (Lath.)

Nom du pays : *Aoûquo Sâouvajho.*

COLORATION. — Plumage d'une couleur de cendré clair, qui est plus foncé sur le haut du dos et sur les couvertures des ailes ; chaque plume lisérée de blanchâtre ; bord extérieur de l'aile et base des rémiges d'un cendré blanchâtre ; abdomen et dessous de la queue blancs ; paupières d'un jaune orange ; bec de cette couleur, mais l'onglet est blanchâtre ; iris noirâtre ; pieds couleur de chair jaunâtre. Longueur, 68 centimètres.

Les *très-vieux individus*, ont quelques plumes isolées d'un brun noirâtre sur le ventre.

L'Oie Sauvage, Buff. — C'est à cette espèce que remonte la souche primitive de toutes les races qui vivent dans les basses-cours ; elle arrive au commencement de l'hiver, et se répand dans nos marais et nos étangs du Midi, où elle reste jusqu'à l'approche des beaux jours ; elle quitte ensuite nos parages pour aller nicher dans le centre et les contrées orientales de l'Europe.

OIE VULGAIRE ou SAUVAGE. — *A. SEGETUM.* (GMEL.)

Nom du pays : *Aoûquo Sâouvajho.*

COLORATION. — Parties supérieures d'un cendré foncé qui est plus sombre sur le croupion; bas du cou et poitrine d'une nuance plus claire ; ventre d'un cendré blanchâtre ; ailes grises ; abdomen et dessous de la queue blancs; bec noir , mais jaune-orange sur le milieu ; paupières d'un gris noirâtre; iris brun; pieds d'un orange rouge. Longueur , 80 centimètres environ , les *vieux*.

L'OIE SAUVAGE , Buff. — Cette espèce a été quelquefois confondue avec la précédente , mais la couleur du bec est un signe auquel on ne peut se tromper. Elle arrive en automne dans nos marécages et y passe l'hiver ; elle est plus commune si le froid est très-rigoureux. C'est dans l'extrême Nord qu'elle va se reproduire.

OIE RIEUSE ou A FRONT BLANC. — *A. ALBIFRONS.* (LINN)

Noms du pays : *Aoûquo , Aoûquo Sâouvajho.*

COLORATION. — Une bande blanche autour du front; menton de cette couleur ; tout le dessus , y compris la tête , d'un cendré foncé; mais toutes les plumes terminées par du brun roussâtre; poitrine et ventre blanchâtres, variés de taches noires; du blanc aux pennes secondaires des ailes ; pieds, paupières et bec d'un jaune-orange; l'onglet est blanchâtre ; iris brun. Longueur, environ 70 centimètres, les *vieux mâles*.

La *femelle* est moins grande.

L'Oie Rieuse , Buff. — Cette Oie, quoiqu'elle ne soit pas commune ici, se trouve néanmoins chaque hiver dans les contrées marécageuses du Midi. Le cri qu'elle jette en volant a du rapport avec un éclat ee rire. En été, elle est abondante en Sibérie où elle niche.

OIE BERNACHE. — *A. LEUCOPSIS.* (Temm.)

Nom du pays : *Aoûquo*

COLORATION.—Front, gorge et côtés de la tête d'un blanc pur; un petit trait noir entre le bec et l'œil; l'occiput, la nuque, le cou, la poitrine, les rémiges et la queue d'un noir profond; manteau ondé de gris, de noir et de blanchâtre; dessous du corps d'un beau blanc pur; bec et pieds noirs; iris brun foncé, Longueur, 68 centimètres, les *vieux mâles.*

La *femelle* est moins grande; elle a les joues et le front d'un gris cendré.

L'Oie Bernache , Buff. — C'est dans le nord de l'Europe, près de l'embouchure des rivières, qu'habite cette jolie espèce d'oie; en hiver, elle s'en éloigne et se montre dans les pays tempérés; mais, si la saison devient très-rigoureuse, quelques-unes descendent jusque dans nos contrées pour y chercher un refuge contre le froid. A l'approche des beaux jours, comme toutes ses congénères, elle se hâte de quitter nos pays et va regagner les climats septentrionaux où elle niche.

OIE CRAVANT. — *ANSER BERNICLA.* (Linn.)

Nom du pays : *Aoûquo deï négros.*

COLORATION. — La tête, le cou et le haut de la

poitrine d'un noir brun ; sur les côtés du cou est un espace formé par des plumes blanches ; dos et le dessus des ailes d'une couleur enfumée ; bas-ventre et couvertures inférieures de la queue d'un blanc pur ; milieu du ventre et flancs d'un brun cendré ; rémiges, pennes caudales et bec noir ; iris brun ; pieds d'un noir rougeâtre. Longueur, 65 centimètres, les *vieux*.

Le Cravant, Buff. — C'est dans les régions voisines du pôle arctique que vit cette Oie ; à l'approche des glaces et des neiges, elle descend dans l'Europe tempérée, et pousse quelquefois ses pérégrinations jusque dans le Midi ; mais cela n'a lieu qu'accidentellement. L'Oie Cravant est d'un naturel timide et sauvage, mais elle s'accoutume bientôt à la vie domestique.

GENRE QUATRE-VINGT-ONZIÈME.

CYGNE. — *CYGNUS.* (Linn.)

Caractères. — Bec d'égale longueur, plus haut que large à sa base ; déprimé à la pointe ; narines percées au milieu du bec ; cou très-long, flexible.

Les Cygnes sont de tous les palmipèdes ceux qui nagent le plus longtemps et qui se fatiguent le moins. Leur caractère est doux et paisible ; la beauté de leur port les fait admirer : aussi les élève-t-on au milieu des parcs et des jardins publics, dont ils font le plus bel ornement. Ils se nourrissent principalement de substances végétales. On en connaît deux espèces en Europe ; une troisième est le Cygne Noir, qui habite la Nouvelle-Hollande.

CYGNE SAUVAGE. — *CY. MUSICUS.* (Linn.)

Nom du pays : *Cygnë.*

Coloration. — Plumage en entier d'un blanc parfait, à l'exception d'une légère teinte jaunâtre répandue sur la tête et la nuque ; bec noir, couvert d'une cire jaune à sa base, qui entoure les yeux ; iris brun ; pieds noirs. Longueur, 1 mètre 40 centimètres, les *deux sexes vieux.*

Le Cygne Sauvage, Buff. — Quoi que les anciens aient dit de leur voix, les Cygnes ne sont point chanteurs. Celui dont il s'agit ici arrive sur nos étangs pendant l'hiver ; il y est quelquefois très-rare, selon la rigueur de la température. Les lieux qu'il habite ordinairement sont les contrées boréales des Deux-Mondes, d'où il s'expatrie en longeant les côtes maritimes.

CYGNE DE BEWIC. — *CY. BEWICKII.* (Yarr.)

Noms du pays : *Cignë.*

Coloration. — D'un tiers plus petit que le Cygne sauvage ; la base du bec plus élevée, qui forme chez les vieux une espèce de protubérance jaune ; plumage d'un blanc de lait ; quelques mèches d'un brun roussâtre sur la nuque ; ailes moins longues que dans l'espèce précédente ; pieds d'un noir plus prononcé ; plus longs et plus grêles. Chez l'adulte, une teinte d'un blanc jaunâtre et surtout visible sur le cou.

Cette espèce est encore nouvelle pour la science ; on l'a toujours confondue avec la précédente, à laquelle elle res-

semble au premier aspect ; mais sans compter les différences extérieures ; M. Temminck donne, d'après M. Yarrel,
des détails anatomiques qui ne laissent aucun doute sur
l'authenticité de cette espèce.

Ce Cygne habite l'Islande et se montre périodiquement
dans les contrées méridionales. On le tue assez souvent sur
les côtes de Picardie, d'où il descend jusque chez nous.

CYGNE TUBERCULÉ. — *CY. OLOR.* (Linn.)

Nom du pays : *Cygnë.*

COLORATION. — Bec rouge, à l'exception de la
protubérance du front, de la bordure qui entoure les
mandibules, de l'onglet et des narines qui sont noirs ;
tout le plumage d'un blanc de neige ; iris brun ;
pieds noirs lavés de rougeâtre. Longueur, 1 mètre
48 centimètres environ.

LE CYGNE, Buff. — Cette espèce, que nous élevons en
domesticité et qui fait l'ornement de nos bassins, où il se
multiplie, habite, dans l'état de liberté, sur les grandes
mers de l'intérieur ; comme l'espèce précédente, c'est en
hiver qu'elle visite la France et le Midi ; ce n'est que pendant les froids excessifs que cet oiseau devient plus abondant chez nous. Dans toute autre saison, il y est fort rare.

GENRE QUATRE-VINGT-DOUZIÈME.

CANARDS. — *ANAS.* (Linn.)

CARACTÈRES.—Bec plus large qu'épais et quelquefois gibeux à sa base, dentelé en lames sur ses

bords, obtus vers son extrêmité ; *le pouce libre sans membrane.*

Les espèces qui composent ce genre ne se reposent jamais en pleine mer, elles préfèrent les fleuves et leurs embouchures ; elles émigrent annuellement du nord au midi et du midi au nord, en formant des bandes nombreuses et en volant très-haut ; ils nagent avec aisance, plongent pour saisir les poissons, les vers et les petits coquillages dont ils font presque leur unique nourriture. Leur chair est un aliment agréable.

CANARD TADORNE. — *A. TADORNA.* (Linn.)

Nom du pays : *Bé-Roujhë,*

COLORATION. — Tête et cou d'un vert foncé ; bas du cou, dos, croupion, couvertures des ailes et côtés du ventre d'un blanc parfait ; une ligne au milieu du ventre, rémiges et scapulaires d'un noir profond ; une belle couleur rousse forme un ceinturon sur la poitrine et remonte sur le dos ; un miroir d'un vert brillant sur l'aile (*) ; bec retroussé avec une protubérance charnue à sa base, d'un rouge de sang ; narines bordées de noir ; pieds couleur de chair. Longueur, 60 centimètres, le *mâle vieux.*

Le plumage de la *femelle* a moins de pureté, une tache blanche à la base du bec, qui n'a point de protubérance ; elle est plus petite.

LE TADORNE, Buff. — Cette belle espèce n'est pas abon-

(*) L'on donne le nom de *miroir* à des taches placées au milieu de l'aile, différentes du fond et souvent de couleurs vives et éclatantes.

dante dans le pays ; mais elle y reste toute l'année ; elle se plaît surtout dans les lieux peu éloignés de la mer ; on les voit ordinairement deux ensemble , le mâle et la femelle, qui ne se quittent guère. C'est dans les trous abandonnés des lapins et dans les dunes que la femelle déposé habituellement ses œufs. Le Tadorme est moins commun dans le Midi que dans le Nord.

CANARD SAUVAGE. — *ANAS BOSCHAS.* (Linn.)

Nom du pays : *Col-Vert* (le mâle), *Canardo* (la femelle.)

COLORATION. — Tête et cou d'un vert d'émeraude à reflets ; un collier blanc sur le cou ; poitrine d'un marron foncé , gris clair en dessus avec des rayures et des zigzags ; milieu du dos brun ; un miroir d'un vert violet sur les ailes ; plumes du milieu de la queue relevées en l'air ; bec d'un jaune verdâtre ; iris brun rougeâtre ; pieds oranges. Longueur , 60 centimètres environ , le *mâle.*

La *femelle* est plus petite ; son plumage est un mélange de gris et de roussâtre ; les pennes mitoyennes de la queue ne relèvent point.

LE CANARD SAUVAGE , Buff. — Ce Canard est la souche de toutes les races que l'homme élève aujourd'hui pour son utilité domestique. Il est commun dans toutes les contrées qu'il habite ; en automne, il en descend des pays septentrionaux qui se répandent en troupes au milieu de nos marécages et sur nos étangs. Au printemps , ils abandonnent de nouveau le Midi pour remonter dans le Nord ; il n'en reste que fort peu alors pour se reproduire aux alentours des nos pays inondés ; la femelle fait son nid tantôt au milieu d'un champ de blé , tantôt dans un buisson ou sur un arbre. Sa ponte est de 12 ou 14 œufs.

CANARD CHIPEAU. — *A. STREPERA.* (Linn.)

Nom du pays : *Bouy-Gris, Bournasso.*

COLORATION. — Tête grise, pointillée de noir ; bas
du cou, poitrine et dos couverts par des croissans
noirs et blanchâtres ; flancs et dessus des ailes marqués de zigzags blancs et noirâtres ; croupion noir ;
du roux marron sur les moyennes couvertures des
ailes, celles-ci coupées par un miroir blanc ; bec
noir ; iris d'un brun clair ; tarses et doigts de couleur
orangé ; membranes brunes. Longueur, 42 centimètres, le *mâle.*

La *femelle* a le dos d'un brun noirâtre ; la poitrine
d'un brun roussâtre tachetée de noir ; le croupion
gris.

C'est seulement en hiver que les Canards Chipeaux se
montrent en France et dans le Midi ; ils vivent au milieu
des jonchaies et ne fréquentent l'intérieur des terres que
durant les froids les plus rudes. Au printemps, ils remontent dans les régions du Nord pour nicher. Cette espèce
devient fort grasse ; sa chair, qui est très-délicate, est
estimée pour la table.

CANARD PILET. — *A. ACUTA.* (Linn.)

Nom du pays : *Quao de Ziroûndo.*

COLORATION. — Cou long, mince ; tête et haut du
cou bruns avec des reflets violâtres et pourprés ; une
bande noire sur la nuque ; devant du cou et tout le
dessous du corps d'un blanc pur ; des zigzags noirs

et cendrés sur le dos et les flancs ; un miroir sur
l'aile d'un vert cuivré , bordé par deux bandes l'une
rousse et l'autre blanche ; les deux pennes du milieu
de la queue longues et pointues , d'un noir verdâtre ;
bec bleu noirâtre ; iris brun. Longueur , 66 centimètres, le *mâle*.

La *femelle* n'a point de longs filets à la queue ;
tête et cou d'un vert roussâtre clair, pointillé de
noir ; les parties supérieures couvertes de croissans
et de jaune roussâtre ; parties inférieures de cette
même teinte et tachetée de brun clair ; bec noirâtre.
Elle est plus petite.

Le Canard a Longue Queue , Buff. — En hiver, les Canards à longue queue arrivent chez nous , mais ils ne deviennent communs qu'aux mois de février et de mars , au
moment de leur départ pour les contrées septentrionales ;
ils volent ordinairement par petites troupes, et le son de
leur voix est une espèce de sifflement. Ils sont moins farouches que la plupart des autres espèces. Leur chair est presque toujours maigre.

CANARD SIFFLEUR. *A. PENELOPE.* (Linn.)

Nom du pays : *Piaoúlaïre , Siblaïre , Bouy.*

COLORATION. — Front et milieu de la tête d'un
fauve clair ; le reste de la tête et cou marron qui est
pointillé de noir ; gorge noire , parties supérieures
et flancs finement rayés de zigzags noirs et blancs ;
poitrine lie de vin , nuancée de cendré, d'un blanc
pur en dessous ; un miroir vert sur l'aile , situé entre

du noir et du blanc ; bec bleu, noir au bout ; iris brun ; pieds cendrés. Longueur, 50 centimètres, le *mâle*.

La *femelle* et les *jeunes* diffèrent beaucoup,

LE CANARD SIFFLEUR, Buff. — Cette espèce n'est pas rare dans le Midi depuis l'automne jusqu'au printemps, époque où elle regagne les contrées du Nord pour y passer l'été. Quelques rares individus demeurent dans nos marécages où ils se reproduisent. La crainte d'entreprendre un long voyage, ou peut-être quelques blessures reçues sont les causes de cette circonstance. La voix claire et flûtée de ce Canard lui a fait donner le nom qu'il porte.

CANARD SOUCHET. — *A. CLYPEATA.* (LINN.)

Noms du pays : *Cuyeïras, Bé d'Espatule.*

COLORATION. — Tête et cou d'un vert foncé, avec des reflets violets ; poitrine et haut du dos d'un blanc pur ; milieu du dos brun foncé ; couvertures des ailes d'un joli bleu clair ; scapulaires blanches ou marquées de taches noires ; miroir de l'aile d'un noir brillant ; ventre roux ; bec grand un peu en forme de spatule ; iris jaune. Longueur, 50 centimètres, le *mâle*.

La *femelle* a la tête roux clair avec des traits noirs ; dessus du corps brun noirâtre ; les plumes bordées de roussâtre ; cette couleur est la même en dessous, et le bec a la même forme que celui du *mâle*.

LE CANARD SOUCHET ou LE ROUGE, Buff. — Un très-petit nombre de cette espèce reste l'été pour nicher dans nos marécages ; mais depuis le mois de novembre jusqu'au mois de mars nous en voyons communément sur notre marché. Le Souchet est d'un naturel triste et sauvage ; rarement il vit en domesticité, quelque soin qu'on en prenne. Il est très-répandu en Europe ; on le trouve aussi dans l'Amérique Septentrionale. ,

CANARD SARCELLE D'ÉTÉ. — *A QUERQUEDULA.* (Linn.)

Noms du pays : *Cacho-Pignoûn*, *Cannetto*.

COLORATION. — Dessus de la tête noirâtre avec deux bandes blanches sur les côtés ; gorge noire ; cou d'un brun rougeâtre ; marqueté de petites lignes blanches ; poitrine écaillée de brun et de roussâtre ; ventre blanc ou blanc jaunâtre ; des zigzags sur les flancs ; miroir d'un vert mat ; iris brun ; pieds cendrés. Longueur, 42 centimètres, le *mâle*.

La *femelle*, qui est plus petite, a la gorge blanche ; une bande de la même couleur, tachée de brun, derrière et sous les yeux ; parties supérieures d'un brun noirâtre ; parties inférieures blanchâtres.

LA SARCELLE COMMUNE ou LA SARCELLE D'ÉTÉ, Buff. — C'est au moment où les autres espèces de Canards nous quittent que la Sarcelle d'été arrive dans le pays ; mais elle n'y fait que passer. Quoiqu'on m'ait assuré qu'il en nichait dans nos marais, je n'ose confirmer ce fait. Cet oiseau vit presque toujours en société de ses semblables, et forme de petites troupes qui ne cessent de répéter un cri qui exprime *kre, kre, kre*. Ils sont peu farouches et peu rusés. Cette espèce est plus abondante dans les pays méridionaux que dans ceux du Nord.

CANARD SARCELLE D'HIVER. — *A. CRECCA.* (Linn.)

Nom du pays : *Sarcello , Canet.*

Coloration. — Tête et joues d'un beau roux marron; une bande d'un vert foncé sur les yeux et la nuque; dos et flancs couverts par des zigzags blancs et noirs; poitrine d'un blanc roussâtre , pointillée régulièrement de noirâtre ; ventre blanc; deux bandes blanches sur l'aile, avec un miroir d'un vert noir; iris brun ; pieds cendrés. Longueur , 42 centimètres , le *mâle*.

La *femelle* est plus petite ; elle porte une bande d'un blanc roussâtre marqué de taches brunes derrière et sous les yeux ; parties inférieures blanchâtres, parties supérieures d'un brun noir; les plumes bordées de brun clair ; bec brunâtre en dessus, brun jaunâtre en dessous.

La Petite Sarcelle, Buff. — Cette Sarcelle est très-abondante dans nos marais et sur nos étangs; elle reste toute l'année dans le pays , mais elle y est beaucoup plus commune en hiver qu'en été; le cri du mâle , quand il vole , est une espèce de sifflement. C'est au milieu des joncs que cet oiseau place son nid ; il est posé sur l'eau de manière qu'il hausse et qu'il baisse avec elle. La femelle pond de 10 à 12 œufs.

Remarque. *Les espèces suivantes ont au doigt postérieur une membrane rudimentaire.*

Elles vont par bandes nombreuses, fréquentent les bas-fonds des bords de la mer, cherchent leur nourriture en plongeant entre deux eaux, et s'en emparent souvent en s'aidant sous l'eau de leurs ailes en guise de rames.

CANARD EIDER. — *A. MOLLISSIMA.* (Linn.)

Coloration. — Une bande d'un noir violet sur les
côtés de la tête ; une autre sur le milieu d'un blanc
verdâtre ; un espace de la même couleur sur la nuque et sur ses côtés ; bas du cou, dos, et une partie
des ailes d'un blanc pur ; poitrine d'un blanc roussâtre ; abdomen d'un noir profond ; le bec est garni
à sa base d'une membrane qui s'avance en deux lamelles sur le front ; iris brun. Longueur, 63 centimètres, les *vieux mâles*.

La *vieille femelle* est d'un roux rayé en travers
par du noir ; couvertures des ailes bordées de roux
foncé ; parties postérieures brunes avec des bandes
noires.

L'Oie a Duvet ou Eider, Buff. — L'Eider est rare dans
les contrées méridionales, car il abandonne peu les parages glacés du Nord qu'il habite ; c'est cet oiseau qui fournit
ce duvet si riche et si recherché que nous nommons édre-
don. En hiver seulement quelques jeunes individus égarés se montrent sur nos côtes maritimes ; les vieux ne s'y
trouvent jamais, ou du moins ce n'est que très-rarement.
L'Eider niche sous le pôle arctique. La femelle dépose ses
œufs près de la mer, elle arrache son propre duvet pour
les en recouvrir lorsqu'elle s'absente.

CANARD DOUBLE MACREUSE.— *A. FUSCA.* (Linn.)

Nom du pays : *Négrasso-Brunasso.*

Coloration. — Tout le plumage d'un noir profond et velouté ; une tache sous les yeux et un mi-

roir sur l'aile d'un blanc pur ; bec d'un jaune orange ;
l'onglet d'un rouge jaunâtre ; narines et bords des
mandibules noirs ; tarses et doigts rouges ; membranes
d'un brun noirâtre. Longueur, 54 centimètres , les
vieux mâles.

La *femelle* est plus petite ; elle est de couleur de
suie en dessus, d'un gris blanchâtre en dessous, avec
des rayures et des taches d'un brun noirâtre ; une
tache blanche en avant des yeux et sur l'oreille ; le
bec d'un gris blanchâtre.

La Double Macreuse , Buff. — Ce Canard est fort rare
dans nos départemens méridionaux , et je ne peux citer que
quelques captures faites dans le pays ; il est plus abondant
sur les côtes du nord de la France , où il passe régulièrement en hiver. Les contrées boréales des Deux-Mondes ,
qu'il habite une grande partie de l'année, sont sa véritable
patrie.

CANARD MACREUSE. — *A. NIGRA.* (Linn.)

Nom du pays : *Canard négré.*

Coloration. — Plumage en entier d'un noir profond et velouté ; une protubérance arrondie à la base
du bec ; tour des yeux , une tache sur les narines et
une ligne jaune sur la protubérance ; le reste du
bec tout noir ; pieds d'un brun noirâtre ; les membranes sont noires ; iris brun. Longueur, 50 centimètres , le *mâle adulte*.

La *femelle* manque de protubérance à la base du
bec ; tout le fond du plumage d'un brun plus ou
moins foncé.

La **Macreuse**, Buff. — Ce Canard est très-abondant sur les côtes du nord de la France, au moment de son passage d'hiver, mais il ne reparaît point au printemps. Il est toujours rare dans le Midi, car la plupart des chasseurs qui habitent les villes voisines de nos marais ne le connaissent pas. Je n'en ai encore obtenu que quelques-uns tués dans le pays dans l'espace de quinze années.

CANARD SIFFLEUR HUPPÉ. — *ANAS RUFINA.* (Pallas.)

Noms du pays : *Canard mû, Bé roujhẽ, Bouï d'Espagno.*

Coloration. — On reconnaîtra toujours le *mâle* à sa belle huppe formée par de longues plumes soyeuses d'un fauve clair; les joues, la gorge et moitié du cou d'un brun rougeâtre ou bai; le reste en dessous est noir; poignet et miroir de l'aile ainsi qu'une tache sur les côtés du cou blancs, un peu rosé; bec, tarses et doigts d'un beau rouge; membranes noires; iris cramoisi. Longueur, 56 centimètres, le *mâle*.

La *femelle* a une huppe peu touffue; dessus de la tête et nuque bruns; côtés de la tête et du cou, d'un gris rembruni; gorge pareille; le reste du plumage est un mélange de brun jaunâtre; le ventre et l'abdomen gris; bec et pieds d'un brun rougeâtre.

Le Canard Siffleur Huppé, Buff. — Nos chasseurs des marais designent cet oiseau sous le nom de *Canard Mû* (Canard Muet), parce qu'ils prétendent qu'il ne fait jamais entendre sa voix; et sous celui de *Bouï* d'*Espagne*, car ils pensent qu'il nous arrive de ce pays. Le Siffleur Huppé habite pendant toute la belle saison les contrées orientales du nord de l'Europe d'où il s'éloigne en hiver; il n'est jamais commun ici , on en voit seulement quelques-uns volant par paires.

CANARD MILOUIANAN. — *A. MARILA*. (Linn.)

Nom du pays : *Bouï négrë* , *Bouïsset.*

COLORATION. — Tête et une partie du cou d'un noir à reflets vert foncé ; bas du cou , poitrine, croupion et rémiges d'un noir profond ; un miroir blanc sur l'aile ; haut du dos d'un gris de perle avec des zigzags noirs ; ventre et flancs blancs ; bec brun-clair ; narines blanchâtres ; iris jaune. Longueur , 50 centimètres , le *vieux mâle*.

La *vieille femelle* a une bande blanche sur le front, le noir de son plumage est coloré de brun.

Le MILOUIANAN , Buff. — Ce Canard vole par bandes nombreuses sur les mers de l'intérieur et sur celle de la Hollande à l'époque de ses passages d'automne et du printemps. Nous ne le voyons guère dans le pays qu'au mois de mars ; il se réunit aux *Canards Morillons* , et se prend quelquefois comme ces derniers aux hameçons et dans les filets que l'on a tendus sous l'eau. Il n'est jamais bien nombreux dans le Midi. Sa ponte reste encore inconnue.

CANARD MILOUIN. — *A. FERINA*. (Linn.)

Nom du pays : *Bouï roujhë* (le mâle), *Bouïsso* (la femelle).

COLORATION. — Tête et cou d'un marron rougeâtre ; poitrine, haut du dos et croupion d'un brun noir ; dessus du corps et parties inférieures d'un cendré blanchâtre rayé de fins zigzags noirâtres ;

bec noir, mais bleu foncé dans son milieu ; iris d'un jaune orange. Longueur, 44 centimètres, les *vieux mâles*.

La *femelle* est plus petite ; elle est en partie d'un brun roussâtre ; le dos et le manteau rayés de zigzags peu distincts ; le ventre est blanchâtre ; la bande bleue du milieu du bec est plus étroite et d'une couleur plus terne.

Le Canard Milouin, Buff. — Ce Canard arrive en automne par troupes nombreuses qui se répandent sur les eaux de nos étangs et de nos marais ; le jour ils restent cachés loin de terre, mais au crépuscule du soir ils s'en approchent et viennent plonger dans les endroits moins profonds. L'on entend pendant le calme de la nuit le fort bruissement de leurs ailes lorsqu'ils rasent la surface de l'eau, et je présume que c'est à cela qu'est dû le surnom de *Bouï* qu'on applique ici à ces Canards *, car c'est aux Milouins surtout qu'on le donne. Cet oiseau niche dans les marais du Nord.

CANARD A IRIS BLANC ou NYCORA.

A. LEUCOPHTHALMOS. (Bechst)

Nom du pays : *Bouicé roujhë*.

COLORATION. — Tête, cou, poitrine et flancs d'un roux marron lustré, un peu foncé au milieu du cou ; dos et ailes brun-noir avec des reflets pourprés ; rémiges et miroir blancs et noirs ; parties postérieures blanches ; iris blanc ; bec d'un bleu noirâtre. Longueur, 42 centimètres, les *vieux mâles*.

* En catalan, *Buixot*.

La *femelle* est d'un brun roussâtre ; le ventre blanc, ondé de brun.

LA SARCELLE D'ÉGYPTE , Buff. — Ce Canard n'est commun nulle part en France ; il arrive en hiver dans nos contrées marécageuses , d'où on l'apporte assez souvent sur notre marché. Au printemps , il quitte les marais du Midi pour aller habiter sur les lacs et les rivières des parties orientales de l'Europe.

CANARD MORILLON. — *A. FULIGULA.* (LINN.)

Noms du pays : *Boui négrë* , *Négroûn* , *Cáouquio.*

COLORATION. — Téte ornée d'une huppe pendante, d'un noir à reflets pourprés ; tout le plumage noir avec des reflets violâtres ou verdâtres ; bas ventre et une tache sur l'aile d'un blanc pur ; bec d'un bleu clair avec l'onglet noir ; iris d'un beau jaune. Longueur, 44 centimètres, les *très-vieux mâles.*

LE MORILLON , Buff. — Ce Canard est très-abondant en hiver dans les marécages de nos environs ; souvent on en apporte sur notre marché de grandes quantités , surtout en février et en mars. Comme ces oiseaux ont l'habitude d'aller chercher leur nourriture au fond de l'eau , ils se prennent aux piéges appelés *Cabussaïrës;* espèces de filets tendus dans l'eau , au milieu desquels ils s'empêtrent ; quelquefois aussi ils se prennent à l'hameçon. Le Morillon habite toute l'Europe pendant l'hiver. Comme sa ponte n'a pas encore été décrite , je vais la faire connaître : C'est au milieu des roseaux que la femelle dépose 10 ou 12 œufs, qui sont d'un blanc jaunâtre sans mélange et de forme un peu alongée. Habituellement le

Canard Morillon ne niche pas dans le Midi , mais il y a des années où quelques paires s'y multiplient. En 1842 , j'ai eu l'avantage de me procurer dans nos marais les œufs que je viens de signaler.

CANARD CARROT. — *A. CLANGULA.* (Linn.)

Nom du pays : *Bouï blanc , Quatre-Ieuls.*

COLORATION. — Tête et une partie du cou d'un vert sombre ; une large tache de chaque côté de la racine du bec ; bas du cou et toutes les parties de dessous le corps d'un blanc pur ; du blanc sur l'aile ; dos et croupion d'un noir profond ; bec noir ; iris d'un jaune d'or ; pieds et doigts jaunes ; membranes noires. Longueur, 48 centimètres , les *vieux mâles.*

La *vieille femelle* a la tête et le haut du cou d'un brun noirâtre ; poitrine et flancs d'un cendré bordé de blanchâtre ; ventre et abdomen d'un blanc pur ; dessus du corps noirâtre et gris ; point de taches blanches près du bec , qui est jaune à sa pointe.

LE GARROT , Buff. — Cet oiseau a la forme trapue , sa chair est moins bonne que celle des autres espèces de Canards , excepté les *Harles* ; mais c'est un excellent plongeur, qui ne craint pas d'aller chercher au fond de l'eau les vers , les petits poissons et les grenouilles dont il se nourrit. Il se trouve chez nous et en France pendant l'hiver. Au printemps il se rend dans le nord de l'Europe.

CANARD DE MICLON. — *A. GLACIALIS.* (Linn.)

Nom du pays : *Canard.*

COLORATION. — Dessus de la tête , nuque , bas du

cou, les longues scapulaires, ventre et abdomen d'un blanc de lait ; joues, sourcils et gorgerettes cendrés ; un grand espace sur les côtés du cou et poitrine marron ; dos, croupion, ailes et filets de la queue d'un brun enfumé ; bec noir, coupé de rouge en travers ; iris rouge. Longueur, 52 à 55 centimètres, y compris les filets de la queue, les *vieux mâles en habit d'hiver*.

La *vieille femelle* n'a point de filets à la queue qui est courte ; menton et sourcils d'un cendré blanchâtre ; poitrine mélangée de cendré et de brun ; dessus du corps noir, gris et roux, fuligineux et traversé de jaunâtre ; bec bleuâtre ; pieds couleur de plomb.

Canard a Longue Queue ou Canard de Miclon, Buff. — Les mers arctiques des Deux-Mondes sont la patrie de ce palmipède ; il ne s'en égare que très-accidentellement en hiver. On le trouve alors sur les grands lacs de l'Allemagne et de la Baltique. C'est aussi par la même cause qu'il arrive quelquefois jusque dans les marais du Midi ; ici, comme toujours, c'est le plus souvent les jeunes qui poussent leur course le plus loin.

CANARD COURONNÉ. —*A. LEUCOCEPHALA.* (Lath.)

Nom du pays : *Canard.*

Coloration. — Sommet de la tête noir pur ; occiput, front, joues et gorge blancs ; derrière du cou et nuque noirs ; du roux sur la poitrine, sur les flancs et sur les parties supérieures ; ce roux est varié de

fins zigzags d'un brun noirâtre ; croupion d'un roux
ardent et pourpre ; bec fort et évasé à son centre,
élevé à sa base ; il est d'un bleu vif ; iris brun ; pieds
d'un gris brun. Longueur , 44 centimètres , les *vieux
mâles*.

La *femelle*, qui est plus petite , a toutes les parties rousses de son plumage nuancées de gris brun ;
les zigzags peu marqués ; le haut de la tête , l'occiput et la nuque brun foncé ; la gorge , les joues et le
devant du cou d'un blanc jaunâtre.

Point dans Buffon. — Le *Canard Couronné*, dit M.
Temminck, habite les lacs salés des contrées orientales de
l'Europe ; il est très-abondant en Russie et fait un passage
dans le centre de cette partie du monde. Sa présence dans
le Midi est tout-à-fait accidentelle ; peu de captures y ont
été faites, que je sache.

———

HARLE. — *MERGUS.* (Linn.)

Caractères. — Bec mince , cylindrique , droit,
crochu seulement au bout ; mandibules garnies de
dentelures couchées en arrière ; les tarses courts et
retirés dans l'abdomen ; pieds palmés.

Les Harles tiennent des Canards quant à leurs habitudes,
mais leur démarche est plus embarrassée à cause de la
situation de leurs pieds. Ils vivent en été dans les pays
froids de notre hémisphère. On en connaît quatre espèces
en Europe dont trois nous visitent.

GRAND HARLE. — *MERGUS MERGANSER.* (Linn.)

Noms du pays : *Canard dou bé poúnchu, Cabrellos.*

COLORATION. — Plumes de la tête relevées en
touffes depuis la nuque jusque sur le haut du front ;
cette touffe, la tête et une partie du cou d'un noir
changeant en vert à reflets ; bas du cou et tout le reste
en dessous d'un blanc roussâtre, plus ou moins prononcé selon l'âge ; dessus du corps d'un noir profond ; du blanc pur et du blanc rosé sur les ailes ; les
cuisses et le croupion ont des zigzags cendrés ; bec
rouge en dessus, noir en dessous et sur l'onglet ; iris
rougeâtre ; pieds vermillon. Longueur, 76 centimètres, les *très-vieux mâles.*

La *femelle* est plus petite et diffère du *mâle.* Elle
a la tête et le haut du cou d'un brun roussâtre ; les
plumes de la huppe plus claires et plus longues ;
gorge et haut du cou blancs (*) ; poitrine et flancs
d'un gris blanchâtre ; ventre et parties postérieures
d'un blanc roussâtre ; dessus du corps d'un gris
foncé ; bec d'un rouge terni ; iris brun ; pieds d'un
rouge jaunâtre.

Les *jeunes mâles* ressemblent beaucoup aux *femelles.*

LE HARLE, Buff. — Cette belle espèce n'est jamais
abondante chez nous, mais il arrive qu'elle se montre

* Une erreur typographique s'est glissée dans l'*Ornithologie du Gard,*
p. 539 ; lisez *gorge et bas du cou*, au lieu de *miroir du cou.*

quelquefois en très-grand nombre sur quelques côtes de
la France. Là, comme ici, c'est toujours pendant l'hiver,
car, dès que les beaux jours arrivent, cet oiseau remonte
dans les contrées boréales qu'il avait abandonnées ; il niche dans ces régions, entre les pierres des rivages ou dans
des arbres creux.

HARLE HUPPÉ. — *M. SERRATOR.* (Linn.)

Nom du pays : Comme l'espèce précédente.

COLORATION. — Une huppe faible, composée de
plumes longues dirigées en arrière , d'un violet qui
change en verdâtre ; un collier blanc sur le cou ; du
blanc sur l'aile ; haut du dos d'un noir profond ; poitrine roussâtre, tachée de noir ; dessous du corps
blanc ; des zigzags cendrés sur les cuisses, les flancs
et le croupion ; iris cramoisi, bec rouge ; pieds d'un
rouge-orange. Longueur , 52 centimètres, les *vieux
mâles*.

La *vieille femelle* ressemble beaucoup à celle de
l'espèce précédente ; mais celle-ci a le miroir blanc
de l'aile coupé par une bande cendrée, tandis qu'il
est tout blanc chez la *femelle du Grand Harle*.

LE HARLE HUPPÉ et LE HARLE A MANTEAU VERT, Buff.
— La présence de ce Canard est encore plus rare dans le
Midi que celle du *Mergus Merganser*, pourtant tous les
ans quelques individus y font leur demeure depuis l'automne jusque vers la fin de l'hiver. On les rencontre sur
les étangs et sur les marécages où ils se mêlent aux autres Canards. Le Harle Huppé niche dans les mêmes parages que l'espèce précédente. La femelle dépose ses œufs
sur les mottes de terre qui s'élèvent au dessus des eaux.

HARLE PIETTE. — *M. ALBELLUS.* (Linn.)
Nom du pays : *Canard Rélijhous.*

Coloration. — Une tache sur les yeux et sur la nuque d'un noir verdâtre; une huppe , côtés de la tête, gorge et tout le dessous du corps d'un blanc parfait , avec des zigzags cendrés sur les flancs ; haut du dos et deux bandes en forme de croissans qui se dirigent sur la poitrine, d'un noir profond; bec, tarses et doigs d'un gris bleuâtre; iris d'un brun rougeâtre. Longueur , 44 centimètres , les *vieux mâles.*

La *femelle* a la tête rousse , une huppe sur la tête de cette couleur , peu apparente ; gorge, haut du cou, ventre et abdomen blancs; les côtés de la poitrine et les parties supérieures d'un cendré foncé ; ailes variées de blanc , de cendré et de noir.

Le Petit Harle Huppé ou la Piette, Buff. — Cette jolie espèce arrive en hiver dans nos pays inondés; les mâles y sont toujours plus rares que les femelles ou les jeunes. Vers la fin de l'hiver les uns et les autres quittent le Midi pour aller se reproduire dans les contrées boréales des Deux-Mondes; dans tous les climats tempérés de l'Europe, la Piette ne se montre qu'au moment de ses passages.

GENRE QUATRE-VINGT-QUATORZIÈME.

PÉLICAN. — *PELECANUS.* (Linn.)

Caractères. — Bec très-long, droit, large , trèsdéprimé, mandibule supérieure aplatie, terminée par un crochet très-fort; mandibule inférieure flexible, membraneuse dans le milieu; face nue, gorge très-dilatable; narines en fente alongée; pieds robustes; une membrane enveloppant tous les doigts; ailes médiocres.

PÉLICAN BLANC. — *P. ONOCROTALUS.* (Linn.)

Nom du pays : *Pélican.*

COLORATION. — Plumage d'un blanc éclatant, un peu nuancé de rose tendre; rémiges noires; le bec est bleuâtre à sa partie supérieure, jaunâtre dans son milieu, bordé de rougeâtre; l'onglet rouge, la face nue, sont d'un blanc rose; la large membrane du bec est jaunâtre; iris d'un brun rougeâtre; un bouquet de plumes longues et accuminées à la nuque. Longueur, 1 mètre 70 centimètres, les *vieux.*

Les *jeunes* sont d'une couleur blanchâtre plus ou moins cendrée.

LE PÉLICAN, Buff. ; les *vieux.* Ce même naturaliste désigne les *jeunes* sous le nom de PÉLICAN DES PHILIPPINES. — Cet oiseau habite les contrées orientales de l'Europe; il est commun sur les rivières et les lacs de la Russie; on le trouve également en Dalmatie.

Depuis que je m'occupe d'ornithologie je n'ai jamais appris qu'on l'ait observé dans le Midi; mais Roux Polydore l'a figuré parmi les oiseaux de la Provence, et je trouve dans la *Topographie de l'Hérault* que l'on a tué deux ou trois de ces oiseaux dans les environs de Marseille et d'Aiguesmortes ; c'est d'après ces renseignemens que je le comprends dans cet ouvrage ; il est bien possible d'ailleurs qué ce Pélican arrive accidentellement dans le midi de la France, ainsi que je l'ai déjà dit dans mon *Ornithologie du Gard*, p. 542 *.

GENRE QUATRE-VINGT-QUINZIÈME.

CORMORAN. — *CARBO*. (MEYER.)

CARACTÈRES. — Bec long, droit, arrondi en dessus, crochu à la pointe qui est aiguë ; face et gorge nue ; pieds robustes, retirés à l'arrière du corps ; tous les doigts réunis par la même membrane.

Les Cormorans sont des plongeurs par excellence, ils poursuivent dans l'eau la proie la plus agile, et s'en emparent avec adresse. Ils ont le vol droit et vigoureux ; ils habitent constamment le bord des eaux douces, où ils pêchent les poissons et surtout les anguilles dont ils font leur nourriture.

GRAND CORMORAN. — *C. CORMORANUS*. (MEY.)

Nom du pays : *Scorpi* , *Cormarin*.

COLORATION. — Tout le plumage d'un noir verdâ-

---

* Il est dit dans la *Topographie de Nimes et de sa banlieue*, publiée en 1802, dans la liste du petit nombre d'oiseaux observés alors, que le Pélican est peu rare dans nos parties basses où il recherche les excrémens. C'est une erreur comme il en existe beaucoup dans les quelques lignes qui traitent des oiseaux du Gard ; voici le fait : On donne dans le pays le nom de *Pélacan* au CATHARTE ALIMOCHE, *Cath. Percnopterus* ; c'est cette dénomination patoise qui aura trompé les honorables savans qui ont écrit cette *Topographie*, ouvrage très-recommandable d'ailleurs sous plus d'un rapport.

tre à reflets ; en dessus les plumes sont d'un brun
cendré ou couleur de bronze, mais entourées par du
noir verdâtre ; queue longue, raide, elle est noire
ainsi que les rémiges ; un collier blanchâtre autour
de la gorge, qui est nue et jaunâtre ; bec d'un gris
noirâtre ; tour nu des yeux verdâtre ; iris vert. Longueur, 72 à 76 centimètres, les *vieux en hiver*.

Au printemps et été, le plumage a des reflets
brillans ; sur le sommet de la tête, une partie du cou
et aux cuisses sont des plumes d'un blanc parfait ;
celles de l'occiput forment une espèce de huppe.

Le Cormoran, Buff. — Ce palmipède est très-habile à
saisir les poissons et les anguilles qu'il fait sauter en l'air
et ressaisit dans son bec, tout en ayant soin de faire re-
tomber le poisson par la tête, précaution qui facilite la
déglutition, à laquelle les écailles s'opposeraient en sens
contraire. Il lui arrive de s'empêtrer dans les filets tendus
aux poissons, en voulant plonger ; souvent on en prend
de vivans de cette sorte. Nous le trouvons tout l'hiver
dans le pays, et jusque vers le milieu du printemps,
car j'en ai reçu plusieurs, tués ici, qui avaient leur parure de noce. Cet oiseau est plus abondant dans le Nord
que dans le Midi.

GENRE QUATRE-VINGT-SEIZIÈME.

FOU. — *SULA*. (Briss.)

Caractères. — Bec fort à son origine, long et
fort, comprimé vers la pointe qui est un peu arquée ; très-fendu ; les deux mandibules en scie ; face

et gorge nues; narines basales, linéaires; ongle du
doigt du milieu dentelé; queue un peu en coin.

L'on a donné à ces oiseaux le nom de *fou*, à cause de
la stupidité avec laquelle ils se laissent attaquer par les
hommes et les oiseaux, surtout par les *Frégates*, qui les
poursuivent et les frappent à coups d'ailes et de bec pour
leur faire abandonner la proie qu'ils ont pêchée.

L'on n'en connaît guère que deux espèces, dont la plus
répandue est la suivante.

FOU DE BASSAN. — *SULA ALBA*. (MEYER.)

Point de nom patois.

COLORATION. — Plumage d'un blanc parfait, si
l'on n'excepte le sommet de la tête et l'occiput qui
sont d'une teinte jaune d'ocre clair, ainsi que les
rémiges et l'aile bâtarde qui sont noires; le bec est
blanc au bout; le reste, de même que le tour nu des
yeux d'un bleuâtre clair; la membrane qui avance
sur le milieu de la gorge, d'un bleu noirâtre; iris
jaune; du vert clair le long des tarses et des doigts;
membrane noirâtre; ongles blancs. Longueur, 86
centimètres, les *vieux*.

La *femelle* ne diffère que par une plus petite
taille.

Les *jeunes* diffèrent aussi beaucoup par des couleurs plus ou moins brunes et plus ou moins cendrées.

LE FOU DE BASSAN, Buff. — Cet oiseau a un vol rapide
et horizontal, qu'il accompagne par des mouvemens de

tête de droite et de gauche ; il vole sur les mers dont il rase la surface pour saisir les poissons et d'autres animaux marins dont il fait sa nourriture ; il s'éloigne à de grandes distances des iles où il niche, mais il regagne chaque soir les rochers sur lesquels il a l'habitude de se retirer. On le trouve dans les contrées arctiques des Deux-Mondes. Il se montre pendant les gros hivers sur les côtes de Hollande d'Angleterre et de France ; il y a deux ans qu'on en vit et qu'on en tua entre le Grau-du-Roi d'Aiguesmortes et Cette. Roux l'a figurée dans l'*Ornithologie Provençale*.

GENRE QUATRE-VINGT-DIX-SEPTIÈME.

PLONGEON. — *COLYMBUS*. (Lath.)

CARACTÈRES. — Bec fort, droit, très-pointu et comprimé ; pieds en arrière du corps ; doigts antérieurs alongés, entièrement palmés ; pouce bordé d'une membrane lâche ; ongles aplatis.

Autant ces oiseaux sont pesans et gauches sur le rivage, autant ils sont vifs et prestes dans l'élément liquide pour lequel ils ont été créés ; rarement ils vont à terre, si ce n'est au moment de l'incubation. L'Europe en fournit trois espèces, dont nous trouvons chez nous les deux suivantes.

PLONGEON IMBRIM. — *C. GLACIALIS*. (Linn.)

Noms du pays : *Plounjhoún, Fláou, Pitrē.*

COLORATION. — La tête et le cou d'un noir verdâtre, à reflets verts et bleuâtres ; une petite bande

au bas de la gorge, une plus grande sur la partie
postérieure du cou, rayées de blanc et de noir ; tout
le dessous du corps d'un blanc pur ; dessus du corps,
ailes et flancs d'un noir profond qui est émaillé de
taches blanches ; bec noir, le bout est vert et cendré ; iris brun ; pieds d'un brun noirâtre à l'extérieur et blanchâtre en dedans. Longueur, 72 à 76
centimètres.

Les *jeunes* ont la tête cendrée ; les plumes bordées
de gris blanc ; le dessus du corps d'un cendré brun
varié de deux lignes blanchâtres sur chaque plume ;
gorge, cou et tout le reste en dessous d'un blanc
pur, le cou cependant est nuancé de cendré clair ;
bec gris brun ; pieds bruns, un peu rougeâtres sur
les côtés internes des tarses et des doigts.

L'Imbrim ou Grand Plongeon, Buff. — Comme cet oiseau a une conformation toute particulière pour plonger,
il se tient constamment submergé, en ne montrant que la
tête à découvert toutes les fois qu'il veut respirer ; au moment de la reproduction, le mâle et la femelle se rendent
à terre pour construire leur nid, mais ils ne s'éloignent
jamais de leur élément favori, pour s'y réfugier en cas de
surprise. C'est en hiver seulement que ce Plongeon nous
visite, mais ce sont presque toujours de jeunes individus,
rarement nous rencontrons les vieux.

PLONGEON CAT-MARIN. — *C. SEPTENTRIONALIS.* (Linn.)

Nom du pays : *Plounjhoûn, Flâou, Pitrē.*

COLORATION. — Les côtés de la tête, du cou, et
gorge d'un gris de souris velouté ; des lignes noires

au-dessus de la tête; devant du cou d'un roux marron très-vif; nuque, parties postérieures du cou marquées de lignes noires et blanches ; d'un blanc pur en dessous du corps, d'un brun noir en dessus ; bec noir ; iris d'un orange foncé ; pieds verdâtres et blancs. Longueur, 60 à 66 centimètres, les *deux sexes vieux*.

Les *jeunes* varient beaucoup jusqu'à l'âge d'un an.

Buffon a connu cet oiseau sous le nom de *Plongeon à gorge rousse*, que plusieurs auteurs lui donnent encore aujourd'hui, mais son *Plongeon Cat-marin* et son *Petit Plongeon*, ne sont que des jeunes de cette même espèce.

C'est seulement en hiver que cet oiseau arrive sur nos étangs et au milieu de nos palus ; les jeunes s'y trouvent chaque année, tandis que les vieux ne s'y montrent au contraire que très-rarement. Les climats glacés des deux continens sont les lieux où préfère vivre cet oiseau. La femelle pond deux œufs au milieu des herbages des marais, qui sont entrecoupés par des eaux.

GENRE-QUATRE-VINGT-DIX-HUITIÈME.

GUILLEMOT. — *URIA*. (Briss.)

Les oiseaux qui font partie de ce genre tiennent aux Plongeons par la forme du bec, mais chez eux il est garni de plumes jusqu'aux narines et a une échancrure à la pointe qui est un peu arquée.

Ils habitent les contrées arctiques en été ; en hiver, ils s'avancent vers le Midi, quelques-uns visitent les côtes du nord de la France ; je n'ai pas encore eu l'occasion de les rencontrer sur celles de la Méditerranée.

GENRE QUATRE-VINGT-DIX-NEUVIÈME.

MACAREUX. — *MORMON.* (Illig.)

CARACTÈRES. — Bec plus haut que long , très-comprimé , aplati , sillonné en travers ; arête tranchante et surmontant le niveau du crâne ; bases des mandibules garnies par une peau plissée ; narines linéaires peu apparentes ; tarses courts et placés hors de l'équilibre du corps ; trois doigts à chaque pied , entièrement palmés.

Les Macareux nous amènent insensiblement aux espèces dont la nature a formé le dernier chainon de la grande famille des oiseaux, mais, malgré la brièveté de leurs ailes, ils volent encore avec vigueur en rasant la surface des eaux, et le plus souvent même en s'y soutenant avec la palmure de leurs pieds. Les Macareux habitent les mers du pôle arctique, d'où ils émigrent en hiver jusque sur nos côtes.

MACAREUX MOINE. — *M. FRATERCULA.* (Temm.)

Nom du pays : Màou-Marida*.

COLORATION. — Dessus de la tête et toutes les parties supéricures d'un noir profond ; un large collier de cette couleur ; côtés de la tête et gorge gris-clair ; toutes les parties inférieures d'un blanc pur ; bec gris de fer à sa base , jaunâtre au centre et rouge à sa

---

* *Mal-Marié* , dénomination ironique de son aspect peu gracieux.

pointe ; trois sillons sur la mandibule supérieure et deux sur l'inférieure ; iris d'un blanc sâle ; pieds d'un orange rouge. Longueur totale, 34 centimètres, les *deux sexes dans toutes les saisons*.

Les *jeunes* sont plus petits et le bec n'a point de sillons, il est d'un brun jaunâtre ; le plumage a des couleurs moins pures.

Le Macareux, Buff. — Cet oiseau reste toujours dans les eaux de la mer, où il nage et plonge avec une grande prestesse, et, s'il vient à terre, ce n'est qu'au moment où les soins de l'incubation l'y appellent ; mais c'est toujours dans des lieux peu fréquentés.

La femelle s'empare des terriers abandonnés des lapins, ou bien se creuse un trou profond à l'aide de son bec et de ses ongles ; pour cela, ces oiseaux ont soin de choisir un terrain léger. La même localité en contient beaucoup, parce qu'ils se plaisent à nicher les uns près des autres. C'est en hiver seulement que le Macareux Moine nous visite, et vers la fin de cette saison il s'empresse de regagner les contrées de l'extrême Nord pour s'y reproduire.

GENRE CENTIÈME.

PINGOUIN. — *ALCA*. (Linn.)

Caractères. — Bec plus court que la tête, conico-convexe, comprimé, sillonné en travers près la pointe qui est courbée ; narines vers le milieu du bec et cachées par des plumes ; pieds très en arrière, trois doigts entièrement palmés ; point de pouce ; ailes courtes.

On a donné le nom de Pingouin (*Pinguis*) à ces oiseaux à cause de leur graisse huileuse. Ils ont les mêmes
habitudes que les *Guillemots* et *Macareux*, et autres oiseaux de l'hémisphère du Nord où ils semblent remplacer ces palmipèdes privés d'ailes qui vivent dans la mer
du Sud. On en connaît deux espèces en Europe, dont la
suivante nous visite chaque hiver.

PINGOUIN MACROPTÈRE. — *A. TORDA.* (Linn.)

Noms du pays : *Mâou-Marida*, *Bédouin.*

Coloration. — Parties supérieures et haut de la
tête d'un noir profond ; une ligne de petits traits
bruns et blancs depuis la mandibule supérieure jusqu'aux yeux ; côtés de la tête, gorge et tout le dessous du corps de même qu'un trait sur l'aile d'un
blanc pur ; bec noir, avec des sillons, dont un blanc
en travers des deux mandibules ; pieds noirâtres.
Longueur, 58 centimètres, les *vieux en hiver.*

Les *jeunes* manquent de sillons blancs au bec qui
est aussi moins large et peu crochu ; ils sont d'un
cendré noirâtre en dessus et ont une tache brune
près de l'œil.

En été, la petite bande entre le bec et l'œil est
d'un blanc sans mélange ; gorge, joues et parties supérieures du devant du cou d'un noir profond qui
est comme glacé de rougeâtre ; le reste comme *en
hiver.*

Le Petit Pingouin, Buff. — Malgré la grande distance
qui sépare les pays où vit cet oiseau du nôtre, il ne man-

que pas de se rendre chaque année sur les bords de la Méditerranée ; ses habitudes sont les mêmes que celles de l'espèce précédente ; comme elle , la terre ne le reçoit que par des causes exceptionnelles , soit quand l'époque de la reproduction arrive , soit lorsque les flots l'y jettent. Ce Pingouin niche en société de ses semblables dans les fentes des rochers qui bordent la mer du Nord.

DEUXIÈME SECTION.

L'arête de la mandibule supérieure se dilatant en une plaque nue sur le haut du front.

POULE D'EAU ORDINAIRE. — *GALLINULA CHLOROPUS.* (Lath).

Nom du pays : *Poulo-d'Aïguo.*

COLORATION. — Tête, gorge, cou et poitrine d'un noir bleuâtre ; une ligne de taches blanches le long des flancs ; couverture inférieure de la queue et milieu du ventre également blancs. Les parties supérieures d'un brun olivâtre ; cette teinte est plus foncée sur le centre de chaque plume ; la plaque frontale et la base du bec sont d'un beau rouge vif ; le reste des deux mandibules est jaune ; l'iris rouge cramoisi ; pieds d'un vert jaunâtre ; une sorte de jarretière rouge sur le tibia. Longueur, de 33 à 35 centimètres , les *vieux au printemps.*

Le plumage d'automne et d'hiver est moins lustré ; le bec et le front n'ont plus de rouge ; la plaque frontale est moins dilatée ; les pieds sont plus ternes et le tibia est d'une seule couleur verdâtre.

Les *jeunes* diffèrent des *vieux* par des teintes brunes foncées , et du gris clair répandus sur leur plumage ; la gorge et le devant du cou sont blanchâtres ; une petite tache de cette même couleur existe au-dessous des yeux ; l'iris est brun et les pieds sont olivâtres.

LA POULE D'EAU , Buffon. — Le même auteur a encore nommé *Poulette d'eau* et *la Smirring* et *la Glouto* , des in-

.dividus non adultes. Ce n'est d'ailleurs pas le seul naturaliste qui soit tombé dans la même erreur, vu que cet oiseau
varie beaucoup depuis son premier âge jusqu'à ce qu'il
soit devenu adulte.

Les allures de la Poule d'Eau sont gracieuses ; on a du
plaisir à contempler sa démarche, qu'elle accompagne sans
cesse d'un mouvement de queue de haut en bas Elle vit
longtemps en volière où elle se prive vite ; son naturel est
doux. En état de liberté , elle fréquente les marécages
et les endroits broussailleux situés près des eaux. Souvent
il arrive que , se voyant poursuivie de près , elle se cache
sous quelques plantes qui se trouvent à sa portée ou bien
dans les buissons , s'y enfonce la tête la première et se
laisse saisir avec la main.

C'est sur quelque élévation au bord des eaux que la
Poule d'Eau fait un nid composé de débris de roseaux qu'elle
entrelace avec des joncs. La *femelle* pond de 5 à 8 œufs ,
oblongs , d'un blanc jaunâtre , parsemés de taches et de
points d'un brun rougeâtre ; l'espèce n'est pas rare dans
le pays où elle se trouve toute l'année.

NOTA. Cet oiseau avait été oublié pendant l'impression de cet ouvrage.

TROISIÈME CLASSE DES ANIMAUX VERTÉBRÉS.

HERPÉTOLOGIE *.

ou

LES REPTILES **.

Aucun des innombrables animaux que le Créateur a répandus sur la terre et au sein des mers n'inspire généralement plus de dégoût et d'horreur que les êtres de la classe des Reptiles. Aussi , s'empresse-t-on de détruire la plupart d'entre eux partout où on les trouve , sans avoir bien souvent d'autre tort à leur reprocher que la frayeur qu'ils inspirent. Cette frayeur est telle quelquefois, qu'à la vue d'un serpent ou d'un crapaud il y a des personnes qui éprouvent une émotion si vive qu'elles en mourraient si on les obligeait à rester quelque temps en présence de ces animaux. Ils ont d'ailleurs les formes généralement peu gracieuses et souvent hideuses ; la fixité de leur regard , leur bave , joints à l'idée que l'on a de leur venin quelquefois mortel , tout cela inspire une horreur involontaire qui fait qu'on les déteste. Mais il n'en devrait pas être ainsi pour toutes les espèces , même pour les serpens, puisque à l'exception de quelques vipères (du moins pour la France), tous les autres reptiles sont par-

* Nom grec qui signifie *traité des reptiles*.
** Dérivé du verbe latin *repere*, ramper.

faitement innocens , tout-à-fait inoffensifs , et l'on ne doit
pas ajouter foi à tous les contes absurdes qu'on débite sur
ces animaux , parce que le plus souvent ils ne sont dic-
tés que par l'ignorance ou la peur. J'ai été maintes fois
en position de m'en convaincre , ainsi que je le dirai plus
tard.

Il est vrai que l'on peut dire : A quoi bon des Crapauds ,
des Vipères ? pourquoi ces énormes Caïmans et ces hideux
Crocodiles qui couvrent les bords des fleuves et des lacs
de l'Amérique , où qui se cachent dans les eaux du Nil,
pour surprendre une victime ? Étaient-ils bien nécessaires
ces monstrueux Boas, qui poursuivent le voyageur , le
terrifient par leur présence , le saisissent et l'étouffent dans
leurs replis pour l'avaler ensuite, ou bien se suspendant
aux branches feuillées d'un arbre , attendent patiemment
au bord d'une source limpide les innocens animaux qu'ils
veulent dévorer? Croyez-vous que les quelques insectes
nuisibles dont ils nous débarrassent et les faibles services
qu'ils rendent à la médecine peuvent suffisamment nous dé-
dommager de la terreur qu'ils nous inspirent ou du mal
qu'ils nous font? Non, sans doute , cela ne souffre point de
comparaison. Mais si l'on n'a que cette réponse à faire,
c'est que les faits manquent ; c'est que la nature nous dérobe
encore ces secrets , car, dans l'ordre parfait de la création ,
tout être a son utilité , rien de ce qui a été créé ne l'a été
en vain , et l'homme n'a pas été son but unique.

Les animaux compris dans cette classe varient considérablement par la forme de leur corps , par celle de leurs
membres, et par leurs habitudes.

1° Les Cheloniens ou Tortues ont le corps court , ovale ,
bombé, couvert d'une carapace et d'un plastron ; quatre
pattes, point de dents ; ils vivent sur la terre et dans la mer.

2° Les Sauriens , qui sont très-nombreux en espèces et
dont les mâchoires sont garnies de dents ; ils ont le corps

couvert d'écailles ou de grains durs et pierreux, une queue grosse à la base, qui forme avec le tronc un cône alongé; quatre pattes qui leur permettent de courir et de grimper; ils sont terrestres.

3° Les Ophidiens ou Serpens ont comme les Sauriens les mâchoires garnies de dents, mais ici elles sont plus longues et plus aiguës. Leur corps est alongé et presque toujours couvert d'écailles; ils sont privés de membres, et la locomotion chez eux, se fait en rampant.

4° Les Batraciens, dont le corps est garni d'une peau lisse ou seulement chagrinée, d'où suinte une liqueur visqueuse et gluante; leurs mâchoires ont quelquefois des dents ou en sont tout-à-fait dépourvues; ils ont quatre pattes propres à les soutenir à terre et dans la natation, et sont des amphibies parfaits.

Tous les reptiles n'ont pas la faculté de faire entendre leur voix, quoiqu'ils ne manquent pas de trachée-artère et de larynx. La respiration de ces animaux est incomplète, et comme c'est de cette fonction que les individus reçoivent la chaleur; il s'en suit que les reptiles ont le sang froid; aussi n'ont-ils pas besoin de poils ni de plumes pour retenir la chaleur de leur corps, mais ils ont la faculté de résister longtemps à l'asphyxie. Chez la plupart l'épiderme se renouvelle plusieurs fois dans l'année, et presque toujours l'animal le perd d'une seule pièce.

Bien peu d'espèces se nourrissent uniquement de végétaux, à l'exception de quelques tortues marines et de plusieurs de celles qui vivent sur terre et dans les eaux douces.

La plupart des autres reptiles sont carnivores, dit M. Duméril, et presque tous sont obligés de saisir et d'avaler leur proie sans la diviser; parmi ceux-là il en est peu qui recherchent les cadavres. Pour le plus grand nombre la proie vivante peut seule exciter la faim; elle doit être

poursuivie agissante, attaquée et blessée à mort pour être
avalée ensuite presque entière et d'une seule pièce. Il en
est qui ont la bouche largement fendue, et qui peuvent y
engloutir des animaux vertébrés ; tels sont, parmi un grand
nombre, les *Chélydes*, les *Crocodiles*, les *Serpens*, les *Crapauds*, quelques grosses *Grenouilles*, les *Pipas*; d'autres
ont la bouche pour ainsi dire calibrée, ils doivent se contenter d'avaler de petits animaux invertébrés, comme des
Mollusques, des *Insectes*, des *Annélides* ; tels sont les
Lézards, les *Dragons*, les *Caméléons*, les *Scinques*, les
Orvets, les *Tritons*, les *Protées*.

Chez les reptiles, comme chez tous les animaux vertébrés d'un degré supérieur, les organes, suivant leur nature, constituent les sexes ; ils caractérisent les individus
en mâles et en femelles par leur unique présence, mais le
plus souvent aussi par d'autres différences physiques et
constitutives. Comme dans la plupart des oiseaux, les
mâles sont plus petits, plus brillans de couleur ou plus
ornés ; ils ont en général plus de force et de vivacité.

A l'exception des Batraciens, qui tous, à ce qu'il paraît, se retirent dans l'eau pour opérer la grande œuvre
de la reproduction, sans union intime des individus, ou
sans intromission des parties mâles dans les organes femelles, tous les autres reptiles ont un accouplement réel ;
le mâle et la femelle s'unissent dans l'acte de la génération à une certaine époque de l'année.

Les reptiles ne se recherchent jamais pour vivre ensemble ; toute union intime leur est inconnue. Si le mâle et la
femelle se rapprochent quelquefois, c'est pour payer le tribut que la nature a imposé à tout être vivant : la multiplication de son espèce. Une fois cette fonction accomplie,
les deux sexes se séparent et ne se connaissent plus.

Aucun reptile ne couve ses œufs, dit Cuvier ; dans plusieurs genres de Batraciens, les œufs ne sont fécondés

qu'après avoir été pondus, aussi n'ont-ils qu'une enveloppe membraneuse. Les petits de ce dernier ordre, ont,
au sortir de l'œuf, la forme et les branchies des poissons,
et quelques genres conservent ces organes, même après
le développement de leurs poumons.

Dans plusieurs reptiles qui pondent des œufs, notamment dans les couleuvres, le petit est déjà formé et assez
avancé dans l'œuf au moment où la mère fait sa ponte,
et il en de même des espèces que l'on peut rendre à volonté vivipares en retardant leur ponte, ainsi que M.
Geoffroy l'a éprouvé sur des couleuvres en les privant
d'eau. Toutes les espèces venimeuses sont vivipares.

PREMIER ORDRE DES REPTILES.

LES TORTUES ou CHÉLONIENS.

CARACTÈRES. — Le corps renfermé dans une boîte
osseuse recouverte de lames écailleuses à la plupart,
chez quelques-uns, elle est plus ou moins recouverte
par un cuir. Cette boîte osseuse est formée de la carapace ou bouclier supérieur et du plastron ou sternum ; quatre pieds terminés en moignon ou aplatis
en nageoirees ; point de dents ; les mâchoires sont
garnies d'une substance cornée qui sert à déchirer les
alimens.

Les Tortues vivent dans les climats chauds et tempérés,
et redoutent les pays froids. Celles qui habitent sur la
terre se meuvent lentement, leur naturel est stupide, elles

n'ont pour ainsi dire d'autres instincts que ceux que les besoins les plus impérieux leur commandent , et ne font jamais preuve d'industrie. Elles sont très-vivaces , on en a vu, à qui l'on avait coupé la tête, respirer pendant plusieurs semaines. Elles se contentent de peu de nourriture , et peuvent rester plusieurs mois sans manger. Une fois renversées sur le dos elles ne peuvent plus se redresser ; elles ne grimpent jamais. Celles qui habitent les eaux sont plus vives et sont très-agiles dans leur élément. On en trouve des unes et des autres dans presque toutes les contrées du globe. Leur chair procure un aliment agréable et salutaire aux navigateurs ainsi qu'aux habitans des iles.

L'organisation des Chéloniens étant plus parfaite que celle des autres reptiles, ils semblent faire la transition intermédiaire entre certains oiseaux nageurs et les crocodiles.

GENRE PREMIER.

TORTUE. — *TESTUDO*. (Brogniart.)

CARACTÈRES. — Carapace très-bombée; membres courts , d'égale longueur ; pattes terminées en moignons , arrondis et calleux ; les doigts non distincts, onguiculés ; sternum mobile.

TORTUE MAURESQUE. — T. MAURITANICA. (Duméril.)

Nom du pays : Tartugo.

CARACTÈRES ET COLORATION. — Carapace de forme ovale , bombée, olivâtre , tachée de brun sur les plaques du disque; les marginales postérieures très-

inclinées ; une plaque nuchale, la sus-caudale simple ; un gros tubercule conique à chaque cuisse ;
sternum mobile derrière; queue courte, inongui-
culée.

Le fond de la couleur de la Tortue Moresque offre
une teinte olivâtre, qui la fait distinguer de la Tortue Grecque, chez laquelle il est au contraire d'un
jaune vert. Tantôt les plaques du disque de la première ont une bande noirâtre qui couvre leur pour-
tour en devant et sur les côtés seulement, leur
aréole de la couleur de cette même bande, et de plus
le reste de leur surface semé de petites taches irrégulières également noires, les *adultes*. (Duméril).

Synonymie. — *Testudo grœca*. Var. Daud. *Testudo Mauritanica*, Duméril et Bibron.

Malgré le nom que porte cette Tortue, qui semble faire
croire qu'elle est particulière à l'ancienne Mauritanie, elle
habite aussi les côtes occidentales de la mer Caspienne, et
est fort abondante dans les alentours d'Alger. Depuis quelque temps l'on en apporte beaucoup en France où l'espèce
se propage en domesticité ; j'en ai conservé une dix-huit
mois, mais pendant tout ce temps elle ne grossit pas beaucoup, quoiqu'elle ne fût pas adulte quand je l'achetai. Je
l'ai toujours nourrie avec de la salade dont elle était frian-
de, et je lui fis passer l'hiver dans une jarre remplie de son.
M. Westphal-Castelnau, consul des villes anséatiques à
Cette et à Montpellier, en élève depuis fort longtemps dans
son jardin.

DEUXIÈME SOUS-GENRE.

TORTUE GRECQUE. — *T. GRÆCA*. (Linn.)

Nom du pays : *Tartuguo*.

Coloration. — Des taches jaunes et noires sur le dos, répandues par grandes marbrures ; les plaques dorsales qui le recouvrent sont entourées de stries nombreuses et concentriques avec leur centre bombé, surtout aux plaques vertébrales postérieures ; le milieu de ce centre est pointillé, grenu et un peu enfoncé, tandis que son bord est lisse et un peu relevé ; le bord de la carapace est entièrement incliné sur les flancs et la queue.

Synonymie. — *Testudo græca*. Daud. La Tortue Grecque, Cuv., Duméril.

Elle est commune chez nous ; beaucoup de personnes en conservent dans leurs parcs et leurs jardins, sans qu'il soit nécessaire de leur prodiguer aucun soin ; elles se nourrissent de cloportes, de vers et de végétaux. A l'approche de l'hiver, elles se creusent un trou dans un lieu exposé au midi pour y passer toute la mauvaise saison. Elles pondent des œufs qui éclosent en leur temps lorsqu'on ne les détruit pas en remuant la terre ; M. Théolon, d'Aiguemortes, possède plus de 200 jeunes tortues qui sont nées chez lui. La Tortue Grecque habite la Grèce, l'Italie, la Sardaigne, et dans plusieurs îles de la Méditerranée.

TORTUES FOSSILES.

Les brèches osseuses de Cette contiennent des restes de Tortues de terre. Les sables marins tertiaires des alentours de Montpellier recèlent de petites Tortues indéterminées, et l'on trouve dans les cavernes de Lunel-Vieil de beaux fragmens de la Tortue Grecque.

Les ÉLODITES ou TORTUES PALUDINES.

CARACTÈRES. — La forme de leurs pieds diffère de celle des Tortues terrestres ; les doigts sont distincts et mobiles, garnis d'ongles crochus ; les Phalanges réunies à leur base par une peau mince et flexible qui fait l'office de rames. Ces animaux sont également fort agiles sur le rivage ; leur carapace est généralement plus aplatie que chez les espèces précédentes.

Presque toutes les Tortues Paludines vivent d'insectes et de petits poissons. On en connaît beaucoup d'espèces qui sont répandues dans plusieurs contrées des pays d'outre-mer. L'Europe ne produit que la suivante.

CISTUDE EUROPÉENNE ou COMMUNE.

CISTUDO EUROPÆA. (GRAY.)

Nom du pays : *Tartuguo deï Palus.*

COLORATION. — Carapace ovale, peu convexe, assez lisse ; queue longue, d'un noir plus ou moins profond en dessus, quelquefois de brun teint de rougeâtre, semé d'une multitude de points jaunâtres disposés en rayons ; l'on voit de pareils points sur plusieurs autres parties du corps dont le fond est de la même nuance que celui de la carapace ; mais, sur le devant des pattes antérieures, ces points forment par leur rapprochement deux bandes longitudinales. Elle mesure jusqu'à 28 centimètres.

Synonymie. — LA TORTUE D'EAU DOUCE D'EUROPE, Cuv.;
GISTUDE EUROPÉENNE ou COMMUNE, Dum. et Bib.

Elle est commune dans les parties marécageuses de nos
contrées ; elle s'enfonce dans la vase, où elle se tient cachée
en hiver ; mais durant les grosses chaleurs d'été on la voit
souvent au dessus de l'eau, où elle reste comme morte
pour recevoir les rayons brûlans du soleil. Plusieurs personnes dans le pays en prennent quelquefois beaucoup, et
les apportent à nos pharmaciens qui les emploient pour
remèdes. Cette Tortue est très-alerte tant à terre que dans
l'eau ; elle se nourrit d'insectes, de limas et de petits poissons ; en captivité, elle mange de la mie de pain et des
herbes. On la trouve dans tout le midi de l'Europe et jusqu'en Prusse.

FAMILLE DES THALASSITES ou TORTUES MARINES.

CARACTÈRES. — Elles ont le corps généralement
aplati ; la carapace trop étroite pour recevoir la tête ;
leurs pattes étant fort alongées (surtout celles de devant) ne peuvent non plus être ramenées sous le
bouclier ; les doigts sont étroitement réunis et enveloppés dans une membrane large qui les aide puissamment dans la natation.

Les Tortues Marines sont les plus grandes de celles que
l'on connaît ; l'on a vu des individus qui pesaient jusqu'à
7 ou 800 kilog., et d'autres 400 ou 450 kilog., dont la
carapace avait plus de 4 mètres 95 centimètres de circonférence, et près de 2 mètres 40 centimètres de longueur.
Quelquefois le dessus de leur corps est couvert d'animaux
parasites qui y sont adhérens. Ces animaux ne quittent
jamais les eaux de la mer, excepté le temps où les femel-

les vont déposer leurs œufs qu'elles cachent sous le sable au soleil. Chaque femelle en pond de 50 à 80, gros comme ceux d'une poule ou ceux d'une oie, qui sont recouverts d'une peau molle. Au bout de trois semaines, on voit sortir de petites tortues qui s'empressent d'aller se jeter à la mer, et, comme elles ont d'abord beaucoup de peine à se submerger, les oiseaux aquatiques en font une grande destruction. Les œufs de ces Tortues sont excellens à manger. La Méditerranée possède les deux espèces de Tortues marines suivantes.

CHÉLONÉE CAOUANE. — *CHELONIA CAOUANA.* (Schew.)

Noms du pays : *Tartuguo dé Mar.*

COLORATION.— Les plaques dorsales ou disques sont au nombre de quinze disposées en long sur trois rangs, relevées en arête sur la partie postérieure ; la carapace un peu alongée, unie dans l'*adulte*, le bord terminal est dentelé chez les *jeunes*; vingt-cinq plaques marginales, deux ongles à chaque patte ; la pointe du bec crochue. Les *vieux individus* sont colorés de marron foncé ; les membres sont bordés de jaune ; le jeune âge a la couleur marron rayonné de brun.

Synonymie.— LA CAOUANE, Lacép., Cuvier. CHÉLONÉE CAOUANE, Duméril et Bib.

Cette Tortue est commune dans la Méditerranée, et se rencontre encore dans l'Océan Atlantique. Elle se rapproche quelquefois de nos côtes, et des pêcheurs m'ont assuré en avoir trouvé mortes près du rivage.

SPHARGIS LUTH. — *SPHARGIS CORIACEA.* (Duméril.)

Nom du pays : *Tartuguo dé Mar.*

COLORATION.— La carapace est ovale et terminée

en pointe en arrière ; elle présente trois arêtes longitudinales, saillantes à travers le cuir. D'après M. Duméril , le sujet adulte conservé dans les galéries du
Muséum royal, est brun marron sur la carapace, couvert d'une multitude de taches jaunâtres très-pâles.

La région inférieure du corps est brune , de même
que le cou et la tête.; les pattes et la queue sont
noires. Le Luth mesure quelquefois jusqu'à plus de
2 mètres de longueur.

Synonymie. — La Tortue Luth, Daud. Le Luth, Cuv.
Lacépède dit que cette Tortue est une de celles que les
anciens Grecs ont le mieux connue, parce qu'elle habitait
leur patrie ; on croit qu'ils attachèrent des cordes de
boyaux ou de métal à sa carapace pour en tirer des sons,
et que ce fut la première lyre qui servit à l'invention de la
musique. Cette espèce est fort rare, on la trouve dans la
Baltique et dans la Méditerranée ; l'on en a pêché quelquefois sur les côtes du Languedoc.

DEUXIÈME ORDRE DES REPTILES.

LES SAURIENS.

Caractères. — Cuvier les caractérise ainsi : leurs
côtes sont mobiles , en partie attachées au sternum ,
et peuvent se soulever ou s'abaisser pour la respiration ; leur poumon s'étend plus ou moins vers l'arrière du corps , il pénètre souvent fort en avant dans
le bas-ventre , et les muscles transverses de l'abdomen

se glissent sous les côtes et jusque vers le col pour l'embrasser. Ceux qui l'ont très-grand exercent la faculté singulière de changer les couleurs de la peau, suivant qu'ils sont émus par leurs besoins ou par leurs passions. Leurs œufs ont une enveloppe plus ou moins dure.

Les petits en sortent avec la forme qu'ils doivent désormais conserver. Leur bouche est toujours armée de dents ; leurs doigts portent des ongles, à très-peu d'exception près ; leur peau est revêtue d'écailles plus ou moins serrées, ou au moins de petits grains écailleux ; ils s'accouplent tantôt par deux verges, tantôt par une seule, selon les genres.

Tous ont une queue plus ou moins longue, presque toujours fort épaisse à sa base ; le plus grand nombre a quatre jambes ; quelques'uns seulement n'en ont que deux, tels sont les *Protées* et les *Syrènes*. Comme ils diffèrent entre eux, on a été obligé d'en faire plusieurs familles.

La première est celle des

CROCODILIENS ou ASPIDIOTES. (Dum.)

dont le premier sous-genre comprend les Caïmans, (*Alligator*), Cuv. Nous n'en rencontrons point dans nos contrées ni vivans ni fossiles.

Le deuxième sous-genre est celui des

CROCODILES. — *CROCODILUS*. (Cuv.)

Ces animaux deviennent très-grands et sont redoutables par leur extrême voracité. Ils vivent dans les eaux douces, où ils vont cacher leur proie dans quelque enfoncement ou sous des racines, et d'où ils ne la sortent pour la manger que lorsqu'elle commence à être putréfiée.

CROCODILES FOSSILES.

Plusieurs beaux échantillons des restes de ces énormes reptiles ont été trouvés dans les sables marins tertiaires des environs de Montpellier ; on peut les voir dans les galeries des animaux antédiluviens de la Faculté des sciences de cette ville *.

FAMILLE DES GECKOTIENS ou ASCALABOTES. (Dum.)

Les animaux compris dans cette famille sont lourds et paresseux dans leurs mouvemens ; la laideur de leur corps, dont la forme est peu élancée, les lieux sales dans lesquels ils aiment à se cacher, et leur vie nocturne, leur donnent quelques ressemblance avec les crapauds. Leur marche est presque rampante vu la brièveté de leurs membres, et leur tête est aplatie en dessus comme celle d'une grenouille, leurs paupières, très-courtes, se retirent entièrement entre

* Sur le blason de la ville de Nimes se trouve un Crocodile dont j'ai dont j'ai cru, dans l'intérêt de quelques personnes, devoir rapporter ici la signification, d'après les antiquaires qui en ont parlé :

Ces armes sont tirées d'une ancienne médaille de la colonie romaine de Nimes (*Colonia nemausensis augusta*). La face représente les bustes d'Auguste et d'Agrippa couronnés, l'un d'un laurier, l'autre d'une couronne navale ou éperonnée, avec l'inscription :

IMP. P. P. DIVI. F.

Sur le revers est un Crocodile rampant, enchaîné à un palmier, du haut duquel pend, du côté droit, une couronne de chêne, et du gauche flottent deux bouts de ruban. Aux deux côtés de l'arbre et par dessus le Crocodile sont ces mots : COL. NEM. (Colonie Nimoise.)

Cette médaille rappelle la part qu'eurent l'empereur et son gendre à l'établissement de la colonie fondée, après la bataille d'Actium, par les vétérans de l'armée d'Egypte. Cependant, tous les numismates ne sont pas bien d'accord sur cette définition. Ce fut François Ier qui rendit à notre cité ses anciennes armoiries, en 1533.

l'œil et l'orbite , ce qui donne à leur physionomie un aspect différent des autres sauriens ; plusieurs ont les doigts élargis sur une partie de leur étendue et à-peu-près de la même longueur ; ils sont garnis en dessous par un repli de la peau qui fait l'office de ventouse, ce qui leur permet de s'attacher aux corps les plus polis , et même de marcher sous les plafonds ; leurs yeux sont très-grands , et leur pupile se dilate ou se rétrécit selon l'éclat de la lumière, ce qui peut les faire comparer parmi les sauriens à ce que sont les chats parmi les mammifères.

. Les Geckotiens sont propres aux climats chauds et sont nombreux en espèces, mais leurs caractères sont si tranchés qu'ils peuvent être séparés de tous les autres sauriens ; plusieurs auteurs, néanmoins, les rangent à côté des *alonis* et des *caméléoniens*. Une seule espèce se rencontre en Europe , mais dans ses parties méridionales seulement , telles que l'Italie , la Provence , le Languedoc et l'Espagne. M. Duméril dit, d'après Gessner , que les auteurs anciens en ont parlé et l'ont connu sous les noms d'*Ascalabote* et de *Galéote* ; Aristophane et Théophraste ont mentionné de petits Lézards que les Italiens connaissent déjà de leur temps sous le nom de Tarentola , et que les Provençaux nomment encore aujourd'hui *Tarente*.

GENRE PLATYDACTYLE.— *PLATYDACTYLUS.* (Cuv.)

CARACTÈRES. — Doigts élargis et garnis en dessous d'écailles transversales , quelquefois manquant d'ongles aux pouces , au deuxième et au cinquième doigts de toutes les pattes ; ils n'ont point de pores aux cuisses. (Cuv.)

PLATYDACTYLE DES MURAILLES. — *P. MURALIS.* (Du. et Bib.

Nom du pays : *Blendo* ou *Blenda* ('peu connu ici).

CARACTÈRES ET COLORATION. — Dessus du corps
semé de tubercules, qui consistent chacun dans une
écaille pointue, entourée de trois ou quatre tubercules plus petits et serrés ; les écailles de dessous
sont petites, pentagones et légèrement imbriquées ;
le bord des machoires est garni de petites plaques ;
point de grains poreux sous les cuisses ; queue grosse
et courte ; chez le *mâle*, elle est hérissée d'une rangée d'épines de chaque côté : lorsqu'elle n'a point
été brisée par quelque accident, elle présente dans
toute son étendue supérieure des épines formant des
demi-anneaux.

La couleur des parties supérieures est d'un gris
cendré comme poussiéreux, tandis que les régions
inférieures sont blanchâtres.

Les *jeunes individus* sont d'une teinte plus foncée
avec des taches grisâtres ; le ventre est aussi d'un
blanc plus clair.

Synonymie. — LE GECKO DES MURAILLES OU TARENTE
DES PROVENÇAUX (Cuv.), LE GECKO FASSICULAIRE OU GEC-
KOTTE, Daud ; *Platydactylus Muralis* (Dumé. et Bibron).
Ce reptile est d'un aspect hideux et dégoûtant, surtout
lorsqu'on le surprend dans les trous des murailles, sous les
toits des maisons ou bien dans des tas de pierres où il se
cache ; il se recouvre ordinairement le corps de poussière
et d'ordures ; la grande facilité qu'il a de s'attacher aux

murailles lui permet de grimper jusque dans les étages su-
périeurs de nos demeures ; il y arrive le plus souvent par
les gouttières. Il n'est pas rare , à Marseille , qu'il pénètre
jusqu'au quatrième étage des maisons , et qu'il s'intro-
duise dans les appartemens.

L'on croit généralement que cet animal est malfaisant ;
on lui attribue de mauvaises qualités qu'il n'a point ; l'on
pense qu'il a un venin dangereux , et beaucoup de personnes éprouvent en le voyant une frayeur qui pourrait
quelquefois leur devenir funeste.

J'ai vu et touché ce Platydoctyle , sans jamais éprouver
la moindre atteinte de ce prétendu venin , et M. le consul
des villes anséatiques , qui habite Montpellier , m'en a
montré un dernièrement qu'il nourrit dans un bocal en
verre ; il le touche à chaque instant comme l'on touche
un Lézard. J'ai vu ce même animal s'attacher par les
pattes aux parties supérieures du bocal , et y marcher.

Cette espèce habite tout autour de la Méditerranée, mais
elle est plus rare dans le Languedoc qu'en Provence.

GENRE HÉMIDACTYLE. — *HEMIDACTYLUS.* (Cuv.

CARACTÈRES. — Base des quatre ou cinq doigts de
chaque patte élargie en un disque du milieu duquel
s'élèvent les deux dernières phalanges qui sont grêles ;
face inférieure de ce disque revêtue de feuillets en-
tuilés , le plus souvent échancrés en chevrons ; une
bande de grandes plaques sous la queue.

L'on connaît environ seize espèces d'Hémidactyles , qui
toutes , à l'exception de la suivante, qu'on rencontre dans
le midi de l'Europe , appartiennent aux climats chauds des
pays d'outre-mer. Ces animaux ont à-peu-près les mêmes
habitudes que ceux du genre précédent.

HÉMIDACTYLE VERRUCULEUX. — *H. VERRUCULATUS.* (Dum.)

CARACTÈRES ET COLORATION. — Parties supérieures
grisâtres marbrées de brun ; quelquefois d'un brun
noirâtre, mais plus clair en dessous ; dos garni de
tubercules subtrièdres ; disques digitaux étroits, une
rangée d'écailles crypteuses disposées en chevron
au-devant de l'anus ; la tête courte ; le museau fort
obtus, le bord de la paupière inférieure un peu ren-
tré dans l'orbite. (Duméril).

Hemidactylus Verruculatus (Cuv.). — Cette espèce a
pour patrie les mêmes pays que le *Platydactyle de Muraille* ; elle habite tout autour de la Méditerranée ; elle vit
dans les environs de Toulon, et sans doute en Languedoc,
quoique je ne sache pas qu'on l'y ait encore rencontrée.

GENRE TROPIDOSAURE. — *TROPIDOSAURA.* (Boié.)
ALGIRA. (Cuvier.)

CARACTÈRES. — Ces animaux ont la langue, les
dents et les pores aux cuisses comme les Lézards,
mais leurs écailles du dos et de la queue sont care-
nées, celles du ventre lisses et imbriquées ; ils manquent de collier. (Cuv.)

TROPIDOSAURE ALGIRE. — *T. ALGIRA.* (Fitzeng.)

(Il est très-peu connu dans le pays.)

COLORATION. — Le Tropidosaure Algire a ses parties supérieures et le haut des flancs d'un fauve brun

ou cuivreux , glacé d'or ou de vert doré, souvent
très-éclatant, lorsque les sujets sont adultes ; quatre
raies d'un jaune blanchâtre doré, deux à gauche,
deux à droite, s'étendent , l'une, depuis l'angle de
l'occiput jusque sur les côtes de la queue ; l'autre,
depuis la commissure des lèvres jusque dans l'aîne.
Parfois ces raies offrent quelques petites taches noirâtres sur divers points de leur étendue ; les tempes,
sur lesquelles règne la même couleur que sur le dos ,
portent chacune une raie longitudinale d'un jaune
doré. On remarque presque toujours un petit semis
de gouttelettes bleues irrégulièrement entourées de
noir sur la région qui avoisine l'aisselle. Ce Saurien
présente en-dessous une couleur blanchâtre à reflets
dorés, irisés de vert ; les membres postérieurs longs ;
la queue a une fois et demie plus d'étendue que le
corps. (D. et Bibr.)

Synonymie. — L'AGIRE DAUD, Lacép ; *Lacerta Algira*,
Linné , Cuvier, *Rég. Ani. ; Tropidosaura Algira* , Dumér.
Cette très-jolie espèce , qui semble vivre sur une grande
partie des côtes d'Afrique voisines de la Méditerranée ,
se retrouve encore en Espagne, dans les Pyrénées et jusque
dans nos alentours. Je n'ai jamais eu l'occasion de la rencontrer moi-même ; mais tout nouvellement M. Westphal-
Castelnau m'a fait l'honneur de m'écrire qu'il venait de
trouver ce saurien dans une de ses excursions dans le département de l'Hérault. Il y a peu de jours, cet herpétolo-
giste distingué a bien voulu , pendant une visite que j'ai eu
l'avantage de lui faire , m'enrichir d'un bel individu adulte
trouvé par lui près de Montpellier. Je me fais aussi un plaisir de dire que la riche collection de M. le consul West-

phal est digne de figurer au premier rang parmi toutes
celles de ce genre qui se trouvent en province.

GENRE **LÉZARD**. — *LACERTA*. (LINN.)

CARACTÈRES. — Le corps couvert en dessus de
très-petites écailles hexagones ou arrondies et disposées par bandes transversales très-nombreuses rangées avec une symétrie parfaite. Le dessous du corps
garni de petites plaques carrées , lisses , qui forment
des rangées longitudinales ; la tête est ovale, couverte d'écailles et terminée par un museau ; une
partie des os du crâne s'avancent sur les tempes et
sur les orbites, de sorte que le dessus de la tête est
muni , comme dit Cuvier , d'un bouclier osseux. Au-
dessous de la gorge sont de larges écailles séparées
des autres qui forment un véritable collier ; quatre
pattes divisées en cinq doigts séparés, comprimés
et munis d'ongles ; le fond du palais est garni de
dents ; ils ont en outre des dents maxillaires ; leur
langue est longue, mince, extensible, terminée en
deux filets. Ces divers caractères les séparent d'une
manière absolue des espèces qui vivent dans les parties chaudes des pays exotiques telles que les *Dra-
gonnes* , les *Monitors* , les *Sauvegardes* et les *Igua-
niens*.

Les Lézards sont , de tous les reptiles, ceux qui plaisent
le plus à nos regards , tant par l'élégance de leur forme
que par la beauté de leur parure , et l'on dirait qu'ils veulent se faire admirer, puisqu'ils se plaisent à habiter tout

antour de nos demeures et dans nos jardins ; il y en a même
qui vivent sous nos toits , tel est le Lézard Gris des Murailles. Leur grande sécurité et leur innocence sont cause
qu'on les protége , et l'on se plaît souvent à les voir courir
contre les murs des espaliers dont ils protégent les frui:s
en faisant une guerre continuelle aux insectes qui viennent
pour les attaquer. Ils sont élégans , agiles , innocens , paisibles , et l'on peut dire qu'il existe bien peu d'animaux
sur la terre qui passent une vie plus tranquille qu'eux. Ils
semblent n'avoir qu'un seul désir , c'est la présence de
l'astre qui les anime et les vivifie ; aussi , ont-ils soin de se
choisir une retraite bien abritée des vents du Nord , ou rien
n'absorbe ses rayons qu'il savourent avec délices. C'est autour de cette demeure qu'ils se promènent , en cherchant
leur nourriture qu'ils saisissent avec d'autant plus de vigueur qu'ils ont reçu une chaleur plus grande. Cependant
toutes les espèces de Lézards n'habitent pas dans le voisinage de l'homme ; il y en a qui préfèrent les endroits humides et ombragés par des arbres ; d'autres, les lieux couverts de pierres et de racines , sous lesquelles ils trouvent
un refuge à l'aspect du moindre danger. Lorsque le temps
se refroidit ou bien qu'il devient pluvieux, ces timides sauriens se cachent au fond de leur demeure ; mais dès que la
température s'élève , ou si le soleil perce à travers les
nuages , on les voit reparaître au bord de leur trou , s'y
tenir alongés et immobiles , les yeux à demi-fermés , pour
y recevoir une chaleur bienfaisante. A l'approche de l'hiver , chaque individu se choisit un gîte convenable , s'y
enfonce , et bientôt il tombe en léthargie. Cet engourdis-
sement seprolonge jusqu'au retour de la belle saison ; mais,
pendant ce temps , la nature, en tout si préyoyante, les aide
à quitter leur peau que la terre et le manque de mouvement avaient flétrie , pour leur rendre une robe plus fraîche et plus brillante pour reparaître au grand jour.

Un préjugé très-ancien a fait nommer le Lézard l'ami de l'homme, parce qu'il ne lui fait aucun mal, et l'on a ajouté que lorsque le serpent s'avançait traîtreusement pour mordre les personnes endormies dans la campagne, le Lézard l'attendait pour le combattre, ou bien qu'il cherchait à vous réveiller par ses mouvemens.

Chez ces animaux, la rupture et la séparation d'une partie de la queue est si facile et si commune, qu'on trouve plus de Lézards porteurs d'une queue réparée que possesseurs de cette partie de leur corps dans toute son intégrité ; une queue qui a été coupée et séparée ne repousse jamais aussi longue que si elle n'avait pas subi cet accident, ce qui est toujours facile à reconnaître à l'uniformité des écailles et à sa forme qui devient brusquement conique ; il n'est pas bien rare de voir des Lézards ayant deux ou trois queues ; cela provient qu'une queue une fois brisée, peut se briser encore et produire ces anomalies. Je possède quatre à cinq individus dans cet état.

L'on connaît une dixaine de Lézards dans les diverses parties de l'Europe ; mais les climats chauds et tempérés des pays d'outre-mer en fournissent encore de très-belles espèces que MM. Duméril et Bibron viennent de figurer, d'une manière parfaite, dans les *Nouvelles suites à Buffon*.

Ceux que nous trouvons en France sont rangés par ces auteurs dans les deuxième et troisième groupes des LÉZARDS LACERTIENS ou AUTOSAURES, qui ont pour caractères, *les écailles dorsales plus ou moins oblongues, étroites, hexagones, tectiformes ou en dos d'âne, non imbriquées.*

LÉZARD DES SOUCHES. — *L. STRIPIUM.* (DAUD.)

Nom du pays : *Luzer, Lazer.*

COLORATION. — Le dessus de la tête, le dos et la queue sont bruns, avec les flancs et le dessous du

corps d'un joli vert clair ; les côtés du dos et de la
queue sont un peu cendrés et marqués de quelques
points blanchâtres ; sur chaque flanc il y a deux
rangées longitudinales de taches noirâtres , marquées
de points blancs et comme ocellées ; toutes les écailles
situées dessous le corps et la queue ont une petite
tache ou un point de couleur noire ; la plante des
pieds est blanche ; le dessus de la tête est couvert
de onze plaques écailleuses à quatre ou cinq angles
sur les joues , et autour des mâchoires il y a d'autres
plaques un peu plus petites parsemées de blanchâtre et de petits traits noirâtres ; la tête est un peu
courte et assez obtuse ; les écailles qui recouvrent
le dessus de cou , du corps et des membres sont très
petites , hexagones ou arrondies , et disposées comme
sur un réseau ; la queue est cylindrique un peu plus
longue que le corps de l'animal. Longueur totale ,
16 centimètres*.

Les *femelles* , au lieu d'avoir les côtés du corps
vert , l'ont d'un gris brun ou fauve , quelquefois
cuivreux et les taches blanchâtres entourées de noir
qui les ornent sont généralement plus nettes et plus
séparées les unes des autres.

Variétés A.— L'on trouve des individus dont le
dessus du cou , la partie supérieure du dos et une
partie de la face supérieure de la queue sont d'un

* Ceux de ma collection étant en partie décolorés par l'alcool , j'ai
cru devoir les décrire d'après Daudin qui en a donné le signalement
pris sur des individus vivans.

rouge de brique; quelquefois cette couleur est émail-
lée de petits points bruns.

Synonymie. —Le Lézard des Souches, *Lac. Stirpium* et
Lacerta Laurentii, Daud. Le Lézard Gris des Souches ,
Cuv. *La. Stirpium* , Dug. Dum. et Bibr.

Ce Lézard se plait sur les lisières des bois fourrés , dans
les haies , les parcs et dans les vignes ; il fréquente les
plaines et les collines , mais ne pénètre point sur les montagnes. M. Bibron, qui l'a observé en France , en Angleterre , en Suisse et dans l'Italie , dit que sa demeure est un
trou étroit , plus ou moins profond , creusé sous une touffe
d'herbes ou entre les racines d'un arbre ; il s'y tient caché
tout l'hiver , après en avoir bouché l'entrée avec un peu
de terre ou quelques feuilles sèches. Il n'en sort plus alors
que dans la belle saison , ou lorsque le temps est favorable
pour la chasse aux insectes dont il fait sa nourriture. La
femelle du Lézard des Souches pond de neuf à treize œufs
qui sont cylindriques et tronqués aux deux bouts. Cette
espèce , qui n'est pas rare dans les environs de Paris ,
est peu commune dans nos provinces méridionales.

LÉZARD VIVIPARE. — *L. VIVIPARA*. (Jacquin.)

Nom du pays : *Angloro*.

Coloration. — Le *mâle* est, sur le dos, d'un brun
de noix ou d'un brun de bois passant au brun rougeâtre ; le long du milieu de cette partie supérieure
du corps règne une raie noire , et, de chaque côté,
une série de points noirs qui, quelquefois, se réunissent en une strie, et qui ordinairement vont se
joindre à une ligne grise ; la gorge est bleuâtre passant à une teinte rosée ; l'abdomen et le dessous des

membres sont d'un brun vert avec un grand nombre
de points noirs.

La *femelle* a le dos et le sommet de la tête d'un
brun rouge ; chez elle les points et les stries noires
sont moins distincts ; il n'y a pas de ligne grisâtre ;
le dessus est plus foncé ; tout le dessous du corps est
d'un brun jaune, souvent safran, et rougeâtre sur
ses parties marginales ; une teinte lilas avec un re-
flet jaune se montre sur la gorge, etc.

Cette description appartient à M. Tschudi, qui l'a prise
sur des individus vivans recueillis en Suisse.

Le Lézard Vivipare est moins grand que le Lézard des
Murailles ; celui que j'ai sous les yeux ne mesure que 14
centimètres environ ; il a les membres courts, la queue est
longue et grosse en partant de sa base.

Dugés n'a point compris ce Lézard parmi les espèces qui
habitent le Midi, parce que ce savant n'a pas eu l'occasion de la voir ; mais M. Westphal-Castelnau l'a rencontré plusieurs fois dans les pays élevés qui avoisinent Montpellier ; je l'ai également reçu des montagnes qui bornent
au nord le département du Gard, parmi d'autres reptiles
qui m'ont été envoyés dans l'alcool. Je ne pense pas que
le Lézard Vivipare se trouve jamais dans les pays en plaine
de nos environs. Nous trouvons dans les *Nouvelles suites à
Buffon*, au sujet de cette espèce, les observations qui
vont suivre :

« La femelle de ce Lézard fait, vers le mois de juin,
cinq ou sept œufs, d'où les petits sortent parfaitement développés quelques minutes après avoir été pondus. Ce fait,
observé pour la première fois par Jacquin, a été vérifié
par Leukart et Cocteau.» Chez les autres espèces de Lé-

zards que l'on connaît , les petits ne sortent de l'œuf que
plusieurs jours après que la femelle les a pondus.

LÉZARD VERT. — *L. VIRIDIS.* (Daud.)

Nom du pays : *Luzer vert.*

COLORATION. — D'un beau vert brillant sur toute
la face supérieure, qui est recouverte en grande partie
par une multitude de petits points ou écailles ar-
rangés sans ordre , de couleur jaunâtre et verdâtre ; le dessus de la tête et les joues sont garnis de
plaques brunâtres sur lesquelles sont de petits points
d'un vert clair ; le dessous du corps est jaune , les
écailles lisses , placées sur six rangs longitudinaux ;
la queue, qui est en grande partie brune , présente
jusqu'à cent-douze verticilles d'écailles. Sa longueur
totale est d'environ 37 centimètres.

Variétés de cette espèce.

VARIÉTÉ A. *Concolore.* — D'un beau vert pur sur
toutes les parties supérieures ; d'un jaune serin ou
glacé de verdâtre sur toute la face inférieure.

V. B. *Piquetée* ou *plutôt tiquetée de noir.* — Ici , le
fond de la couleur supérieure est vert , ou bien vert jaunâtre , quelquefois bleuâtre , recouvert d'un nombre considérable de très-petits points noirs.

V. C. *Ponctuée de jaune.* — Tout le dessus du corps
finement tacheté de jaune, sur une couleur vert clair ou
très-foncé.

V. D. *Azurée.* — le dessous et les côtés de la tête offrent

une belle teinte d'un bleu d'azur ; le dessous du corps est
ordinairement d'un jaune tendre ou serin. Cette variété se
trouve surtout dans les provinces méridionales. Elle n'est
pas rare chez nous.

V. E. *Tachetée.* —Sur un fond uniforme, brun ou vert,
on voit quelquefois disséminées des taches brunes ou d'un
vert noirâtre d'une ligne carrée au plus, qui varient en
nombre depuis deux ou trois jusqu'à une trentaine ; elles
sont le plus souvent sur le dos ; quelquefois un point jaunâtre est placé tout près de chaque tache.

V. F. *A quatre raies.* — Le dos de l'animal offre une
couleur verte plus ou moins foncée, tandis qu'en dessous
il est blanchâtre ; quatre raies en long sur le corps, jaunâtres ou blanchâtres, bordées irrégulièrement de noir,
souvent interrompues et remplacées par de petits points.

V. G. *A cinq raies.* — Sur un fond vert clair uniforme ou piqueté de brun, ou bien sur un fond brunâtre,
apparaissent cinq raies longitudinales, blanches ou jaunes,
liserées de noir ; une médiane et deux latérales.

V. H. *Bariolée.* — Cette variété se trouve sur la plage
de notre mer. Voici comment Dugés la caractérise : Toute
l'étendue du dos et l'origine de la queue sont couverts
d'un semis irrégulier et bigarré de points et de lignes ver-
miculés, les uns jaunes, les autres noirâtres, ressem-
blant en quelque sorte aux réseaux des vieux lézards ocellés. Quelquefois même, cette bigarrure de teintes vives
et tranchées s'étend jusque sur les flancs ; d'autres fois,
le dos proprement dit est seul tapiré de cette manière, et
deux lignes longitudinales bien reconnaissables pour être
les mêmes que celles de la variété rayée, (c'est le *La. Bi-
lineata*, Daud.) encadrent en quelque façon cette chama-
rure, dont le coup-d'œil est assez agréable. Enfin, il est

encore des individus chez lesquels il n'existe presque plus
de lignes contournées, mais seulement des taches et des
points jaunes et noirs, irrégulièrement mélangés, ce qui
établit encore la liaison entre cette variété et l'une des
précédentes, la *tachetée*. Le reste du corps absolument
comme chez le *Lézard piqueté*.

J'ai vu cette variété dans la riche collection de M.
Westphal-Castelnau, qui l'a recueillie près de Montpellier, et nous l'avons rencontrée nous-même sur la plage
d'Aiguesmortes.

Synonymie. — *Lacerta viridis*, Daud. LÉZARD VERT PIQUETÉ, Cuv.; *Lacerta viridis*, Dug. *Lacerta viridis*, Dum.

Le Lézard Vert est répandu depuis le Midi de l'Europe
jusqu'assez avant dans le Nord, mais il y est moins commun que dans les pays chauds de cette partie du monde. Il
se plaît à habiter les endroits frais, couverts par des buissons et des arbres sur les branches desquels il aime à se
poser, souvent aussi sur les hautes herbes aquatiques ; lorsqu'on le surprend il fait un petit mouvement oblique, vous
fixe et épie tous vos mouvemens ; si l'on veut l'approcher
de trop près, il se hâte de fuir dans quelque trou ou au
pied des herbages, mais lorsqu'il escalade le tronc d'un arbre, ce qu'il fait avec célérité, il tourne tout au tour afin
de mieux s'échapper. Si l'on veut le nourrir en captivité, il ne tarde pas à devenir familier, il se promène
lentement sans tenter de fuir, et ne cherche jamais à
mordre que dans le commencement de son esclavage. On
peut le nourrir avec des mouches, de petits coléoptères,
des chenilles, et un peu de lait qu'il prend en y trempant
sa langue fourchue. Il est très-commun ici, dans les
lieux herbus, dans les haies et au bord des eaux.

Espèces à écailles dorsales distinctement granu-
leuses, juxtà-posées.

LÉZARD OCELLÉ. — *L. OCELLATA.* (DAUD.)

Noms du pays : *Luzer deï gros*, *Létrë*.

COLORATION. — *Premier âge.* Lorsque l'animal
vient vient de prendre une nouvelle peau, une couleur d'un vert blanchâtre colore tout le dessous du
corps et des membres ; le dessus de toutes ces parties
est vert pur, quelquefois teint de jaune sur la tête ;
un gros point noir sur la paupière ; sur le dos, le
cou et jusque sur les flancs, l'on voit des bandes
noires couchées en travers, ornées de taches rondes
d'un jaune d'or, plus ou moins brillant, excepté
celles des flancs qui sont d'un bleu clair ; la partie
interne des membres a aussi des bandes noires semées
de taches jaunes. A mesure que l'animal vieillit, les
taches, les bandes et les autres couleurs deviennent
plus foncées.

Deuxième âge ou VARIÉTÉ B. — Le fond vert se
distingue encore du vert jaune, moins foncé de taches
ocellées ; celles-ci rarement isolées, presque toujours
unies par des lignes ou des taches noires, sont en
nombre égal aux jeunes de l'âge précédent, et composées d'une ligne noire irrégulièrement circulaire,
entourant une ligne verdâtre qui, elle-même, renferme deux ou trois granules noires ; ce noir tire

quelquefois sur le rouge ; les taches des flancs se sont agrandies et le bleu est devenu plus vif.

Troisième âge ou VARIÉTÉ C., que l'on a nommée LÉ-ZARD GENTIL. — Le vert de dessus le corps est plus foncé, celui des flancs est aussi plus vif ; ces parties, ainsi que la face supérieure des membres et de la queue, sont couvertes d'une infinité de lignes en forme de zigzags, vertes et noires, avec un semis sans ordre de points de la même couleur. Les flancs portent de grandes taches bleues, en-tourées de noir ; les plus proches du ventre ne le sont que dans leurs parties supérieures, quelques-unes, plus éloi-gnées, ne le sont pas du tout. La couleur de la queue est plus foncée que le dos, surtout vers son extrémité.

Ce Lézard, qui est propre au midi de l'Europe et en Algérie, est le plus grand des espèces des Lézards propre-ment dits, que l'on connaît ; il mesure jusqu'à 66 centimè-tres et plus de longueur, il est aussi plus robuste, les membres sont forts, bien musclés ; le thorax est épais, la tête grande, le museau obtus et comprimé sur les côtés ; les tempes sont renflées.

Synonymie — *Lacerta Ocellata*, Dau., Dugès, Cha. Bonap., Cuv., Duméril.

L'Ocellé est extrêmement commun dans notre pays, et habite les endroits élevés comme ceux en plaine ; il se tient ordinairement le long des chemins, au bord des fossés, dans les tas de pierres, sur la lisière des bois et près des arbres perforés ; paisible dans sa demeure, il ne fait la guerre qu'aux insectes dont il veut se nourrir, mais il ne craint pas de se battre lorsqu'il se voit attaqué ; d'abord il cherche à fuir, mais s'il se sent toucher il se retourne et mord cruellement ; si c'est un chien, par exemple, qui cherche à le prendre, il s'élance à son mu-seau qu'il saisit avec ses dents, s'y tient fortement attaché, et c'est avec beaucoup de peine que l'aggresseur parvient à s'en débarrasser, souvent encore il le fait sauter en l'air à plusieurs reprises sans pour cela venir à bout de le vaincre. J'ai plusieurs fois été témoin d'un pareil combat. J'ai aussi conservé vivans plusieurs Lézards Ocellés, qui, quelques heures après avoir été pris, étaient devenus fort doux ; pour cela il faut éviter de se laisser mordrequand on les prend, ce qu'on fait en tenant un mouchoir à la main qui absorbe les morsures ; après quoi on lui offre un morceau de bois sur lequel il attache ses dents, on recommence cela plusieurs fois, et bientôt après il ne mord plus ; il ne s'agit alors que de le toucher souvent pour l'entretenir inoffensif.

L'Ocellé peut vivre plusieurs mois sans prendre aucune nourriture. Des individus de cette espèce que j'avais envoyés à M. Bibron, et qui étaient dans ces mêmes conditions, ont été élevés par lui au Jardin-des-Plantes. J'en ai conservé qui ont resté plus de quatre mois sans manger, mais ils étaient devenus maigres, la peau des flancs traînait à terre et le dos était saillant ; plusieurs fois j'ai mis dans une même caisse des serpens très-vigoureux et des Lézards Ocellés nouvellement pris dans les champs, mais amais, de part et d'autre, je ne me suis aperçu de la moindre aggression. Un jour, ayant pris une couleuvre à collier assez grosse, je la présentai devant la gueule d'un de ces lézards, et, l'ayant mis en colère, il la mordit près du cou, et la retint ainsi plus de dix minutes, la couleuvre ne le mordit point, mais elle soufflait très-fort et sortait son dard avec vitesse, tout en faisant de grands efforts pour se débarrasser, après quoi ils vécurent tranquilles l'un et l'autre.

L'on peut s'emparer de ces Lézards à l'hameçon, il ne s'agit que de le suspendre au-dessus de leur trou en y fixant un insecte.

LÉZARD DES MURAILLES. — *L. MURALIS.* (Latr.)

Nom du pays : *Angloro* ou *Anglora.*

Coloration. — Variété A. Dessus de la tête olivâtre; parties supérieures d'un vert grisâtre un peu
métallique; une bande brune part de l'œil, longe les
flancs jusque sur une partie de la queue; cette bande
est bordée par deux lignes blanchâtres; une troisième
qui est brune passe en dessous; des points serrés
forment une raie qui longe le milieu du corps; les
membres sont en dessus marqués de petites taches
noires et blanches; dessous du corps blanc ou blanc
jaunâtre; quelquefois les flancs sont bleuâtres ainsi
que les côtés des pattes, avec quelques gouttelettes
noires; les points de la partie médiane du dos sont
interrompus, et des marbrures noires sont répandues
sur les côtés de la tête.

V. B. Parties supérieures d'un cendré olivâtre;
les joues et les flancs d'un vert teint de bleuâtre;
sur ces parties existe une multitude de bandes noires
qui, en encadrant la couleur des flancs, offrent des
taches rondes, triangulaires, carrées ou d'autres
encore; les pattes de la couleur du dos, marbrées de
noir et de blanc; la queue est olivâtre, coupée en
travers dans toute sa longueur par des taches blanches et noires qui produisent un joli effet; sur la
gorge et la partie thoracique qui sont grises, l'on
voit une infinité de petites taches noires; les autres
parties inférieures sont d'un rouge de brique, ou

rose ou jaune. J'ai trouvé cette belle variété le long d'un mur sur le bord de la rivière d'*Arre* , au Vigan.

V. C. — Dessus de la tête et du corps d'un vert glacé de brun , émaillé sans interruption de petites taches blanchâtres ot de lignes noires ; queue grisâtre , interrompue par des points noirs et blancs comme effacés , tout le dessous blanc , un peu glacé de jaune clair.

V. D. — Toutes les parties supérieures, y compris la queue, d'un olivâtre plus au moins clair ; trois lignes de petites taches interrompues sur le milieu du corps ; sur les flancs deux lignes blanches qui ont dans leur milieu une large bande d'un brun noir , une autre bande pareille à celle-ci est placée en dessous de la ligne blanche la plus proche du ventre , qui est elle-même suivie d'une jolie couleur pourprée sur laquelle on voit des points d'un bleu clair , qui ont sur leur milieu un point plus petit d'un bleu foncé ; le dessous du corps est blanc argenté avec des reflets pourpres ; sur la gorge , la poitrine et le dessous des pattes sont de petits points noirs. Cette variété , que j'ai trouvée entre des rochers , sur le bord de notre Fontaine , paraît être rare.

V. E. — Celle-ci est très-jolie et m'a été envoyée des montagnes situées au nord de notre département. Elle a le dessus de la tête olivâtre ; le dessus du corps grisâtre ; trois larges bandes noires forment des zigzags quelquefois interrompus , depuis la nuque jusqu'à la naissance de la queue ; de fortes raies noires sans ordre en travers des flancs qui sont d'un beau bleu (même maintenant , quoiqu'il y ait plus de quatre ans que l'animal soit dans l'alcool) ; sur chaque écaille des parties inférieures sont une ou deux taches rondes et noires ; de pareilles taches , mais plus petites , existent en dessous des membres postérieurs , sous le cou et la gorge ; le milieu du ventre cependant , qui est d'un bleu plus clair que les flancs , n'a point de taches ; les pattes sont tachées en dessus de noir et de blanchâtre ; la queue est de couleur brune à peuprès uniforme ; le bouclier surcrânien est vermiculé de noir, et le corps assez court mais gros.

Remarque. Il serait peut-être nécessaire de former deux divisions parmi les nombreuses variétés qui existent dans cette espèce.

Synonymie. — LE LÉZARD GRIS DES MURAILLES, Cuv., Dugés, Duméril.

Le Lézard des Murailles est extrêmement commun partout où il habite ; il a pour patrie l'Europe , du midi au nord , il vit aussi dans la partie occidentale de l'Asie. Ses mœurs sont à-peu-près connues de tout le monde ; on sait qu'il se plait autour de nos demeures , dans les champs et dans les bois , il recherche surtout les vieilles murailles exposées au midi , dans les fentes desquelles il fait son domicile habituel ; il fréquente aussi les trous des arbres , aux troncs desquels il grimpe avec facilité sans faire de circuits , à moins que quelque danger le menace.

GENRE **PSAMMODROME**. — *PSAMMODROMUS.* (FITZ.)

Ce nouveau genre, qui ne comprend qu'une petite espèce de Lézard du midi de l'Europe, diffère des *Lézards Lacertiens* par plusieurs caractères dont nous empruntons ceux-ci à MM. Duméril et Bibron. L'écaillure du dos et celle de la queue se compose de petites pièces rhomboïdales , carénées , entuilées ; les

---

* Formé de deux mots grecs qui signifient : courir rapidement sur le sable.

plaques du ventre ou petites lamelles à quatre côtés ;
la queue, qui est légèrement aplatie à son origine,
a quatre faces.

PSAMMODROME D'EWARDS. — *PS. EDWARDSII.* (Duméril.)
Nom du pays : *Angloro*, *Luzer*.

COLORATION. — Dessus de la tête et toutes les autres parties supérieures d'un gris glacé de bleuâtre,
ou bien d'un grisâtre plus ou moins foncé, surtout
sur la tête, ayant depuis quatre jusqu'à six raies d'un
blanc jaunâtre qui partent du haut du cou, s'étendent sur le dos et les côtés du corps; des taches presque carrées et noires suivent l'intervalle de chaque
raies, à distance à-peu-près égale; la queue grise ou
de la même couleur du dos, elle est peu longue ;
dessous du corps d'un blanc luisant à reflets irisés ;
un point noir sur la paupière supérieure ; les membres sont ornés de petites taches arrondies blanchâtres entourées de brun. Ce sont ordinairement les
vieux qui ont cette livrée, car ils varient entr'eux,
par les reflets et la distribution des couleurs.

Les *jeunes* sont bruns en-dessus; les raies sont
plus interrompues, le menton est verdâtre et le dessous est d'un blanc plus mat, sans reflets.

Dugés, en parlant de cette espèce, dit à-peu-près tout
ce que l'on peut observer en la voyant en liberté. En effet,
elle vit sur les plages qui bordent la Méditerranée, où elle
est commune, surtout près du phare d'Aiguesmortes ; pendant la forte chaleur de l'été, on la voit courir sur le sable

avec la rapidité d'un trait ; mais elle se cache aussitôt dans les touffes des joncs et des herbages qu'elle rencontre ; lorsqu'on veut faire sortir ce lézard de sa retraite , l'on n'a qu'à frapper du pied là où on l'a vu se cacher ; tout aussitôt il reparaît , mais il faut être subtil si l'on veut s'en emparer , car il se hâte de se cacher de nouveau , et souvent il s'enfonce dans quelque trou creusé aux pieds des joncs. On le rencontre aussi dans nos garrigues, et M. Valette me l'a envoyé des environs de St-Hippolyte , je l'ai aussi rencontré près de Nimes , où il est très-rare pourtant.

Voici une remarque qui m'a semblé intéressante , M. Adrien Noguier , de notre ville , m'apporta un individu vivant qu'il avait trouvé dans nos garrigues ; mais nous fûmes surpris , en le tenant dans la main , de l'entendre pousser de petits cris plaintifs qui n'avaient point d'interruption. M. Westphal-Castelnau me fait l'honneur de m'écrire qu'en prenant ces petits lézards entre ses doigts il l'avait aussi entendu pousser de faibles cris ; Dugès avait également fait cette remarque. L'on sait que les Lézards ne font entendre qu'un souffle plus ou moins fort.

GENRE ACANTHODACTYLE.

ACANTHODACTYLUS. (Frtz.)

MM. Duméril et Bibron donnent à ce nouveau genre les caractères suivans : langue en fer de flèche ; palais non denté ; dents maximiliaires un peu comprimées ; des paupières ; un collier scameux ; des pores fémoraux ; pattes terminées chacune par cinq doigts faiblement comprimés, carénés en dessous et dentelés latéralement.

L'on connaît six espèces d'Acanthodactyles. La seule qui
habite l'Europe se rencontre dans le Midi.

ACANTHODACTYLE COMMUN. — *AC. VULGARIS*. (Duméril.)

Nom du pays : *Angloro*.

COLORATION. — VARIÉTÉ A. La couleur supérieure
est brune, et passe quelquefois au noir ; le dessus
de la tête et de la queue sont d'un brun plus clair ;
quatre lignes ou raies de couleur blanche longent
chaque côté du cou et du corps ; l'une prend naissance
sous l'oreille, s'interrompt à l'épaule, reparaît sous
l'aiselle et va finir à l'aile ; la seconde part de la joue
passe au milieu des flancs, s'arrête à l'origine de la
queue ; la quatrième commence à la nuque et va
se perdre au-dessus de la queue ; enfin, une neu-
vième raie longe le milieu du dos ; la partie postérieure du corps est blanche, quelquefois un peu
rosée ou rougeâtre.

V. B. — Les neuf raies sont parfois interrompues, de
sorte qu'elles ne sont formées que par des séries de taches ;
l'intervalle d'une raie à l'autre est rempli de taches à distance, sans uniformité et de couleur noire ; le fond des
parties supérieures est d'un brun plus ou moins décidé.
La taille est à-peu-près celle du Lézard des Murailles,
c'est-à-dire 17 centimètres environ.

Quoique cette espèce ait été mentionnée par plusieurs
herpéthologistes sous le nom de *Velox*, MM. Duméril et
Bibron viennent de substituer à ce nom celui qu'il porte
en tête de cet article, parce que ces savans prétendent
que c'est sans motif valable qu'on la nomme ainsi, attendu que la description de Pallas, de sa *Lacerta velox*,

n'indique absolument rien qui ne soit commun à plusieurs
autres espèces de *Cœlodontes Leiodactyles* ou *Pristidac-
tyles*, et que c'est à tort qu'on a rapporté à ce lacertien
le Lézard Bosquien de Daudin, qui est tout-à-fait différent. L'animal qui nous occupe ici est rare dans nos environs. M. Westphal l'a trouvé dans le département de
l'Hérault, et moi dans le Gard.

Remarque. Voici ce que m'écrit* M. Westphal-Castelnau, au sujet de deux espèces de Sauriens trouvés par lui
dans le département de l'Hérault. J'ai cru devoir signaler
aux Herpétologistes les observations d'un amateur aussi
distingué que l'est M. lé Consul des Villes Anséatiques.

« J'ai trouvé, dit-il, sur le Pic St-Loup, à deux fois dif-
» férentes un petit Lézard dont la taille svelte atteint à
» peine *celle du Lézard gris des Murailles*, et dont la cou-
» leur uniforme est d'un vert brunâtre chatoyant.

» Ces deux Lézards, qui se trouvent encore dans ma col-
» lection et qui sont évidemment adultes, puisque l'un,
» qui est une femelle, a pondu chez moi, ne pouvaient
» être confondus avec de jeunes *Viridis*, ni avec le *Lé-
» zard vivipare* dont ils se distinguent, ainsi que du *Lézard
» des Murailles*, par différens caractères.

» Je crois que ces Lézards se rapportent à celui décrit
» par Laurenti sous la dénomination de *Seps Sericeus*, et
» M. Dugès, qui vivait encore quand j'ai trouvé le pre-
» mier, était du même avis.

» J'ai aussi eu l'occasion de voir un Lézard se rappro-
» chant par ses formes du *Lézard vert*, mais n'ayant, quoi-
» que adulte, que 20 à 22 centimètres de longueur ; ce Lé-
» zard, trouvé dans des buissons vers la plage près Pérols,
» se rapproche assez par ses caractères du *Lézard du Tau-*

* 11 janvier 1844.

» *rus*, décrit par Duméril et Bibron, tom. v, p. 225. Je ne
» l'ai malheureusement pas à ma disposition pour pouvoir
» l'examiner plus exactement. »

GENRE SEPS. — *SEPS* *. (Daud.)

CARACTÈRES.—Ils ressemblent par la forme de leur
corps aux Orvets, c'est-à-dire qu'ils sont alongés,
minces et presque cylindriques ; quatre petites pattes
ayant cinq, quatre ou trois doigts chacune, terminés
d'ongles aigus. Ces reptiles tiennent encore par ces
caractères à la grande famille des *Scincoïdiens* ou
Sauriens lépidosaures.

Quoique les Seps soient munis de pattes, ils ne peuvent
que ramper, car elles n'ont guère que deux lignes de long,
et sont d'ailleurs attachées à la naissance du cou et à côté
de l'anus, ce qui ne pourrait leur permettre de soutenir
leur corps au-dessus du niveau du sol ; mais, lorsque l'animal se meut, ses pattes agissent avec une grande vélocité,
ce qui doit ajouter à la rapidité de sa course, car il glisse
comme un trait à travers les herbages lorsqu'il se voit poursuivi. C'est ce dont j'ai pu me convaincre d'après plusieurs
individus que j'ai conservés vivans, et il paraîtrait que cette
observation a jusqu'ici échappé à l'attention des Herpétologistes, car je ne l'ai vue mentionnée nulle part. Les Seps
n'ont point de dents palatines, les écailles qui revétent leur
corps sont généralement hexagones, un peu élargies et
comme arrondies à leur bord libre ; elles forment vingt-
quatre séries longitudinales autour du tronc et autour de la
queue et sont partout égales.

* Nom très-ancien, donné par Ælien et Pline.

Dans plusieurs pays, les Seps sont regardés comme mal-
faisans et inspirent une grande crainte aux habitans de la
campagne ; l'on a écrit une foule de choses plus ou moins
vraies à ce sujet. Daudin dit que le Seps Quadrupède (celui
dont nous parlons) paraît avoir été connu par Aristote et
par d'autres anciens auteurs grecs et latins sous les noms
de *Chalcis* (*Chalcos*, en grec, signifie *airain*), *Chalcidaca
lacerta*, *Seps* (*Sepo*, en grec, signifie *je corromps*), *Zi-
gnis* et *Pingalus*. Les anciens croyaient que sa morsure
était mortelle surtout pour les jumens ; cette opinion, quoique fausse, s'est conservée jusqu'à présent en Sardaigne.
On ne trouve en Europe que l'espèce suivante qui est propre aux contrées du Midi.

SEPS CHALCIDE.— *SEPS CHALCIDES*. (Ch. Bonap.)

Nom du pays : *Anadiel* ou *Anadieûl*.

Coloration. — Variété A. D'un gris cuivré ou
bronzé sur toute la partie supérieure ; deux raies longitudinales de chaque côté du corps, blanches, pi-
quetées de noir ; en entier d'un blanc jaunâtre en
dessous.

V. B. — Ici les deux raies qni règnent sur les parties
latérales du corps sont toutes noires.

V. C. — Le dessus marqué de huit ou neuf raies qui
descendent jusqu'aux flancs ; alternativement noires et
fauves ou blanchâtres. Cette variété est commune ici, tandis que toutes les autres y sont extrêmement rares.

V. D. — Cette variété ne paraît avoir qu'une seule
teinte ; au premier aspect, elle semble d'un brun olivâtre
tant sont pâles et peu apparentes les raies fauves qui s'al-
ternent avec la première couleur.

Le Seps, dans sa plus grande dimension, mesure
de 40 à 44 centimètres.

Synonymie. Seps , Lacép. ; *Seps Tridactylus* , Daud ;
Le Seps Chalcide , Duméril. — Voici une remarque que
je dois signaler : Lorsqu'un de ces individus a eu une
portion de la queue cassée, il paraît que cet organe reste
longtemps à reprendre une partie de son ancienne dimension , et qu'alors le corps devient plus volumineux en ron-
deur. Je possède deux Seps qui , dans le temps de leur vie ,
ont éprouvé un pareil accident; la séparation a eu lieu un
peu au-dessous de l'anus , l'une a repoussé d'environ 1
centim. 4 millim. ; l'autre de près de 5 centim. ; le corps de
ce dernier a plus de deux fois le double de diamètre que les
sujets les plus accomplis ; le premier , dont la rupture est
moins ancienne , a son diamètre d'une fois et demie plus
grand que d'ordinaire.

Ces animaux ne sont pas rares dans le Midi ; ils aiment à
vivre dans les pays plats et sont tout-à-fait inoffensifs.

TROISIÈME ORDRE DES REPTILES.

LES OPHIDIENS * ou SERPENS.

Ils manquent de pattes et ne se meuvent qu'en rem-
pant sur le sol au moyen des replis et et des ondu-
lations qu'ils décrivent ; leur échine est très-alongée,
le nombre de leurs vertèbres et de leurs côtes est très-
considérable puisqu'on leur compte jusqu'à 112 vertèbres et presqu'autant de paires de côtes.

* Dérivé du grec Οφις (serpent).

Ils sont tout couverts d'écailles, celles de dessous le corps sont plus grandes et plus robustes. On les divise en trois familles :

La première est celle qu'on nomme

LES ANGUIS[*].

Ils tiennent encore des Seps par leur tête osseuse, leurs dents et leur langue ; ils ont les yeux munis de trois paupières ; plusieurs d'entr'eux ont sous la peau des vestiges du bassin et des os de l'épaule ; leurs écailles sont partout imbriquées.

Ils sont innocens et tout-à-fait inoffensifs, quoique l'on débite encore sur leur compte.

La seule espèce européenne est

L'ORVET FRAGILE. — *ANGUIS FRAGILIS.* (Linn.)

Nom du pays : *Anadieûl*[**].

COLORATION. — VARIÉTÉ A. Les écailles très-polies, lisses, d'une couleur uniforme et grisâtre en dessus et sur les côtés ; d'un blanc sale en dessous, ou nuancé de gris ; le dessus de tête un peu vermiculé de brun.

V. B. — Dessus du corps d'un jaunâtre clair, avec une ligne dans le milieu d'un brun noirâtre, un peu frangée,

[*] Nom générique des serpens, en latin.

[**] *Sans yeux.* Un préjugé grossier, qui existe dans notre population et surtout dans les campagnes, fait croire que ce petit animal est privé de la vue, car, dit-on, si l'*Anadieûl* y voyait, ce serait le plus terrible ennemi de l'homme, tant est grande la puissance de son venin.

Je n'ai pas besoin d'ajouter que ceci est absurde, que l'Orvet a des yeux et n'a pas de venin.

qui s'étend depuis le haut de la tête jusqu'à l'anus, ou se prolonge jusqu'au bout de la queue en s'interrompant, et sa couleur devient moins apparente ; côtés du corps de la même couleur que la raie ; le dessous est grisâtre.

V. C. — Celle-ci tient de la précédente ; le milieu des parties supérieures d'un gris jaunâtre avec la même raie ; le dessous est couleur de plomb ; les côtés sont blanchâtres.

V. D. — D'une seule couleur grisâtre ou d'acier en dessus, sans raie ; le dessous est d'un blanc terne.

V. E. — (Ceux-ci sont des jeunes.) D'un gris blanchâtre ou jaunâtre en dessus, depuis la tête jusqu'au bout de la queue ; ils portent une ou point de ligne sur le milieu du dos. L'Orvet adulte mesure 40 centimètres.

Synonymie. *Anguis Fragilis*, Lacép., Daud., Ch. Bonap., Cuv., Duméril. — L'on donne aussi à cette espèce les noms d'*Auvoie*, *Auvan*, *Serpent de verre*, etc., parce que quand on le touche il se raidit tellement qu'il se casse.

L'Orvet est extrêmement commun dans nos campagnes ; il se plaît surtout dans la plaine, parmi les herbes qui bordent les fossés ; il s'abrite sous les pierres tombées des murs de clôture ; après que les petits sont nés, ils semblent ne pas vouloir se séparer, car j'en ai trouvé maintes fois plusieurs familles réunies dans un même lieu.

Bien qu'ils soient incapables de faire le moindre mal, le peuple les regarde comme des êtres nuisibles et ne leur fait jamais grâce lorsqu'il les trouve ; aussi, n'est-il pas rare d'en voir pendant l'été de morts sur les chemins, victimes d'une erreur malheureusement trop accréditée.

J'ai vu deux jeunes personnes, appartenant à un pensionnat, que j'accompagnai dans une chasse aux papillons, courir vers moi à toutes jambes en poussant des cris

de frayeur parce qu'elles avaient aperçu un Orvet au milieu d'un champ , en soulevant une pierre pour chercher
des insectes ; elles pensaient avoir trouvé une vipère parce
qu'on leur avait dit qu'elle était faite ainsi. C'était réellement un Orvet, car , étant allé m'en assurer , je pris l'a-
nimal vivant que je leur apportai ; en voyant ma sécurité,
plusieurs jeunes personnes voulurent le toucher, et leur
frayeur cessa entièrement.

L'*Anguis Fragilis* se trouve dans toute l'Europe jusqu'en Suède et même en Sibérie. Il habite aussi l'Algérie.

SECONDE FAMILLE. — LES VRAIS SERPENS.

Elle est très-nombreuse en espèces ; les genres qui la
composent manquent tous de sternum et n'ont point de vestiges d'épaule. Cuvier les subdivise en deux tribus : il
nomme la première *Doubles Marcheurs*, dont la bouche ,
comme celle des Anguis, ne peut se dilater pour donner
passage à une grosse proie, le cou n'étant pas aminci près
de la tête , et la queue étant aussi grosse à son extrémité
qu'à son origine ; il est d'autant plus difficile de distinguer
d'un peu loin la tête ou la queue de ces serpens, qu'ils
ont la faculté de pouvoir marcher à reculons. Ces animaux
sont exotiques et sont peu nombreux en espèces.

DEUXIÈME TRIBU. — SERPENS PROPREMENT DITS.

Ce sont des reptiles sans venin qui ont les mâchoires di-
latables , par suite du peu de fixité de leurs os du crâne.
Ils ont , soit au palais, soit à la mâchoire supérieure, quatre
rangées de dents aiguës recourbées en arrière et deux
rangées en bas qui sont dans le même sens ; cette disposition leur permet de retenir la proie qu'ils ont saisie , mais

jamais ils ne s'en servent pour mâcher leurs alimens, qu'ils engloutissent tout entiers. C'est au moyen de leur bave ou de leur salive qu'ils les amollissent et les préparent ainsi à la digestion qui doit s'opérer dans l'estomac. C'est pendant cette fonction que les serpens perdent de leur vigueur, et semblent redouter tout ce qui peut les approcher ; aussi, le plus souvent, ils se cachent sous les feuilles, dans les herbes ou sous les racines, afin de mieux échapper à tous dangers ; quand on les surprend dans cet état, il est très-facile de s'en emparer.

Les plus grandes espèces, que l'on peut appeler les *Géants des Ophidiens*, sont de ce nombre ; tels sont les Boas qui habitent l'Amérique. C'est dans ces parages brûlans des feux du soleil des tropiques que ces dangereux serpens commettent leurs déprédations, en usant de toutes sortes de ruses pour surprendre des animaux souvent de grande taille qu'ils étouffent dans leurs vastes replis, et il est bien rare que ceux dont ils veulent se nourrir leur échappent, car leur aspect les glace de terreur et paralyse tous leurs mouvemens. Heureusement que nos pays ne produisent pas de ces monstrueux reptiles, et, malgré tout ce qu'on peut dire sur la force, la grosseur et la méchanceté de nos serpens, aucune des espèces que l'Europe produit ne peut nous causer le moindre mal, parce que n'ayant point de venin à répandre, ils n'ont ni la force ni la volonté de nous *entrelacer de leurs replis*, *comme on le croit communément*. Les individus qui atteignent les plus grandes dimensions habitent les contrées méridionales de l'Europe, et il est bien reconnu qu'ils ne dépassent jamais 2 mètres 30 centimètres de longueur ; leur grosseur est relative à leur taille, c'est-à-dire que la plus grosse partie de leur corps est à-peu-près de 15 centimètres de circonférence. Mais, comme la peur fait toujours exagérer les choses, beaucoup de personnes croient

de bonne foi , que notre pays produit des serpens qui , à
les entendre , seraient de véritables *Boas.* Je me suis ef-
forcé maintes fois de combattre de pareilles idées, même
auprès de personnes fort instruites du reste , mais je n'ai
jamais pu les convaincre quant à la grosseur et à la longueur réelles de nos couleuvres. Je répète ici ce que j'ai
souvent eu l'occasion de leur dire : Que j'ai parcouru nos
contrées dans toutes les directions , que j'ai vu et pris
beaucoup de serpens , dont aucun n'a atteint la longueur
de deux mètres , et c'est déjà bien raisonnable. Souvent on
m'a fait la promesse de m'envoyer de ces *grands reptiles
qui portent,* dit-on, *la crainte et la terreur dans certains
cantons , et dont le souffle empoisonné a souvent fait des
victimes;* j'ai promis une bonne récompense à celui qui
me ferait un tel envoi ; mais , jusqu'à présent , je n'ai
rien reçu qui ait pu m'étonner.

Puissent mes faibles connaissances dans l'étude que j'ai
faite de nos serpens contribuer un peu à calmer la terreur
qu'inspirent à notre population des animaux qui , au lieu
de nous nuire , redoutent au contraire notre approche ,
et ne cherchent qu'à fuir. Je reviendrai plus tard sur leurs
prétendues attaques en parlant de chaque espèce.

GENRE **COULEUVRE.** — *COLUBER.* (Linné.)

Caractères. — On nommait autrefois Couleuvres
(*Coluber*), les serpens à *venin* et sans *venin* ; mais
ceux-ci portent pour caractères les plaques ventrales
et celles de dessous la queue doubles ; ils ont de plus
la tête couverte d'écailles plus grandes que celles du
reste du corps. Elles diffèrent en cela des espèces dont
le venin est empoisonné , ainsi que nous le dirons en
parlant de la vipère.

Voici ce que dit Daudin, en parlant de ces animaux:
« Les Couleuvres ont pour la plupart des couleurs
assez vives et agréablement disposées sur les écailles
qui les recouvrent, et lorsque ces animaux innocens
rampent où se jouent aux rayons du soleil, parmi la
verdure et les fleurs, ils brillent du plus bel éclat;
le vert est varié de reflets d'or et d'azur ; le jaune
devient plus vif ; enfin, la beauté de leur parure
semble annoncer qu'elles sont moins à craindre que
les vipères.

Les Couleuvres poursuivent leur proie et l'attaquent
sans détours ; ce sont de petits animaux nuisibles à nos
récoltes qui deviennent leur pâture ; elles nous rendent
par là un service signalé ; mais, comme pour la plupart des
hommes tout serpent est une *vipère*, et qu'à juste raison
ils cherchent à détruire un animal dangereux, il s'en
suit qu'ils font périr souvent ce qu'ils devraient protéger.

L'on connaît environ douze ou quinze espèces de couleuvres en Europe, huit ou neuf d'entre elles habitent le
Midi.

COULEUVRE A COLLIER. — *COL. NATRIX.* (LINNÉ.)

Nom du pays : *Ser* *.

COLORATION. — VARIÉTÉ A. Les parties supérieures
du corps et de la tête sont d'un gris cendré quelquefois glacé de bleuâtre ; une double tache jaune transversale couvre la nuque et forme une espèce de demi-
collier qui est suivi d'une longue tache fourchue

* Ce nom est appliqué dans le pays à toutes nos espèces de couleuvres ; souvent aussi on les nomme *Vipères.*

et noire : des taches de pareille couleur parcourent
sur quatre rangs toute la longueur de l'animal en dessus et sur ses côtés ; elles ont peu de régularité entre
elles , et varient aussi par la forme qui est cependant
transversale ; elles sont toujours plus grandes sur les
flancs , les bords des mâchoires sont également marqués de lignes noires à la distance de chaque plaque ;
en dessous, les plaques transversales sont d'un noir
mat, qui est tacheté capricieusement de jaune pâle
ou de blanchâtre , le dessous de la tête est jaunâtre ,
le bout de la queue, qui est très-pointu , est terminé
par un ergot corné ; les écailles de dessus sont carénées , relevées d'une arête. Longueur 1 mètre 30
centimètres.

V. B. — D'un cendré olivâtre en dessus ; les taches du
milieu du corps faiblement marquées ; elles sont en forme
de M ou de double M ; les taches des flancs moins larges ,
le noir de dessous est interrompu par du jaunâtre. Cette
variété appartient à l'âge moyen.

V. C. — Dessus et côtés de l'animal d'un gris brun ;
deux rangées longitudinales de très-petits points noirâtres
sur le milieu des parties supérieures ; des taches transversales assez régulières et noirâtres sur les flancs ; dessous
du corps couleur de plomb jusqu'à la hauteur du cou ;
au-dessus de cette partie une couleur blanchâtre se mêle
à la teinte plombée ; le demi-collier est aussi blanchâtre.
Cette robe est celle des jeunes.

L'on connaît encore d'autres variétés que le cadre de ce
travail ne me permet pas de pouvoir signaler ; mais le
demi-collier placé sur la nuque suffira toujours pour faire
distinguer cette couleuvre de ses congénères.

Synonymie. — *Coluber natrix* , Lacépède. Daud. Cuv,

Cette couleuvre est très-commune chez nous et dans diverses parties de la France où on la mange, malgré son odeur désagréable, surtout lorsqu'elle vient d'avaler une proie. On la nomme *Anguille de Haies* ; elle se plaît dans les champs humides ; on la trouve aussi dans les lieux élevés et arides. Souvent elle se roule en spirale et reste cachée dans les herbes ou sous les buissons du bord des eaux, quelquefois on la trouve entrelacée aux rameaux des arbustes et des broussailles, et même aux tiges des plantes aquatiques. Pendant les fortes chaleurs, la Couleuvre à Collier se place là où le soleil darde le mieux ses rayons , et si le hasard conduit le voyageur dans ce lieu, elle se redresse , siffle et le menace par un mouvement qu'elle fait en avant , mais bientôt on la voit fuir en cherchant à se cacher,

Cette espèce se prive bien et semble vouloir rechercher les caresses qu'on lui prodigue. Les chiens la devinent quoique bien cachée , à cause de la forte odeur de musc qu'elle répand durant la digestion. Un jour des enfans m'apportèrent une grosse Couleuvre à Collier morte que je conserve encore , dont le milieu du corps formait une grosse saillie ; l'ayant prise par le bout de la queue, je la secouai fortement et lui fis vomir un gros crapaud vivant qu'elle venait sans doute d'avaler ; ce batracien vécut encore longtemps dans mon jardin.

COULEUVRE VIPÉRINE. — *COLUBER VIPERINUS*. (Latr.)

Nom du pays : *Ser d'Aïguo.*

COLORATION. —Une teinte d'un gris verdâtre règne sur toute la partie supérieure de l'animal ; une large raie noirâtre forme des zigzags sans interruption depuis la nuque jusqu'à la naissance de la queue ; cette

raie est marquée dans ses angles rentrans, par une
petite tache verte ou jaunâtre; vient ensuite une rangée de larges taches séparées, noirâtres, disposées en
losange, et d'un vert clair dans leur centre. Deux
raies verdâtres bordées de noirâtre en forme de V,
derrière les yeux; une tache noire, un peu longue, de
chaque côté de la commissure de la bouche; haut de
la tête verdâtre, le dessous du corps est d'un jaunâtre clair; chaque plaque est marquée d'une ou deux
taches d'un noir verdâtre, disposées sans symétrie,
en forme de damier; le dessus de la queue et les côtés sont marqués de petites taches de la même couleur que celles du dos; le dessous a deux petites
fascies. Sa longueur est de 50 centimètres environ.

V. B. — D'un vert brun en dessus; la raie longitudinale formée par des zigzags interrompus, d'un brun foncé;
les taches des flancs plus faibles; tout le dessous du corps
d'une seule couleur d'ardoise; point de taches noirâtres
sur les côtés de la bouche.

V. D. — Cette espèce offre aussi une variété qui porte
deux raies jaunes sur le corps qui s'étendent en long jusque
sur la queue.

La Vipérine est ainsi nommée à cause de sa grande ressemblance avec la vipère, car au premier abord il est facile
de la confondre avec cette dernière; elle a la tête ovale,
oblongue, obtuse en devant et munie en dessus de neuf
grandes plaques, tandis que la tête de la vipère commune
porte des plaques seulement sur sa partie antérieure; le
reste est garni de très-petites écailles nombreuses.

Cette Couleuvre est extrêmement abondante dans ce
pays; il n'y a pas dans les champs un fossé couvert d'eau,
une mare, une fontaine, ou un ruisseau, sans que

l'on y rencontre plusieurs de ces reptiles. Mais c'est dans
les marais du Languedoc et dans ceux de la Camargue
que je les ai vues en plus grand nombre. La Vipérine
est presque toujours dans l'eau, et c'est là qu'elle guette
et saisit sa proie, qui consiste soit en petit poissons soit
en grenouilles. Elle nage avec autant de facilité au fond
de l'eau que le ferait une anguille. Souvent elle sort la
tête pour respirer, quelquefois on la trouve roulée en
spirale dans les herbes du rivage.

C'est un animal innocent qui ne cherche jamais à mordre, ou, s'il le fait lorsqu'on le saisit, à peine si ses dents
peuvent percer la peau. Ici, les personnes qui vont faire la
pêche aux grenouilles et aux petits poissons avec un filet
qu'elles traînent dans la vase au fond de l'eau, en prennent bien plus souvent que des anguilles. La Vipérine paraît habiter de préférence le Midi aux autres provinces de
la France.

COULEUVRE BORDELAISE. — *COLUBER GIRONDICUS.* (Daud.)

Nom du pays : *Ser.*

CARACTÈRES ÉT COLORATION. — Cette Couleuvre a la
tête grosse, un peu bombée en arrière, et comprimée
près du cou ; elle est garnie de neuf grandes plaques
en dessus, disposées en travers ; le museau est obtus.
Toutes les écailles lisses et comme imbriquées.

VARIÉTÉ A. — D'un brun cendré en dessus, qui
devient plus clair sur les côtés ; deux raies noires
prennent naissance au-dessus de la nuque, longent le
milieu du corps et s'étendent jusque vers l'extrémité
de la queue. Au centre de ces raies, sont des taches
également noires, placées en travers et à distance les
unes des autres, qui produisent un joli effet. Un es-

pace de chaque côté de la base du cou; une ligne, qui
part de dessus les yeux , va aboutir aux coins de la
bouche , et se termine en crochet sur la mâchoire
inférieure , une tache au-dessous de l'œil, trois ou
quatre autres sur le bord de la mâchoire inférieure ,
ainsi qu'une autre encore, de forme triangulaire, au-
dessus du museau; le tout de couleur noirâtre. Dessous
du corps jaunâtre, avec des taches, les unes comme à
demi-effacées, sur les écailles ; les flancs et les côtés
du corps sont aussi marqués de lignes et de taches
sans ordre , d'une couleur noirâtre. Longueur totale
80 ou 85 centimètres. Ce sont les adultes.

V. B. ou *Age moyen*. — Dessus du corps gris cendré ;
d'un jaune clair ou jaune blanchâtre en dessous et sur les
côtés ; les bandes ou raies qui longent la face supérieure
du corps sont en partie interrompues ; les taches transversales plus grandes, et ressortent davantage vu la couleur
claire du fond de l'animal.

V. C. — Une couleur jaune pâle couvre toutes les autres
parties du corps ; les lignes du dos , qui sont apparentes
chez l'adulte, n'offrent dans cette variété qu'un nombre
de taches irrégulières. Ici, ce sont les jeunes.

V. D. — Ce même *âge* produit encore des individus de
la même couleur que les adultes, dont le côté du corps est
teint de rougeâtre et comme saupoudré de bleuâtre.

Synonymie. — LA COULEUVRE BORDELAISE , *Col. Girondicus*. Daud. LA COULEUVRE BORDELAISE, Cuvier, Dugés.
    Le nom que porte cette espèce lui fut donné par Dau-
din, qui la décrivit le premier, parce qu'il l'avait reçue
des environs de Bordeaux ; mais le signalement qu'il en

dônne appartient à un individu semi-adulte. La Bordelaise n'est pas rare ici, nous la trouvons dans les alentours de notre ville où elle habite les vignes et les garrigues ; on la voit plus rarement dans les plaines ; elle est
inoffensive, et devient fort douce après qu'on l'a conservée quelques heures en captivité ; mais cela n'empêche pas
que lorsqu'on veut s'en emparer dans les champs elle se redresse, siffle et cherche à mordre ; heureusement que sa
morsure n'est pas profonde, car c'est à peine si le sang
jaillit, un peu de cuison s'ensuit et tout finit là. Bien
qu'elle soit agréable à la vue et qu'elle ne cherche jamais à nous faire mal, cette Couleuvre n'en est pas moins
un sujet d'effroi pour ceux qui la voient ; comme tous ses
congénères, le peuple l'a vouée à la mort ; je dois dire
pourtant que les enfans m'en apportent souvent de vivantes pendant l'été, et que c'est toujours avec un nouveau plaisir que je les reçois.

COULEUVRE LISSE. — *COL. AUSTRIACUS.* (Lacép.)

Nom du pays : *Ser.*

Caractères et Coloration. —Elle a cent soixante-
douze plaques abdominales et quarante-six paires de
caudales ; le sommet de la tête garni de neuf grandes
plaques luisantes, disposées sur quatre rangs; les
écailles qui recouvrent le corps sont lisses, rhomboïdales, presque hexagones et imbriquées.

Elle est ordinairement d'une couleur gris cendré,
tirant quelquefois sur le roussâtre, sur la partie supérieure du corps; cinq lignes derrière les yeux, une
bande derrière la tête, et deux rangées de taches
consécutives règnent depuis le haut du cou jusqu'à

l'extrémité de la queue; elles sont brunes ou noirâtres; les plaques de dessous le corps sont blanchâtres,
très-polies, avec des taches rousses; l'iris des yeux
est couleur de feu.

Synonymie. — *Coronella Austriaca*, Laurenti. LA COU-
LEUVRE LISSE, Daud. LA LISSE, *C. Austriaca*, Cuv. LA
COULEUVRE LISSE, La. *Austriacus*, Dugès.

Au premier abord on prendrait cette Couleuvre pour la
Couleuvre à Collier ; mais, en faisant attention aux caractères indiqués plus haut, on la reconnaît aisément. Elle
aime à se tenir dans les lieux ombragés et frais, elle fréquente aussi les bois humides exposés aux rayons brûlans
du soleil ; plusieurs autres espèces de serpens recherchent
également des lieux analogues qui paraissent même être
nécessaires à leur existence.

Laurenti, qui l'observa dans les environs de Vienne,
en Autriche, dit que la Couleuvre Lisse se cache parmi
les herbes et dans les fourmilières ; elle est très-alerte,
et c'est en agitant sa langue au-dehors de la bouche qu'elle
exécute tous ses mouvemens. Rarement elle fait entendre
son sifflement, mais elle a l'habitude de mordre lorsqu'on
veut la saisir ; toutefois, sa morsure s'arrête à la peau.
La Lisse est bien moins répandue dans le Midi que dans
le Nord. Lacépède dit qu'on la trouve aussi dans les Indes
Orientales et Occidentales.

COULEUVRE VERTE ET JAUNE. — *COL. ATRO VIRENS.* (LACÉP.)

Nom du pays : *Ser.*

CARACTÈRES et COLORATION.—Cette belle couleuvre
porte sur la tête neuf plaques disposées sur quatre
rangs. Toutes les écailles sont lisses. Elle a deux cent
six plaques abdominales et cent sept paires de caudales.

Coloration. — Le dessus du corps est d'un noir sombre ou d'un vert noirâtre, avec beaucoup de petites lignes composées de petites taches jaunes, agréablement disposées sur toute l'étendue de la surface supérieure, elles forment diverses figures. Le dessus de la tête est un peu aplati, et les yeux sont bordés d'un jaune d'or. Les plaques de dessous sont jaunâtres, chacune d'elles porte un point noir à ses deux bouts, et y est bordée d'une ligne noire. Ces points et ces lignes sont distribués avec symétrie. Sa longueur peut atteindre de 1 mètre 32 centimètres à 1 mètre 60 centimètres

Synonymie. — La Couleuvre Commune ou la Verte et Jaune, Lacép. *Coluber viridis flavus*, Daud. La Verte et Jaune, Cuv.

Cette Couleuvre est très-rare dans les départemens qui bordent la Méditerranée, quoique les auteurs qui en ont parlé disent qu'elle habite les contrées méridionales de la France ; elle est plus commune au pied des Pyrénées et autres provinces françaises. C'est Daubanton qui l'a décrite le premier. La Verte et Jaune est la plus docile de toutes nos couleuvres, et celle qui s'apprivoise le mieux ; elle se laisse caresser par les enfans, et semble se plaire à jouer avec eux ; jamais elle ne cherche à mordre si on ne la fait pas mettre en colère, et, quand elle le fait, il n'en résulte qu'une simple égratignure, car elle n'a pas le moindre venin. Lacépède cite plusieurs exemples de son attachement à ses maîtres, bien faits pour lui mériter un peu notre intérêt. Elle vit sur le bord des haies, dans les bois, surtout dans les endroits pierreux ; elle se nourrit de petits mammifères, d'oiseaux et de batraciens qu'elle avale d'un seul trait..

On dit qu'en Bourgogne, vers la fin de l'été, avant que
de se renfermer, les Couleuvres vertes et jaunes s'agitent
beaucoup et font entendre le soir des sifflemens répétés
qui semblent se répondre.

COULEUVRE DE MONTPELLIER. — *C. MONSPESSULANUS.* (Mer.)

Nom du pays : *Ser.*

CARACTÈRES et COLORATION. — Le milieu de la tête
est garni de neuf grandes plaques ; les écailles qui
recouvrent le dessus de l'animal dans toute sa longueur sont de forme ovale et creusées en gouttières
dans leur milieu ; celles qui garnissent les côtés du
corps sont hexagones.

Depuis le haut de la tête jusqu'au bout de la
queue règne une couleur d'un cendré vert foncé ;
les écailles qui couvrent les côtés du corps sont
d'un vert foncé ou teint de bleuâtre. Le dessous,
c'est-à-dire les plaques transversales, sont jaunes,
bordées à leur partie supérieure et sur les côtés par
du vert noirâtre ; elles ont aussi des marbrures de
cette couleur ; enfin, ce vert foncé, qui termine en
partie les plaques, produit, avec la couleur jaune de
celles-ci, et la teinte bleue des écailles des flancs, une
ligne longitudinale qui est agréable à la vue. Toutes
les couleurs sont plus sombres sur les parties antérieures que sur les parties postérieures. Le dessous
de la tête est jaune, presque uniforme ; les yeux
sont de cette couleur Ce sont ici les individus
vieux

Les *jeunes* varient comme suit : Ils sont d'un cendré
grisâtre, ondé de verdâtre ; deux lignes noirâtres sur
les côtés du cou qui se changent en taches nombreuses
en arrivant sur les côtés du corps ; elles se continuent
jusque sur la queue et sont variées par quelques petites taches de couleur de brique ; sur le milieu du
dos l'on voit des traits jaunâtres qui forment une espèce de chaînon ; tout le dessous est d'un vert jaunâtre ; chaque plaque se trouve interrompue ou plutôt
bordée par une ligne transversale noirâtre ; quelques
traits de cette même couleur sur le milieu de la gorge.

Synonymie. — *Col. Monspessulanus.* Johan. *idem.* Her-
mann. *Obs. Zoolog. idem* , Ant. Dugès. *Annales des Sciences naturelles , idem.* Merrem.

Cette Couleuvre est peut-être celle qui, dans notre pays,
atteint la plus grande taille ; j'en ai vu une que les élèves
de l'ancien pensionnat de M. Liotard avaient prise vivante
dans le bois de Campagne, au moment où elle avait commencé d'avaler un lapereau, et dont la longueur était d'environ 2 mètres ; son diamètre le plus fort était de la grosseur
du bras d'un enfant ; on l'avait rendue très-docile, et elle
se laissait manier à volonté. Cependant, la *Couleuvre de
Montpellier*, quoique très-timide, cherche à se défendre
dès qu'on la surprend ou si l'on veut s'en emparer ; ses
sifflemens sont forts et vivement répétés, sa langue s'agite
hors de la bouche, et par ses gestes elle semble vouloir
s'élancer sur celui qui l'approche ; mais cette colère s'éva-
nouit bientôt, car elle se hâte de s'échapper au plus vite.
D'ailleurs, la suite de ses blessures demeure toujours sans
effet ; c'est-à-dire que sa morsure ressemble à une égratignure qu'on se ferait à un rosier.

L'on a souvent parlé de l'attraction des serpens pour

s'emparer d'une proie vivante, tel qu'un oiseau ou un
rat. Plusieurs auteurs y ont ajouté foi, d'autres ont nié
ce fait ; je ne veux point écrire ici des fables, car je cherche, au contraire, autant que je le peux, à apporter quelques vérités à l'histoire des animaux que j'ai pu observer.
Eh bien! je dirai qu'un jour d'été, étant allé à la chasse
aux papillons, dans un bois voisin de Nimes, M. Henri de
Chastellier m'avait fait l'honneur de m'y accompagner, et
se trouvait avec moi quand nous vimes un rossignol posé
sur un petit chêne vert, qui ne cessait de monter et de descendre d'une branche à l'autre tout en poussant des cris
plaintifs ; il y avait déjà quelque temps que cela continuait
de la sorte, ce qui me parut surprenant et me donna le
désir de m'approcher pour mieux examiner qu'elle pouvait être la cause du pénible embarras où semblait se trouver cet oiseau. Mais dès que je fus près de l'arbre, j'en-
tendis du bruit à mes pieds, puis, ayant porté mes yeux
de ce côté, je fus bien surpris de voir une grosse couleu-
vait qui fuyait dans les broussailles, tandis que le rossignol
s'efforçait de s'éloigner de toute la vitssse de ses ailes. Je
n'ajouterai rien de plus à ce fait, je me contente ici de le
signaler afin que ceux qui auront de semblables occasions
ne négligent point de mieux les observer s'ils le peuvent.

A propos du charme que l'on prête {aux serpens, Dugés, qui les a bien étudiés, s'exprime ainsi : « Quand une
couleuvre saisit sa proie, elle s'élance, la gueule ouverte
dans toute sa largeur, et la retient entre ses mâchoires.
J'ai souvent été témoin de cette opération subite après
laquelle, si la capture était volumineuse, l'un et l'autre
animal restaient souvent immobiles et comme étonnés pendant quelques minutes. Quant à cette stupéfaction que les
serpens impriment aux oiseaux, aux reptiles plus agiles
qu'eux, il m'a paru que l'immobilité qui la caractérise
n'avait lieu que quand l'animal sentait l'impossibilité d'é-

chapper, lorsqu'il avait fait infructueusement une ou plusieurs tentatives pour y parvenir ; la frayeur et l'incerti-
tude les jetaient sans doute alors dans une sorte de para-
lysie d'insensibilité telle qu'ils se laissaient dévorer sans
se débattre.»

La Couleuvre dont il est question dans l'article qui nous
occupe paraît être propre à nos contrées méridionales , où
elle est assez commune dans les garrigues ; on l'avait peut-
être confondue avec la Verte et Jaune , car bien peu d'herpétologistes en ont encore parlé.

COULEUVRE D'ESCULAPE.—*C. ÆSCULAPII.* (LACÉP.)

Nom du pays : *Ser.*

CARACTÈRES et COLORATION. — Elle a cent soixante-
quinze plaques abdominales et soixante-quatre paires
de caudales. La tête est assez grosse et oblongue, plus
large que le cou , garnie de deux plaques en dessus.
Les écailles de dessus le corps sont ovales , carénées.
La couleur en dessus est d'un gris brun ou roussâtre
avec une bande de chaque côté du dos , qui est noire
ou d'un noir bleuâtre qui est plus foncé vers le ventre ; les écailles les plus proches des bandes transversales sont blanches , bordées de noir en dessous. Toutes les parties inférieures sont blanchâtres , avec des
teintes plus foncées. Ce serpent mesure jusqu'à 1 mètre 40 centimètres environ.

Synonymie. — *Col. Æsculapii* , Sh. ; LE SERPENT D'ES-
CULAPE , Lacép., *id.*, Daud., *id.*, Cuv.

Le serpent d'Esculape , de Linné , appartient aux Indes, tandis que celui dont il est question ici habite les
parties méridionales de l'Europe. C'est le véritable ser-

pent d'Esculape que les anciens ont connu; l'innocence
de ses mœurs et la douceur de ses habitudes l'avaient fait
choisir dans les temps antiques comme le symbole de la
divinité bienfaisante. Les charlatans s'en servent de nos
jours pour amuser le peuple en lui faisant accroire que son
venin est dangereux , et que c'est par des moyens à eux
connus qu'ils parviennent à le rendre docile et inoffensif ; ils lui apprennent même à faire des tours de passe-
passe et à venir à eux lorsqu'ils l'appellent.

Cette espèce monte sur les arbres pour aller chercher les
jeunes oiseaux dans leur nid ; souvent elle y reste cachée
après les avoir avalés , mais cela n'a lieu que dans les nids
des pies et autres oiseaux de taille moyenne. La couleuvre
d'Esculape habite nos bois et nos champs , mais elle n'est
pas bien abondante.

COULEUVRE A DEUX RAIES ou HERMANNINE.

COLUBER HERMANNI. (VIÉILL.)

CARACTÈRES et COLORATION. — Le dessus de la tête
est garni de neuf grandes plaques ; les écailles du dos
sont oblongues, un peu carénées ; relevées par une
arète. J'ai compté deux cent huit plaques abdominales et cinquante-neuf paires de caudales.

Elle est d'une couleur brune ou châtain en dessus
et sur les côtés. Deux bandes noirâtres sur toute la
face supérieure du corps depuis le derrière de la
tête jusque sur la queue ; le dessous du corps est
d'un jaune d'ocre foncé sans taches. Cette livrée
est celle des *adultes.* La longueur totale de l'individu
qui sert à ma description est d'un mètre et 10 centimètres.

Dans le *premier âge*, le dessus du corps porte avec les deux raies des taches transverses qui s'effacent au fur et à mesure que l'animal vieillit.

Synonymie. — *Rinechis Agassirii*, Wagler. COULEUVRE HERMANNINE, (Vieil.) *Col. Hermanni*, Dugés.

Pas plus que toutes les autres espèces de couleuvres que nous rencontrons dans le Midi, la Couleuvre Hermannine ne présente aucun danger aux personnes qui la trouvent sous leur pas dans les champs. J'en ai possédé plusieurs vivantes qui s'étaient rendues très-familières en peu de temps de captivité. Cependant, l'espèce n'est pas fort commune ici ; elle habite les campagnes et les bois fourrés, parmi les pierres, souvent près de quelque courant d'eau. Un jour, j'en pris une vivante dans un ruisseau qui traverse le bois de Campagne, où elle s'était jetée à mon approche après avoir fait mine de se défendre ; l'ayant gardée quelques heures vivante, je la fis mourir en moins de 4 minutes, en lui mettant une prise de tabac dans la gueule. On peut faire périr tous les autres reptiles de cette façon.

COULEUVRE A QUATRE RAIES. — *C. QUADRILINEATUS*. (DAUD.)

Nom du pays : *Ser*.

CARACTÈRES et COLORATION.—La Couleuvre à quatre raies porte deux cent quatre-vingt-quatre plaques abdominales et soixante-treize paires de caudales. Le dessus de la tête est garni de neuf plaques ; les écailles du dos sont carénées, celles des flancs sont lisses.

Une couleur roussâtre plus ou moins foncée couvre le dessus du corps ; quatre raies brunes ou noirâtres s'étendent en long sur cette partie ; les deux extérieures arrivent jusqu'au dessus des yeux derrière lesquelles elles s'élargissent en forme de taches noi-res, pour aller se joindre ensuite au-dessus du mu-seau. Le dessous du corps est d'un brun luisant. Sa longueur totale peut atteindre 2 mètres.

Synonymie. — La Quatre Raies, Lacép. La Couleu-vre a Quatre Raies, Daud. La Quatre Raies, *Col. Elaphis*, Cuv.

C'est le comte de Lacépède qui le premier a fait con-naître cette belle espèce, qui lui fut envoyée de la Pro-vence; mais l'individu qu'il vit n'était pas encore par-venu à toutes ses dimensions, puisqu'il n'avait, selon cet auteur, que 1 mètre 25 centimètres. Cuvier dit qu'il est à croire que cette couleuvre était le Boa de Pline. Quoique du Midi, ce reptile n'est pas commun dans nos contrées, il habite les bois et les champs ; je ne sais rien de particu-lier sur sa manière de vivre, si ce n'est qu'il nage bien et fort longtemps, comme le font généralement toutes les couleuvres lorsqu'elles y sont contraintes, à l'exception de la Vipérine et de celle à Collier, qui vont à l'eau de leur propre volonté, la première surtout, qui s'y tient bien plus souvent qu'à terre.

J'ai vu la Couleuvre à deux Raies avec d'autres Cou-leuvres, pendant les désastreuses inondations du Rhône de 1840 et 1841, au mois d'octobre, à l'époque où les serpens ont perdu leur vigueur, braver les flots de ce fleuve, tra-verser de très-grands espaces en nageant, et conserver en-core assez de force pour s'accrocher aux branches des ar-bres ou se réfugier dans le moindre réduit qu'elles rencon-traient, d'où les eaux les forçaient souvent encore de sor-tir pour aller chercher de nouveau à travers les vagues quelque nouvel abri contre la mort qui les menaçait.

Voici une fort jolie espèce de Couleuvre inconnue jusqu'ici, du moins les auteurs n'en parlent pas ; elle a été trouvée tout récemment par M. le près de Montpellier, professeur Théobald, qui en fit hommage à son ami M. Westphal-Castelnau.

Je me permets de lui donner le nom de

COULEUVRE ÉLÉGANTE. — *C. ELEGANS*. (Nobis.)

La description qui suit appartient à M. Westphal.

« CARACTÈRES et COLORATION — La tête est couverte de neuf grandes plaques ; huit labiales de chaque côté de la mâchoire supérieure et neuf de chaque côté de l'inférieure, sans comprendre celle du milieu.

» J'ai compté deux cent trente-quatre plaques sous le ventre et soixante-douze doubles plaques sous la queue ; les écailles qui couvrent le dos et la queue sont lisses.

« La tête, de couleur brune verdâtre, présente une tache triangulaire, noire, derrière chaque œil ; cette tache, qui va jusqu'à l'angle de la bouche, s'étend un peu vers la mâchoire inférieure, et est suivie d'un beau jaune vif descendant sur le cou, en portant, de chaque côté des bords libres, des plaques pariétules. Des pointes de ces plaques, sur l'occiput, part une bande noire s'écartant en V renversé, et continuant ensuite en ligne droite de 7 à 8 millimètres de chaque côté du cou. Sur la mâchoire supérieure on aperçoit, en dessous de l'œil, une petite tache triangulaire, noire, qui correspond à une pe-

tite tache noire, en losange , sur la mâchoire inférieure.

« Quatre rangées de taches noirâtres entre lesquelles se trouvent d'autres rangées de taches plus effacées, et qui se lient avec les autres par de petits
traits, couvrent le dos et se confondent en lignes sur
la queue; les écailles qui se trouvent couvertes par
les taches présentent néanmoins une couleur noirâtre au milieu, tandis qu'elles sont lisérées de blanc
de chaque côté. Le dessous est d'une couleur grise
blanchâtre, sauf le cou qui est jaune avec quelques
petites taches noires. Sur les flancs, on trouve une
rangée de taches noires arrondies sur un fond blanc.

» Cette Couleuvre, ajoute M. Vestphal, est, sans contredit, la plus jolie de celles que l'on trouve dans nos contrées ; mais elle est extrêmement rare, car je n'en connais
qu'un seul individu, quoique j'aie exploré souvent la même
contrée où elle avait été prise. »

Remarque. La Couleuvre que Daudin a publiée sous le
nom de Couleuvre Provençale, *Col. Meridionalis*, nous
a paru ne devoir être regardée que comme une jeune Couleuvre Vipérine, *Col. Vipérinus*, bien que l'on aperçoive
une légère différence dans la forme des écailles qui recouvrent le dessus du dos. Daudin tenait cette Couleuvre de
M. Marcel de Serres qui la trouva dans le pays.

Cependant, il est à croire qu'il reste encore plusieurs
espèces d'Ophidiens à découvrir dans le Midi, soit autour des marais, soit sur nos montagnes ; mais si l'on parvient à trouver quelques nouvelles espèces, ce seront sans
doute de plus petites, car les plus grandes doivent être
toutes connues.

Je ne saurais terminer cet article, qui sera, dans cet

ouvrage, le dernier relativement aux Ophidiens, sans dire
encore un mot de leur taille, parce que chaque jour j'ai
de nouveaux préjugés à combattre; je répète donc ce que
j'ai déjà dit : Que je ne crois pas à l'existence de ces énormes serpens dont on veut gratifier notre pays; j'affirme que
l'on ne verra pas un serpent tué dans nos contrées qui ait
au-delà de 2 mètres 32 centimètres de longueur, sur 22
centimètres de circonférence ; je crois même qu'on aurait
beaucoup de peine à en rencontrer un pareil.

TROISIÈME TRIBU. — SERPENS VENIMEUX.

En tête de cette tribu sont placés les Crotales (*Crotalus*),
vulgairement *Serpens à Sonnettes*, parce qu'ils sont de
tous les reptiles dangereux ceux dont la puissance du poison est la plus redoutable; heureusement que toutes les
espèces dont la queue est terminée par cet appareil
bruyant sont réléguées en l'Amérique.

LES VIPÈRES. — *VIPERA*. (Daud.)

Caractères. — Elles portent, comme les Couleuvres, des doubles plaques sur toute la longueur inférieure de la queue ; le dessus de la tête, au moins
chez le plus grand nombre, est garni de très-petites
écailles serrées, souvent granulées, qui les distinguent des espèces innocentes ou sans venin, dont
cette partie, comme on le sait, est recouverte de
neuf grandes plaques.

Mais ce qui distingue le mieux les serpens venimeux, ce sont ces dents longues et aiguës placées de
chaque côté de la mâchoire supérieure, que l'on

nomme *canines* ou *crochets mobiles*, quoiqu'elles ne
le soient pas réellement. Ces dents sont percées d'un
petit canal qui donne passage au suc empoisonné qui
leur arrive d'une vésicule située sous l'œil; c'est une
liqueur jaunâtre qui, s'introduisant dans la plaie au
moment où l'animal blesse, occasionne, après d'a-
troces souffrances, la mort la plus horrible.

Comme tous les serpens venimeux, les vipères ont la tête
élargie près du cou, la langue très-extensible, le regard
menaçant, ce qui semble annoncer toute leur cruauté.
Elles sont ovo-vivipares, *dont on a fait le nom de vipère.*
C'est-à-dire qu'elles font des petits vivans, par suite de
l'éclosion des œufs avant que d'avoir été pondus.

Le naturel des vipères est timide, et, comme si la nature leur faisait un reproche de leur atrocité, elles se cachent ordinairement dans des lieux arides, près des cavernes et parmi les rochers où les hommes ne sont pas
exposés à aller habituellement; aussi, n'exercent-elles
guère leurs ravages que sur les animaux.

L'on connaît une trentaine de vipères qui se trouvent
répandues sur toute la surface du globe. L'Europe en
produit quelques petites espèces, dont la plus connue est
celle que nous trouvons seulement dans les parties les plus
hautes des départemens qui bordent la Méditerranée.

VIPÈRE COMMUNE. — *VIPERA BERUS.* (Daud.)

Nom du pays : *Vipèro.*

Caractères et coloration. — La tête s'amincit en
approchant du museau qui est arrondi au bout; les
bords des mâchoires sont garnis d'écailles plus grandes que celles du dos, tandis que celles qui recouvrent
le dessus de la tête sont les plus petites de toutes.

Elle est brune ou d'un brun cendré en dessus,
dans toute sa longueur ; sur le milieu du corps est une
double rangée de taches transverses, qui ressemble
à une sorte de chaîne irrégulière qui dans plusieurs
endroits se forme en zigzag, ou bien en taches transverses séparées en plusieurs endroits les unes des
autres ; une rangée de taches noires sur chaque flanc ;
le dessous du corps est couvert de plaques couleur
ardoise ou d'acier ; il en est de même des plaques de
dessous la queue. Sur la partie la plus large de la
tête sont deux grosses taches brunes, l'on voit une
pareille tache sur le milieu de la nuque ; les yeux
sont couverts d'une plaque ; les crochets ou dents canines sont blancs ; ils varient depuis un ou deux et
jusqu'à quatre, et l'animal peut les remplacer en cas
qu'ils viennent à se briser par quelque accident.

Quelquefois les taches du dos se réunissent en une
seule bande longitudinale dans toute la longueur de
l'individu. C'est ici le *Coluber Aspic*, de Linné ; c'est
cette variété qu'il y a peu de temps encore s'était
multipliée d'une manière effrayante dans la forêt de
Fontainebleau, et qu'on rencontre aussi dans le centre de la France.

La Vipère Berus ou Commune habite les pays élevés du
département du Gard et de l'Hérault ; on la rencontre
aussi près du Mont-Ventoux et dans tous les pays plus au
nord. Elle est répandue en France, mais c'est toujours
rarement qu'elle mord les hommes, car, timide et vivant
dans des lieux écartés, elle ne peut nous porter guère d'autres préjudices que celui de blesser nos chiens de chasse et

quelques animaux domestiques dont la mort suit ordinairement sa morsure. Le venin de la vipère n'a d'action que lorsqu il est inoculé dans la plaie ou lorsqu'il se mêle avec le sang, car l'on peut sucer la blessure qu'elle vient de faire sans craindre aucun danger. L'effet de son poison sur l'homme ne peut donner la mort* malgré les souffrances qu'il lui fait éprouver, et son activité est moindre s'il n'y a pas longtemps que l'animal l'a versé sur quelqu'autre victime ; ce suc est d'ailleurs la seule humeur malfaisante que renferme la vipère. Plusieurs animaux peuvent la manger sans en être incommodés.

La morsure de la vipère peut donner une mort prompte à un animal si la dent perce un gros vaisseau veineux, de manière que le poison soit porté vers le cœur avec rapidité et en abondance.

Lorsqu'on irrite une vipère, il faut qu'elle soit bien renfermée, car alors elle agite sa langue, que le vulgaire nomme son dard, elle fait briller ses yeux menaçans, et s'apprête à s'élancer sur ceux qui la regardent, et malheur alors à celui qui dans ce moment de colère se trouverait blessé par elle.

En hiver, ces animaux vivent plusieurs ensemble dans des lieux obscurs où ils se sont retirés à l'approche de cette saison ; on les trouve entrelacés, car ils ne se redoutent pas entre eux, puisque leur venin est sans effet de vipère à vipère.

* Il est bien reconnu que la Vipère ne peut donner la mort par une ou deux morsures, pourvu que la personne qui se trouve blessée ne se livre pas à de trop fortes impressions de frayeur. M. Fontana a fait plus de 6,000 expériences, et toutes lui ont démontré que le venin de la Vipère ne peut faire mourir que d'assez petits animaux. Mais il est prudent que les personnes exposées à rencontrer ce dangereux reptile aient avec elles de l'alcali-volatil pour verser sur la plaie en cas d'accident. La cautérisation est également un bon moyen pour arrêter les progrès du poison.

QUATRIÈME ORDRE DES REPTILES.

LES BATRACIENS * ANOURES.

Caractères. — Le corps ne porte ni carapace , ni
écailles ; il est nu , lisse , véruqueux ou parsemé de
tubercules ; sans queue ou avec une queue, et muni
de quatre ou de deux pieds digites , sans ongles , des
dents enchassées à la plupart. Dans le premier temps
de leur vie , ces animaux portent des branchies , ce
qui les rapproche alors des poissons. Lorsque l'époque de la métamorphose arrive , ils se changent
alors en reptiles ordinaires ; mais ils ne constituent
pas moins le vrai passage des reptiles aux poissons.

« Ils n'ont au cœur, dit Cuvier, qu'une seule oreillette et
un seul ventricule, qui représente le cœur droit des mammifères et des oiseaux, ils ont deux poumons égaux et
assez grands , et leur respiration s'effectue par des mouvemens de déglutition.» L'enveloppe de leurs œufs est seulement membraneuse ; le mâle aide sa femelle à s'en débarrasser par des embrassemens très-longs et très-forts. C'est ,
dit M. Duméril , presque toujours dans l'eau , pour la plupart des espèces, que s'opère l'acte de la propagation. Le
mâle est excité par la femelle qui souvent coasse sous le
liquide ou en ayant le corps immergé. Lui-même l'appelle en produisant des sons érotiques particuliers, et en
préludant à cette grande œuvre par des épithalames variés.
Les œufs s'enflent beaucoup dans l'eau; ils sont liés tantôt en forme de chapelets, ou bien agglomérés en masse

* De βάτραχος (grenouille).

informe. Roëser prétend que chaque femelle peut en pondre
plus de six cents. Spalanzani en a mesuré qui étaient pondus en forme de chapelets par une femelle du Crapaud
commun, et leur a trouvé 14 mètres 54 centimètres de
longueur. Le petit qui en sort, nous dit encore Cuvier, ne
diffère pas seulement de l'adulte par la présence des branchies ; ses pieds ne se développent que par degrés, et dans
plusieurs espèces il y a encore un bec et une queue qu'il
doit perdre, et des intestins d'une forme différente. Toutefois, il y a aussi des espèces vivipares.

FAMILLE DES RANIFORMES.

GENRE GRENOUILLES. — *RANA*. (Linn.)

CARACTÈRES. — La tête triangulaire, plate, le museau arrondi, la gueule très-large, la langue grande,
fourchue, en arrière, ne s'attachant point au fond
du gosier ; le corps humide, une peau ordinairement
lisse ; la forme est svelte ; quatre pattes, celles de
devant n'ont que quatre doigts, tandis que celles
de derière en ont cinq qui sont presque toujours
palmés.

Les mœurs des grenouilles sont fort intéressantes à étudier ; pendant le beau temps elles vivent soit dans l'eau,
soit sur le bord ; en hiver elles s'enfoncent dans la vase
et y restent cachées jusqu'au retour des beaux jours. Elles
plongent et nagent avec la même grâce et la même aisance.
A terre, au moyen de leurs longues pattes postérieures,
elles sautent et peuvent franchir de très-grands espaces
avec une agilité vraiment étonnante pour d'aussi petits
animaux. Le mâle embrasse fortement sa femelle, et reste

longtemps en cet état ; ses pouces ont un renflement spon-
gieux qui grossit à l'époque des amours , et qui l'aident à
mieux presser sa femelle ; les œufs ne sont fécondés qu'au
moment de la ponte.

Le frai ou la ponte a lieu dans des eaux peu profondes ;
les œufs sont innombrables , et , sous peu de jours , sans
le moindre soin de la part de la mère , chacun d'eux donne
vie à un petit têtard , qui dans l'espace de deux ou trois
mois accomplit sa métamorphose et prend bientôt la même
forme que ses parens ; c'est avant d'arriver à cet état
parfait que l'on voit nager des têtards qui ont un commencement de pattes postérieures ; celles de devant apparaissent sous la peau qu'elles percent ensuite. La queue
est résorbée par degrés. Le bec tombe et laisse voir les
véritables mâchoires. Enfin , les branchies s'anéantissent
et laissent les poumons exercer seuls la fonction de respirer qu'elles partageaient avec eux. Le têtard ne se nourrit
que d'herbes aquatiques , et l'animal adulte vit d'insectes
et autres matières animales. Une particularité bien digne
de remarque , c'est que les membres des têtards se reproduisent presque comme ceux des Salamandres , après avoir
été coupés.

DES PLUIES DE CRAPAUDS ET DE GRENOUILLES.

Beaucoup de personnes assurent avoir vu , à la suite
d'un orage , par un temps chaud , le sol couvert de petits
crapauds ou de petites grenouilles , et même les avoir vus
tomber du ciel avec la pluie. Ces faits ont été l'objet de plusieurs rapports présentés à l'Institut par des savans qui en
constatèrent la réalité d'une manière presque irrécusable,
soit qu'ils eussent eux-mêmes vu ce qu'ils avançaient , soit
qu'ils en donnassent connaissance d'après les rapports que
des personnes dignes de foi leur avaient communiqués.

D'autres ont prétendu que cela ne pouvait être ainsi ; que les petits batraciens que l'on voyait quelquefois jonchant la terre pendant ou après un orage, n'étaient que des individus cachés sous terre et que l'eau, s'infiltrant dans les trous de ces petits animaux, les favorisaient pour apparaître au grand jour.

Ces derniers faits sont vrais, j'ai eu maintes fois l'occasion de m'en convaincre pendant les explorations que j'ai faites dans les diverses parties de nos contrées ; j'ai pu aussi vérifier cela à deux pas de ma demeure, presque chaque fois que par les chaleurs d'été il survient un orage. Mais un fait n'empêche pas l'autre ; les pluies de crapauds et de grenouilles ont lieu quelquefois, car on a vu tomber de ces jeunes reptiles au sein des villes en même temps que les gouttes de pluies. Je me rappelle ce qui se passa à Nimes dans une après-midi, pendant les chaleurs d'été : C'était en 1810 ou 1811 ; ce jour-là, il survint un orage accompagné d'éclairs et de coups de tonnerre, mais, après que le temps fut devenu beau, l'on fut bien étonné en descendant dans la rue, d'y rencontrer des milliers de chrysalides d'espèces différentes, mêlées à de petites grenouilles ou à de petits crapauds, et l'on ne pourra pas dire que les premières se soient transformées ainsi, dans l'espace d'une heure que dura la pluie. Moi-même je m'amusai, avec d'autres enfans de mon âge, à en ramasser des poignées, et tout le monde aussi en ramassait comme objet de curiosité ; ce souvenir n'est pas effacé de la mémoire d'un grand nombre d'habitans de notre ville ; d'où venaient donc ces divers animaux, si ce n'est qu'ils étaient tombés avec la pluie ? ainsi, l'on pourrait bien croire, avec plusieurs membres de l'Institut, que ces animaux peuvent être enlevés par un tourbillon de vent à la surface du sol, peut-être avec une portion de l'eau des marais. M. Arago a fait remarquer à cette occasion, qu'en effet, l'eau peut être transportée à

l'état liquide par le vent à de très-grandes distances, et
ce savant a appris de M. Dalton qu'on avait recueilli en
Angleterre, dans un pluviomètre situé à sept lieues de la
côte, de la véritable eau de mer qui y avait été transportée par le vent *.

L'on connaît une vingtaine d'espèces de Grenouilles
proprement dites. L'Europe n'en a encore fourni que deux
espèces que nous trouvons chez nous.

GRENOUILLE VERTE. — *RANA VIRIDIS*. (ROESEL.)

Nom du pays : *Granouyo.*

CARACTÈRES ET COLORATION. — Le corps est alongé, marqué de plis saillans longitudinaux ; un renflement glanduleux de chaque côté du dos ; celui-ci
est souvent semé de petites pustules ; quatre doigts
libres aux pieds de devant, et cinq qui sont à demi-
palmés postérieurement.

Elle peut mesurer, d'une extrémité à l'autre, deux
décimètres ou un peu plus.

VARIÉTÉ A. — Les parties supérieures du corps,
d'un vert d'herbe marqué de taches posées irrégulièrement noirâtres et brunes, avec trois bandes longitudinales d'un beau jaune ; dessous du corps blanchâtre ou blanc ; deux bandes ou raies noires sur le
bout du museau. Sur le devant du bras on voit une
bande noire. Plusieurs individus portent, comme
chez la grenouille rousse, une grande tache noire
sur le tympan. L'iris des yeux est d'un beau jaune.

* L'on peut consulter l'excellent ouvrage de MM. Duméril et Bibron,
tom. 8ᵉ, pour des faits intéressans sur les pluies de grenouilles, et les
raisons que l'on oppose pour combattre cette opinion.

V. B. — Celle-ci ne diffère presque pas de la précédente, mais elle manque de raies sur la face supérieure du corps.

V. C. — Cette variété est ordinairement plus petite que la variété A. Mais le fond de la couleur est bruné, souvent d'un brun presque noirâtre ; elle habite surtout dans les marais.

V. D. — D'une couleur marron en dessus et comme glacé de rougeâtre dans quelques parties du corps, les taches qui la recouvrent sont d'un brun peu apparent ; la couleur de dessus est d'un blanc sale. Cette variété est particulière aux contrées du midi de l'Europe.

V. E. — D'une couleur cendrée bleuâtre en dessus, avec des taches brunes plus grosses et plus rapprochées ; avec les trois bandes peu apparentes.

Synonymie. — La Grenouille Commune, Lacép. La Grenouille Verte, Daud., Cuv. *Rana Sculenta*, Ch. Bonap. La Grenouille Verte, Duméril.

Selon MM. Duméril et Bibron, cette Grenouille a pour patrie l'Europe, l'Asie et l'Afrique. Elle est extrêmement abondante dans notre pays ; elle vit dans les eaux courantes, dans les fossés herbus dont le fond est couvert de vase, ainsi que dans les eaux dormantes ; mais elle ne peut être plus commune nulle part qu'au bord des marécages ; là, en été, il est impossible de faire un pas sans les voir plonger par centaines. L'on sait que les cuisses des Grenouilles sont un mets délicat, aussi, emploie-t-on toutes sortes de moyens pour prendre ce batracien, et tous réussissent. La chasse qu'on leur fait la nuit avec des flambeaux est des plus amusantes ; les individus qu'on découvre, posés sur les bords des fossés, se gonflent à la vue de cette clarté et se laissent saisir sans résistance. Au printemps, le mâle commence à coasser, on connaît ce cri fatiguant par sa monotonie, surtout durant la nuit. Les têtards de cette *Grenouille*, ainsi que ceux des *Rainettes* et des *Crapauds* sont connus dans notre pays sous la triste dénomination de *Testo-d'Asë* (*Tête-d'Ane*). Beaucoup de personnes ont de la peine à se persuader que c'est de la métamorphose que subissent les têtards que proviennent les *Reptiles Batraciens*.

GRENOUILLE ROUSSE. — *RANA TEMPORIA.* (Linn.)

Nom du pays : *Granouyo.*

Caractères et coloration. — La tête un peu plus large que longue ; le museau plus plat en dessus, moins arrondi au bout que chez l'espèce précédente ; les yeux saillans et d'un jaune d'or ; le corps, qui est alongé, présente un pli longitudinal de chaque côté du dos ; celui-ci est relevé et un peu bossu. A l'époque des amours, le pouce du mâle se couvre d'aspérités qui lui donnent l'aspect d'une petite brosse. Le dessus du corps est lisse.

Variété A. — C'est la plus ordinaire ; elle est rousse ou bleuâtre, quelquefois tirant au verdâtre, comme sali en dessus. La région latérale de la tête ou la portion tympanique, recouverte d'une tache noire ou noirâtre qui lui a valu le nom latin de *temporia*. Une raie noire va du bout du museau, en passant sur la narine, jusqu'au bord intérieur de l'œil. Un trait également noir sur le devant du bras ; les pattes postérieures le plus souvent coupées en travers par une couleur foncée, disposée en bandes transverses. Le dessous du corps est blanc jaunâtre , avec ou sans taches brunes ou cendrées.

V. B. — Rousse , sans taches en dessus ; jaunâtre, parsemée de petites taches roussâtres en dessous. (Roësel). L'on rencontre des individus qui sont verts ou verdâtres , tachés ou non par du noirâtre ; d'autres sont gris ou bruns, et de plusieurs autres teintes qui vont jusqu'au rose.

La Grenouille Rousse habite dans toute l'Europe , depuis les points les plus méridionaux jusqu'au cap Nord. Cette espèce a l'habitude de s'éloigner des eaux dès qu'elle a accompli l'œuvre de la reproduction. C'est pour cela qu'on la rencontre souvent dans des lieux frais et ombragés , et même dans les vignes , où plusieurs individus passent la saison d'hiver , retirés dans des trous ou cachés dans le détritus des feuilles tombées. Au retour des beaux jours , cette espèce s'empresse de regagner les eaux. Elle se nourrit de vers , de chenilles et de petits mollusques ; comme la Grenouille Verte , on peut la prendre à l'hameçon, en y plaçant une feuille de coquelicot au bout , et le retenant au-dessus de l'eau. On l'a quelquefois nommée Muette , parce que son coassement est bien moins fort que celui de sa congénère , la Grenouille Verte ; elle peut se reproduire sous l'eau. Cette Grenouille est commune dans le pays.

GENRE PÉLODYTE. — *PELODYTES.* (Fitz.)

CARACTÈRES. — Les Pelodytes se rapprochent des Grenouilles et surtout des Rainettes dont ils ont les

* Palus , marais.

formes élancées. Les mâles portent un sac vocal qui communique avec la bouche ; la tête est déprimée , triangulaire ; le bout du museau arrondi et un peu proéminant ; les flancs sont séparés du ventre par un repli de la peau.

Ce genre, qui a été créé , dans la *Faune Italienne* , par le prince Ch. Bonaparte, n'est formé que de la seule espèce suivante, qui n'a encore été trouvée qu'en France.

PÉLODYTE PONCTUÉ. — *PELODYTES PUNCTATUS*. (Fitz.)

Noms du pays : *Grapâou* , *Reynéto*.

MM. Dumeril et Bibron ont fait la remarque qu'à l'époque de l'accouplement , les individus mâles portent une petite plaque ayant l'apparence d'une râpe de chaque côté de la poitrine, une seconde sous le bras , une troisième sous l'avant-bras ; enfin , une sur les premier et second doigts. Ces plaques rugueuses sont destinées à maintenir les mâles lorsqu'ils se cramponnent sur les femelles , au temps de la ponte.

COLORATION. — Fond de la couleur d'un cendré qui tire au verdâtre chez quelques individus ; quelquefois , aussi , ce fond est fauve ; de petites taches, qui sont d'un vert tendre, sont répandues en grand nombre sur toutes les parties supérieures ; elles sont un peu plus grandes sur les membres. *Ces taches vertes deviennent noires après la mort.* Le dessous est partout d'un blanc un peu jaune, souvent avec une teinte couleur de chair.

Synonymie. — *Rana Punctata* , Daud. *Rana Plicata* ,

Cuv. *Obstetricans Punotatus*, Dugès. PELODYTE PONCTUÉ, Duméril.

Cette espèce n'est pas bien rare ici , nous la trouvons en été, dans les lieux pierreux de nos garrigues, dans les vignes et sous les pierres des chemins vicinaux. On la prend pour un Crapaud et on ne la mange pas. Je crois avoir rencontré ses œufs au-dessus d'une marre d'eau ; ils étaient en long chapelet , et de couleur brune. Au premier printemps, ce Batracien va à l'eau ; mais , vers le commencement de l'été, il se retire dans les lieux que nous avons désignés plus haut ; comme les Rainettes , il a la faculté de s'attacher à des corps polis , et d'y marcher , quoique posé verticalement.

GENRE ÁLYTES. — *ALYTES.* (WAGLER.)

CARACTÈRES.—Tête déprimée , obtuse , plane derrière ; les yeux saillans ; tympans externes apparens ; quatre doigts libres ; les orteils ou doigts postérieurs en partie palmés par une membrane épaisse. Point de sac vocal sous la gorge.

Ce genre a été établi par Wagler , pour recevoir un petit Batracien qui habite toute la France ; plusieurs de ses caractères , et notamment sa peau verruqueuse , l'avaient fait réunir autrefois avec les Crapauds.

ALYTES ACCOUCHEUR. — *ALYTES OBSTETRICANS.* (WAGLER.)

Nom du pays : *Grapdou deï pichos.*

CARACTÈRES ET COLORATION. — Dessus du corps parsemé de petites rugosités , de même que la

face inférieure des membres ; yeux proéminans ; le
bout du museau convexe ; longueur totale de 10 à
12 centimètres. L'iris des yeux est doré ; la couleur
supérieure est d'un cendré verdâtre comme sali, ou
d'un brun olivâtre, marqué de petites taches brunes
parmi lesquelles l'on en voit de roussâtres et de couleur de brique sur les côtés du corps. Le dessous de la
gorge est finement marqueté de noirâtre ; cela existe
encore vers l'extrémité de l'abdomen, dans les aines
et sous les tarses. Le fond de toutes ces parties est
blanc ou blanchâtre. L'iris des yeux est doré-

Synonymie. — *Bufo Obstetricans*, Daud. Crapaud accoucheur, Cuv. *Alytes Obstetricans*, Ch. Bonap. Alytes
Accoucheur, Dum. et Bibr.

L'on a écrit longuement l'histoire intéressante de ce
petit animal dont la voix ressemble au son d'une petite
clochette de verre et que l'on aime à écouter pendant le
calme d'une nuit de primptemps, époque de ses amours.
La femelle pond une soixantaine d'œufs très-petits et arrondis ; le mâle aide la femelle à s'en débarrasser, et,
comme ils sont en forme de chapelet, fort longs, liés entr'eux par une matière tenace, le mâle les fait tourner ou
les arrange autour de ses cuisses, en forme d'un 8 de chif-
fres. Chargé du fruit de son union, il se retire dans quelque trou profond où il les surveille, pendant le jour, jusqu'à l'époque où ils doivent éclore ; il les transporte alors
dans une eau favorable pour que les têtards qui doivent
bientôt naître se trouvent dans le seul élément qui est nécessaire à leur existence. A peine éclos, ces petits têtards
nagent et se nourrissent de matières animales.

L'Alytes Accoucheur n'est pas rare dans nos contrées ;

on le rencontre dans des endroits pierreux, le long des murs et sous les ponts des chemins.

GENRE PELOBATE. — *PELOBATES*. (Wagler.)

CARACTÈRES. — Forme du corps trapue, ramassée ; les membres courts ; la tète large, rugueuse en dessus ; elle semble formée d'un bouclier osseux, comme chez les Lézards ; les yeux sont écartés et la pupille est en fente verticale ; une rangée de dents transversales qui est interrompue dans le milieu ; un ergot large et tranchant au talon des pattes de derrière dont les doigts sont réunis par une forte membrane.

C'est à Wagler, qu'on doit l'établissement de ce genre, dont le type, dit M. Duméril, est une espèce qu'on avait jusque-là, rangée avec les Crapauds, sous le nom de *Buffo Fuscus*, Batracien d'Europe. Celle-ci se rencontre en Allemagne et en France ; mais l'espèce suivante est propre au Midi.

PÉLOBATÉS CULTRIPÈDE. — *PELOBATUS CULTRIPES*. (Tsch.)

Nom du pays : *Grapáou* ou *Crapáou*.

COLORATION. — Le fond de la couleur est brun ou olivâtre ; de grandes marbrures d'une couleur plus foncée recouvrent toute la face supérieure du corps, et sont plus grandes sur le milieu de cette partie que sur les côtés, car ici elles se transforment en petites mouchetures. Les membres postérieurs sont couverts par des taches et de petites marbrures noi-

râtres. Les antérieurs sont marqués de petits points
presque arrondis, d'un brun noirâtre ; le dessus de
la tête qui est chagriné est légèrement marqué de petits traits bruns ; le plus souvent on voit deux ou
trois taches noires sur l'œil, entourées d'un cercle
jaune. Le bout du museau est brun ; cette couleur
remonte jusqu'au coin de l'œil ; le dessous du corps
est blanc, vermiculé de brun sur la poitrine, les
flancs et le bas-ventre. L'iris des yeux est, selon l'aspect du jour, jaune doré ou d'un jaune verdâtre ; l'é-
peron est noir, et le bout des doigts est couleur de
café grillé. Longueur du bout du museau à l'extrémité du doigt postérieur, 17 centimètres.

Cette description a été faite d'après plusieurs individus
que j'avais pris vivans.

Synonymie. — *Rana Cultripes*, Cuvier. *Bombinator
Fuscus*, Dugès. Le PÉLOBATES CULTRIPÈDE, Duméril et
Bibron.

Ce Batracien, dont peu d'herpétologistes ont encore parlé,
se trouve seulement en Espagne et dans le midi de la France ; du moins, jusqu'à présent, il n'a été rencontré que
dans ces pays. Il ne paraît pas être commun chez nous,
je ne l'ai trouvé que deux fois dans des marres d'eau ; c'est
un Batracien qui nage mal et sans grâce, il est très-lent
dans tous ses mouvemens, mais il plonge bien, c'est-à-dire
qu'il reste longtemps sous l'eau ; mon frère et moi, nous
en prîmes une dixaine qui étaient au fond d'un réservoir,
dans la propriété de M. Molines, près de St-Gilles. Nous
les amenâmes au moyen de hameçons que nous amorçions
avec des feuilles de coquelicots. Ces Pélobates répandent
une forte odeur d'ail ou de phosphore qui est repoussante ;

mais leur peau est moins visqueuse que celle des *Crapauds*;
leur corps est très-mou au toucher ; je fis la remarque
qu'en les touchant ils retiraient leurs grands yeux en dedans des orbites, à la profondeur de 2 millimètres environ.

GENRE SONNEUR. — *BOMBINATOR*[*]. (WAGL.)

CARACTÈRES. — Le tympan est caché sous la peau;
point d'épéron sur l'os cunéiforme, seulement une
saillie tuberculeuse, non tranchante; pas de vessie
vocale ; doigts postérieurs réunis par une membrane.

L'on ne mentionne qu'une petite espèce qui se trouve
dans toute l'Europe tempérée. Lacépède , d'après Lin-
nœus, l'avait décrite parmi les Grenouilles et parmi les
Crapauds.

SONNEUR A VENTRE COULEUR DE FEU.
BOMBINATOR IGNUS. (DUMÉRIL.)
Nom du pays : *Grapâou deï pichos.*

CARACTÈRES et COLORATION. — Petit, long de trois
centimètres environ ; le corps oblong, un peu trapu,
mais moins que les crapauds ; le museau déprimé,
arrondi ; les yeux un peu saillans; le dessus du corps
couvert de petites verrues d'inégales grosseurs; il
manque de parotides au-dessus des épaules; les quatre doigts antérieurs séparés; les orteils, au nombre
de cinq, palmés.

[*] Ce nom n'est pas latin, dit M. Duméril; il paraît dériver du mot
bombus (son d'une trompe).

La couleur supérieure est d'un brun tirant sur l'o-
livâtre plus ou moins foncé; de très-petites taches
noires sont répandues sur le bord de la lèvre supérieure, ainsi que le long des doigts de toutes les pattes ; d'une couleur orangée ou aurore sur toute la face
inférieure du corps, qui est parsemée de petites marbrures ou tachées de bleu foncé tirant au noirâtre.

Synonymie — LA SONNANTE , Lacép. *Bufo Bombinus* ,
Daud. CRAPAUD A VENTRE JAUNE , Cuv. *Bombinator Ignus*,
Ch. Bonap.

Voici ce que disent de ce Batricien , MM. Duméril et
Bibron :

« Il est aquatique, fréquente de préférence les fossés et
les étangs saumâtres ; il fraie en juin. Ses mouvemens ,
dans l'eau et sur la terre , sont aussi vifs que ceux de la
Grenouille Verte ; il ne se tient guère à terre que le soir et
le matin , mais toujours près de l'eau où il se précipite au
moindre danger ; lorsqu'on le touche et qu'on l'excite, il
prend une pose des plus bizarres , relevant ses pattes sur
son dos et les rapprochant de sa tête qu'il jette en arrière ,
et demeure ainsi dix minutes, autant que dure la crainte. »
Il fraie en juin ; quand le mâle recherche la femelle ,
celle-ci s'enfonce dans l'eau en alongeant les pattes postérieures , pour mieux faciliter son approche ; huit jours
après l'accouplement , la ponte commence ; une dizaine
de jours après , les petits têtards sortent de l'œuf, et nagent. La voix que le Sonneur fait entendre durant la nuit
ressemble à un ricanement ; quelques auteurs l'ont com-
parée au son d'une petite clochette.

Nous rencontrons chez nous ce Batracien, dans les fossés de notre plaine, et dans les parties basses de notre département ; il habite également tout le midi de la France.

GENRE **RAINETTE** OU **RAINE**.— *HYLA* *. (LAUR.)

CARACTÈRES. — Le corps lisse, comme poli et de forme svelte ; le plus souvent un sac vocal sous la gorge ou de chaque côté du cou, chez les mâles ; la langue courte, épaisse ; quatre pattes ; deux doigts à celles de devant, cinq à celles de derrière, sans ongles, arrondis et élargis à leur extrémité en forme de pelote visqueuse qui leur permet de se fixer aux corps les plus glissans et de grimper aux arbres.

Les Rainettes sont répandues sur toute la terre ; l'on en connaît trente-quatre espèces dans ce genre, dont plus de la moitié viennent d'être décrites, pour la première fois, dans l'Herpétologie de MM. Duméril et Bibron. Plusieurs Rainettes exotiques sont ornées de vives couleurs. L'Europe n'a produit encore que la suivante :

RAINETTE VERTE. — *HYLA VIRIDIS*. (LAURENTI.)

Nom du pays : *Reynetto*.

COLORATION. VARIÉTÉ A.—D'un beau vert pomme ou d'un vert tendre sur toutes les parties supérieures ; une ligne d'un jaune pâle partant des yeux se prolonge en festonnant jusque sur les membres postérieurs ; cette ligne est bordée en dessous par une teinte noire qui entoure les yeux et se fond sous les flancs ; le dessous est blanc ; les yeux sont couleur

---

* Ce nom est tiré de la mythologie. Virgile s'en sert dans ses *Eglogues*, pour désigner le fils de Théodonas, qui fut enlevé par les nymphes d'une fontaine, après avoir été tué par Hercule.

d'or ; le bout des doigts et des orteils est d'une teinte rosée.

V. B. — Du même vert, en dessus, que la précédente; mais pointillé de noirâtre sur le dos et l'abdomen.

V. C. — D'un vert fortement teint de jaune sur toutes les parties supérieures , avec des marbrures brunes.

V. D. — Couleur de feuille morte en dessus.

V. E. — D'un vert bronze , sur toute la face supérieure.

V. F. — D'une couleur de bronze ou d'ardoise sur le corps , ou bien en partie seulement de cette couleur ; le reste brun.

Synonymie. — RAINE VERTE OU COMMUNE , Lacép. *Hyla-viridis* , Daud. RAINETTE COMMUNE , Cuv. La RAINETTE VERTE , Dum. et Bibr.

Les Rainettes sont les plus élégans de tous nos Batraciens; leur forme svelte , leurs mouvemens légers et gracieux , leur ont attiré l'attention de tout le monde ; l'on se plaît à voir ces petits animaux posés sur les bords d'un bassin ou bien sur une feuille dont ils ont la couleur ; ils sont si peu méfians, qu'ils se laissent prendre avec la main. Aucun des Anoures ne peut , comme celui-ci , nager , sauter et grimper sur les arbres. Souvent c'est de là que les mâles font entendre leur coassement ; mais ce n'est qu'après l'époque de la reproduction qu'on les y voit , autrement ils se tiennent dans l'eau pour accomplir leurs désirs amoureux , et reproduire leur espèce.

J'ai fait la remarque suivante : J'avais pris plusieurs Rainettes vertes que je mis dans un bassin , pour les étudier; mais , le lendemain , ayant voulu les revoir , je fus très-étonné de les trouver de la couleur des murs du bassin;

c'est-à-dire presque noires ; les ayant mises ensuite dans un bocal de verre blanc, que je plaçai au milieu des herbes de mon jardin , vingt-quatre heures après elles avaient repris leurs couleurs primitives. Ne pourrait-on pas tirer quelques conclusions de ce fait ? On nourrit souvent de Rainettes dans un bocal plein d'eau jusqu'aux deux tiers pour servir de baromètre.

Cette espèce habite toute l'Europe , excepté l'Angleterre. Tout le monde connaît la voix que les Rainettes font entendre , surtout le soir , durant les beaux jours d'été; elles se taisent au moindre bruit qu'on fait en les approchant ; mais , dès qu'une recommence à coasser , toutes les autres y répondent à l'instant, et il devient alors presque impossible de les faire taire. A l'approche de l'hiver , comme les autres Batraciens , elles s'enterrent dans la vase , plusieurs ensemble , et y restent sans manger jusqu'au printemps.

FAMILLE DES BUFONIFORMES.

GENRE CRAPAUD. — *BUFO.* (LAURENTI.)

CARACTÈRES. — Le corps gros , ventru , court , garni de pustules ou verrues qui suintent , lorsque l'animal est menacé, une liqueur laiteuse qui répand une odeur repoussante, que bien des personnes regardent comme un venin malfaisant ; un gros bourelet percé de porres derrière l'oreille ; bouche très-fendue, manquant de dents; la langue courte, épaisse; pattes postérieures peu alongées en raison du corps; quatre doigts libres aux antérieures , cinq aux postérieures , qui sont plus ou moins palmés , étagés.

Les Crapauds portent avec eux la haine universelle ; ils
sont un objet de dégoût dans tous les pays ; on les accuse
d'être un instrument de mort , et leur présence est quelquefois regardée comme de mauvais augure ; il sautent
mal , et sont paresseux. Rarement on les voit le jour , mais
ils sortent la nuit.

Ce sont des Batraciens paisibles et tout-à-fait incapables
de nuire; ils n'ont point de dents, ne recèlent aucun venin,
et la seule ressource qui leur reste pour toute défense, c'est
de répandre cette liqueur âcre contenue dans les pustules,
ainsi que leur urine qui est infecte , ou bien , de se gonfler
d'air pour amortir, en partie, les mauvais traitemens qu'ils
reçoivent. La nourriture des Crapauds ne se compose que
de petits insectes , surtout de mouches et de libelulles.
L'on en connaît à peu près dix-huit espèces répandues sur
toute la surface du globe. Nous trouvons en France les
deux suivantes :

CRAPAUD COMMUN. — *BUFO VULGARIS.* (Laurenti.)

Nom du pays : *Crapâou* ou *Grapâou.*

Caractères et coloration.—Le corps est ramassé et
presque rond ; le ventre gonflé ; tête grosse ; museau
obtus et arrondi ; une excroissance qui est percée de
plusieurs pores de chaque côté de la tête. Les genci-
ves sont raboteuses ; les yeux grands , couleur de
feu ; les pattes de derrière ont cinq doigts palmés
jusqu'au milieu de la queue , celles de devant n'en
ont que quatre séparées , libres. Le fond de la couleur est d'un cendré livide , ou gris brun , olivâtre ,
ou bien noirâtrre. Mais , ce qui caractérise cette espèce c'est une bande plus ou moins foncée le long du

bord externe des ses paréotides. Le corps est hérissé
de pustules plus grandes sur le dos et sur les fesses
que partout ailleurs ; le ventre est également verru-
queux. J'ai trouvé, à plusieurs reprises, des individus qui étaient d'une seule couleur de brique plus foncée sur le dos et sur la tête. D'autres, c'étaient des
jeunes, avaient une couleur de chair tendre.

Synonymie. — LE CRAPAUD COMMUN, Lacép. Le *Bufo
Cinereus* et le *Bufo Ræselii*, Daud. Le CRAPAUD COMMUN,
Cuv. *Bufo Vulgaris*, Dum. et Bib.

L'accouplement du Crapaud Commun a lieu en mars et
en avril ; il s'opère sous l'eau ; mais, s'il a lieu sur terre,
la femelle se dirige vers l'eau en portant sur son dos le
mâle qui la tient étroitement embrassée.

J'en surpris deux dans cet état, dans les allées de notre
Fontaine ; je les pris pour les emporter chez moi, afin de
les étudier. Les ayant placés sur une table, le mâle tenait
toujours la femelle étroitement embrassée, et ne la lâcha
point, malgré toutes les contrariétés que je lui fis ; m'é-
tant amusé à passer les doigts sur la tête du mâle comme
pour le gratter, je m'aperçus bientôt qu'il semblait y prendre plaisir ; après avoir continué encore quelque temps,
je le vis baisser son museau au-dessus de celui de la femelle, il ferma les yeux, et parut s'endormir. Je le laissai
tranquille, et il ne rouvrit les yeux qu'une demi-heure
après. Je recommençai encore de le contrarier ; il fesait
alors de grands mouvemens avec les pattes postérieures, il
lançait son humeur laiteuse qui infectait, mais il ne lâcha
point sa femelle ; je les mis ensuite dans un bassin sans
eau ; le lendemain au matin, je le vis encore dans la même
position.

Ce Batracien est très-commun partout en été ; on en trouve

beaucoup le soir et de grand matin, sur les chemins, et lorsque le soleil se fait sentir, ils se retirent dans des lieux obscurs.

Cette espèce se plaît aussi le long des rivières, dans lesquelles il se jette lorsqu'on veut le saisir. On pense généralement qu'il est dangereux de le toucher, à cause de son prétendu venin, et une idée superstitieuse, qui règne encore chez notre population, fait qu'on le recherche quelquefois pour être transporté sous le lit d'un malade, dans l'idée qu'il doit attirer à lui tout le miasme de l'appartement, et peut-être aussi la fièvre du malade. Il est inutile d'ajouter que tout cela est absurde. Ce Crapaud est répandu dans toute l'Europe.

CRAPAUD VERT. — *BUFO VIRIDIS.* (Laurenti.)

Nom du pays : *Grapdou.*

Caractères et coloration. — D'une taille moindre que le Crapaud Commun ; une forte glande de forme ovale sur la face supérieure des jambes ; il y a un sac vocal sous-gulaire interne, chez le mâle, à ce qu'assure M. Duméril. La peau est tantôt lisse, tantôt verruqueuse. La couleur de cette espèce est très-sujette à varier ; elle est brun grisâtre, blanchâtre, fauve, olivâtre, rouge de brique et d'un vert qui varie selon les individus ; ces différentes teintes apparaissent surtout sur la face supérieure de l'animal ; la peau est quelquefois couverte de verrues qui sont très-grosses, le long de la ligne médiane du dos. Ces verrues sont de la couleur des taches ; celles des intervalles sont rouges, et celles qui sont en partie sur les taches vertes et en partie sur les intervalles, tiennent de la couleur verte et de la couleur rouge.

V. C. — Une ligne d'un jaune couleur de soufre partage le dessus du corps, depuis le haut de la tête jusqu'à l'anus; de grosses verrues en dessus; de grandes taches vertes sur un fond jaune, couvrent toutes les parties supérieures, et représentent différens dessins ; elles ressemblent assez aux taches de la panthère, surtout sur les membres; chaque postule a, sur l'extrémité, comme un point jaune; l'on voit aussi une ligne couleur de soufre de chaque côté du corps, depuis l'œil jusqu'à l'origine des cuisses ; quelques gouttelettes rouges sont parfois mêlées aux bigarrures du dos ; les pattes de devant ont quatre doigts, celles de derrière cinq; ceux-ci sont peu palmés ; le dessous du corps est jaune, avec de nombreuses petites taches brunes, excepté sur la gorge ; l'iris des yeux est d'un vert jaune vermiculé de noir.

Synonymie. — *Bufo Calamita* et *Bufo Viridis*, Daud. Le CRAPAUD DES JONCS et le CRAPAUD VARIABLE, Cuv. *Bufo Calamita* et *Bufo Viridis*, Ch. Bonap. Le CRAPAUD VERT, Dum. et Bibron.

Tous ces différens noms, donnés par les mêmes naturalistes, proviennent de ce que l'on avait fait de cette espèce deux espèces séparées, ainsi que l'ont reconnu, d'une manière irrécusable, les deux savans herpétologistes dont les ouvrages me servent de guide dans cette partie difficile de mon travail, MM. Duméril et Bibron.

Ce Batracien aime à se retirer dans les joncs et les roseaux, à l'époque où les deux sexes se recherchent pour s'accoupler ; autrement, on le rencontre à terre ; je l'ai plusieurs fois trouvé au milieu des champs, sur la lisière des bois et dans nos garrigues. Il est plus agile que le Crapaud Commun, et l'on prétend qu'il grimpe au tronc

des arbres ; lorsqu'on le touche , il lance une forte odeur
de poudre à canon. Un auteur distingué , Roësel , prétend
qu'il est venimeux ; mais rien n'est encore venu à l'appui
de cette assertion. Cuvier dit que sa peau change de nuances , soit qu'il veille , soit qu'il dorme.

Je fus , sans le vouloir , témoin du fait que voici : Le
long d'un fossé de notre plaine , et voisin du Vistre, j'en-
tendis des cris aigus qui me parurent appartenir à quelque
Batracien ; dans ce moment j'avais mon fusil, et j'étais ap-
puyé contre un saule , cherchant à surprendre un oiseau
que j'avais vu s'y poser ; ayant porté les yeux du côté où les
cris continuaient toujours, je vis un Crapaud Vert qui fé-
sait des efforts pour marcher , mais il restait toujours à la
même place ; après avoir mieux examiné , j'aperçus une
couleuvre, celle à *collier* , d'une moyenne grosseur , qui
fixait le Crapaud , en tenant la gueule ouverte , tout en remuant la tête de droite et de gauche ; j'attendis un moment encore , et je vis seulement que lorsque le Crapaud
faisait mine de s'en aller , le serpent lui présentait sa
gueule en face, et que le Crapaud criait plus fort ; étant
pressé de rejoindre la personne qui chassait avec moi , je
lâchai un coup de fusil qui tua les deux reptiles. Je me
suis toujours repenti, depuis, de n'avoir pas attendu la fin
de cette scène.

Le Crapaud Vert habite l'Europe , l'Asie et le nord de
l'Afrique.

FAMILLE DES EURODÈLES.

GENRE SALAMANDRE.—*SALAMANDRA.* (BRONG)

CARACTÈRES. — Le corps nu , luisant , de forme
alongée ; quatre pattes manquant d'ongles ; une

queue longue , le plus souvent aplatie sur les côtés.
Elles ont l'aspect des *lézards* , avec lesquels on les
avait rangées; mais, par leur tête aplatie en dessus et
par tous les caractères, elles se rapprochent des grenouilles, et font le passage de celles-ci aux *poissons*.
Les organes propres à l'accouplement par introduc-
tion manquent totalement.

Les auteurs anciens se sont occupés de Salamandres et
en ont fait des animaux exceptionnels ; ils ont prétendu
qu'elles pouvaient résister au feu , éteindre toutes sortes
d'incendie , et les poètes, en avaient fait l'emblème de l'a-
mour; mais, dans ces derniers temps, des hommes sérieux
se sont voués, d'une manière toute spéciale , à l'étude de
leurs mœurs et de leurs habitudes , en surmontant toutes
sortes d'anciens préjugés. L'on a laissé de côté le mer-
veilleux , pour ne parler que des choses vraies , bien plus
intéressantes d'ailleurs. Nous ne saurions mieux faire ici
que de nous servir de leurs observations en y ajoutant les
nôtres.

Les Salamandres ne sont point parées de couleurs brillantes ; leur peau tuberculeuse , gluante , ressemble
assez à celle des Crapauds ; leurs formes sont massives ;
leurs mouvemens paresseux , leurs habitudes tristes et
solitaires. Il sort de leur peau une humeur laiteuse qui, répandant une odeur désagréable, en fait un objet d'horreur
et de dégoût pour tout le monde, parce qu'on leur attribue
un venin qui peut occasioner des résultats funestes.

Malgré la haine qu'on leur porte, les Salamandres sont
aussi inoffensives que les Grenouilles ; leurs dents sont si
faibles qu'à peine si elles peuvent percer la peau d'un quadrupède, et elles sont entièrement privées de fiel.

Le célèbre abbé Spalanzani a découvert dans les Salamandres la faculté de régénérer leurs membres ; MM. Bonnet et Bibron ont confirmé ces faits ; ainsi , il est bien reconnu aujourd'hui, qu'on peut couper les pieds , la queue, même arracher les yeux aux Salamandres , et les voir se reproduire en deux, trois ou six mois, selon les pays, avec les mêmes organes qu'auparavant. Nous avons essayé nous-mêmes ces expériences sur deux Salamandres Crêtées, *Sal. Cristata*, qui avaient été trouvées dans une campagne appartenant à M. E. Delacorbière , et que cet honorable magistrat eut l'obligeance de me faire apporter. A l'une , je coupai une partie de la queue , et j'arrachai deux doigts à l'autre ; trois mois après , ces organes étaient à-peu-près réparés ; mais , ayant laissé le bocal qui les renfermait exposé à un soleil trop chaud , elles périrent.

Dans l'état adulte , ces Reptiles respirent comme les Grenouilles et les Tortues ; mais leurs Têtards respirent d'abord par des branchies qui ont la forme de houpes.

Les Salamandres Aquatiques nagent avec aisance , soit dans les eaux stagnantes , soit dans les eaux vives des sources ; elles se servent de leurs pattes , palmées ou non palmées, en s'aidant de leur queue qui est pour elles un véritable gouvernail. Elles ont besoin de respirer l'air à de fréquens intervalles ; aussi les voit-on venir à la surface de l'eau pour en prendre une nouvelle provision. Elles ne restent pas toujours dans cet élément ; elles se plaisent, pendant les temps doux et quand le soleil est caché , ou pendant la nuit , à venir se promener sur le rivage , pour y chercher certains insectes qui fournissent à leur nourriture ; elles se cachent sous les pierres ou entre la croûte des vieilles murailles , à une distance peu élevée du sol , sans jamais s'écarter du lieu de leur naissance

Demours , Spalanzani et Latreille , ont observé que , vers la fin de l'équinoxe du printemps , les mâles et les

femelles se recherchaient; les mâles, alors. s'agitent beaucoup autour de celles qu'ils veulent féconder , les cares-
sent même de leur queue et de leurs pattes , se réunissent
enfin , par leurs parties antérieures, et le mâle éjacule une
liqueur blanche et épaisse sur les organes de la génération
de la femelle , qui sont alors très-gonflés ; celle-ci pond
des œufs qui sont très-petits, isolés ou réunis en chapelets,
par une matière glutineuse , comme dans les autres *Batraciens Anoures* ; mais Cuvier dit que les œufs sont fécondés
par la laite répandue dans l'eau , et qui pénètre avec elle
dans les oviductus. Peu de temps après, ils s'enfoncent sous
l'eau , et bientôt il en sort de petits Têtards , qui subissent
des métamorphoses jusqu'à leur état parfait. Chez quelques
espèces , les petits éclosent dans le ventre de leur mère.
L'on a observé sept à huit espèces de Salamandres dans
les diverses provinces de l'Europe ; presque toutes vivent
dans le Midi.

On les divise en deux sous-genres , comme il suit :

PREMIER SOUS-GENRE.

SALAMANDRE. — *SALAMANDRA.* (Laurenti.)

CARACTÈRES. — Dans l'état parfait, leur queue est
arrondie. Les œufs éclosent dans le corps avant que
d'être pondus. Elles ont de chaque côté, sur l'occiput, une glande charnue pareille à celle des Crapauds.

L'on ne connaît que deux espèces de Salamandres terrestres, dont une se rencontre chez nous ; l'autre se trouve
dans les Alpes ; elle est semblable à la Commune , mais
elle est toute noire.

Notre pays possède l'espèce suivante :

SALAMANDRE COMMUNE. — *LACERTA SALAMANDRA.* (Laur.)

Nom du pays : *Talabréno, Blènto.*

COLORATION. — D'un noir de suie ; deux grosses taches jaunes de chaque côté en dessus de la tête ; de pareilles taches qui forment une espèce de ligne sur les côtés du dos et sur la queue, et d'autres, mais plus petites, séparées sur les flancs ainsi que sur les membres. Les pattes de devant ont quatre doigts; ceux de derrière en ont cinq ; tous les doigts sont séparés et sans ongles. Elle mesure de 16 à 18 centimètres de longueur.

Synonymie. — *Salam. Maculosa.* Lacép. *Salam. Terrestris*, Daud. La SALAM. COMMUNE, Cuv.

Cette Salamandre est la plus grande de toutes celles que l'on rencontre en France et en Europe. Elle habite les parties élevées de nos départemens les plus méridionaux ; celles que j'ai reçues me sont venues des environs d'Anduze. Ces Reptiles fréquentent les lieux ombragés et humides, sous les pierres et les racines, et dans les bois pourris; ils pénètrent dans les caves et les appartemens voisins des champs. Les gens de la campagne redoutent beaucoup la Salamandre, et prétendent que son souffle ou son regard peut occasionner la mort. Enfin, il n'est pas de fables, plus absurdes les unes que les autres, que l'on ne fasse sur cet animal (1), qui n'a d'autres mauvaises qualités que d'être

* L'on n'a pas oublié qu'il y a peu de temps encore l'on fit courir le bruit que deux voyageurs avaient été empoisonnés, dans une auberge, en buvant du vin dans lequel une Salamandre avait séjourné. Je crois même qu'une feuille publique répandit cette nouvelle invraisemblable, et que beaucoup de personnes y crurent.

laid , et de suinter une liqueur blanche , âpre et d'une
odeur incommodante , qui peut , tout au plus, être funeste à de petits animaux ; voilà , peut-être , la cause de
l'aversion que l'on a pour elle. Cette Salamandre ne va à
l'eau qu'au moment du frai , et les jeunes ne s'y tiennent
que pendant le court espace de temps qu'ils sont en état de
Têtard .

Elle est très-lente dans ses mouvemens, bien même qu'on
la regarde de près , et ne s'éloigne guère de sa demeure
qui , ordinairement, est un trou. Lorsque le temps est pluvieux , elle se montre en plein jour : autrement, ce n'est
que la nuit qu'elle sort. Sa nourriture consiste en lombrics ,
en limaçons , en insectes et en vers.

DEUXIÈME SOUS-GENRE.

TRITON. — *TRITON*. (Laurenti.)

Ce genre renferme des espèces aquatiques qui ont la
peau chagrinée. Ce sont les espèces de ce sous-genre qui
ont la singulière propriété de pouvoir reproduire plusieurs
fois de suite lés membres qu'on leur a coupés.

Les Tritons passent presque tout le temps de leur vie à
l'eau ; leur queue reste toujours aplatie latéralement, ce
qui les rend essentiellement aquatiques. L'on assure qu'on
en a vu passer un temps fort long dans un bloc de glace
sans en paraître incommodés.

L'on en a découvert six ou sept espèces en France.

SALAMANDRE MARBRÉE. — *TRITON MARMORATUS*. (Cuv.)

Nom du pays : *Luzer d'Aïguo*.

COLORATION. — D'un vert assez clair en dessus ,
avec de larges membrures brunes ; une ligne, le long

du dos, qui est de couleur rougeâtre. Sur cette partie, le mâle porte une petite crête, découpée, qui s'étend sur la queue, tachée de noir ; le dessous du corps est rougeâtre, avec une multitude de petits points blancs, très-confluens sur les côtés ; quatre doigts aux pattes antérieures, et cinq aux postérieures. Sa longueur est de 12 a 18 centimètres.

Synonymie. — *Triton Gesneri*, Laurenti. *Salam. Marmorata*, Daud, Latreille. La SALAM. MARBRÉE, Cuv.

Cette Salamandre est plus particulière aux contrées du midi de la France qu'aux contrées du nord, quoiqu'on la trouve dans les environs de Paris. Il n'est pas rare, en été, de voir la Salamandre Marbrée hors de l'eau, qu'elle quitte fréquemment pour se promener auprès de cet élément. Elle se cache entre les herbages qui bordent les murailles, sous les racines et sous les grosses pierres, ou sous les vieux ponts. Elle marche lentement en traînant le ventre à terre, et se laisse saisir sans trop faire de mouvemens; l'espèce ne paraît pas être très-abondante ici, ou plutôt elle se cache pendant le jour, ce qui fait qu'on ne la trouve que difficilement.

SALAMANDRE CRÉTÉE. — *TRITON CRISTATUS*. (LAURENTI.)

Nom du pays : *Salamandro, Luzer d'Aïguo.*

COLORATION. — D'un brun foncé ou d'un brun rougeâtre en dessus ; un peu plus vif sur les côtés du corps ; jaune ou orange en dessous, avec de grosses taches noires très-variables par la forme ; la peau est chagrinée ; le long de chaque côté du corps sont une multitude de petits grains blancs, relevés, va-

riés de taches noires; le dessous de la gorge est plus
ou moins de la couleur du dos, mais couvert de
petits points pareils à ceux des côtés du corps. Une
crète assez grande, très-découpée en long, sur le
milieu du corps; l'iris des yeux est rougeâtre, un peu
doré; la queue large et très-aplatie. La longueur de
cette espèce est de 17 centimètres environ.

Synonymie. — *Salamandra Cristata*, Latreille. La SA-
LAMANDRE CRÉTÉE, Daudin, id. Cuvier.

Ce Batracien est un des plus jolis de ceux que l'on connaît en Europe. On le trouve dans les eaux vives et les
fontaines; il ne s'écarte pas des lieux qu'il habite; je connais des personnes qui en ont dans les bassins de leurs jardins, où ils vivent depuis fort longtemps, sans qu'ils aient
jamais cherché à en sortir. Je l'ai rencontré assez souvent
dans le département du Gard.

J'ai nourri plusieurs fois la Salamandre Crétée dans un
bocal de verre où elle peut vivre longtemps sans en paraître incommodée. Elle nage en donnant des mouvemens de
droite et de gauche avec la queue; mais lorsqu'elle veut
descendre au fond de l'eau, souvent elle se laisse tomber
en tenant les pattes écartées sans faire le moindre mouvement. Elle habite plusieurs parties de l'Europe.

GENRE LISSOTRITON. — *LISSOTRITON*. (BELL.)

Ce nouveau genre a été créé par Thomas Bell, pour recevoir les Tritons à peau lisse.

SALAMANDRE PONCTUÉE. — *LISSOTRITON PUNCTATUS.* (BELL.)

Nom du pays : *Luzer d'Aïguo.*

COLORATION. — D'un cendré légèrement teint de
verdâtre en dessus ; d'un blanc jaunâtre en dessous ,
avec une teinte orange sur le milieu du ventre ; le
corps porte des taches noires , arrondies partout , surtout en dessus et sur les côtés ; un trait noirâtre
coupe l'œil en long ; la crête du mâle, au printemps,
est découpée en festons arrondis , tant au-dessus du
dos que sur la queue ; elle est petite ; quatre doigts
aux pattes de devant et cinq à celles de derrière, non
palmés ; la queue très-aplatie.

Synonymie. — *Salam. Punctata,* Daudin , Latreille. La
SALAM. PONCTUÉE , Cuvier.

Cette espèce habite la France et le Midi ; elle est commune dans les fossés et les marres d'eau de toutes nos campagnes. Elle nage bien, mais lentement ; souvent on la voit
se poser au fond de l'eau, où elle reste immobile en tenant
ses pattes écartées comme tous ses congénères ; ce Triton
ne cherche jamais à mordre , quoiqu'on le tienne entre les
mains.

SALAMANDRE ABDOMINALE. — *LISS. ABDOMINALIS.* (BELL.)

Nom du pays : *Luzer d'Aïguo.*

COLORATION.—La couleur est d'un vert olive assez
clair sur le dos ; celui-ci bordé sur chaque côté par
un petit trait longitudinal brun ou roussâtre, légèrement festonné çà et là ; les flancs sont un peu plus
foncés que le dos, pointillés de noirâtre, bordés infé-
rieurement par une petite bande jaunâtre , et séparés

du ventre par une rangée longitudinale de petits
points noirâtres comme effacés ; le ventre est d'un
jaune clair légèremeut orangé dans son milieu ; le
tranchant inférieur de la queue est d'une couleur tirant au vermillon, surtout pendant la saison de l'accouplement ; il y a un trait noirâtre qui passe sur les
yeux, et un autre qui borde la mâchoire supérieure.

Cette description, qui appartient à Daudin, désigne
parfaitement bien les individus que nous trouvons ici.
Mais j'ajouterai que tous ne se ressemblent pas par le fond
de la couleur , ni par les taches noirâtres des flancs ; que
souvent on voit une grosse tache triangulaire sur la tête ;
mais ce qui caractérise les individus de la même espèce ,
c'est le trait noir qui borde la mâchoire supérieure en des-
dessus. Longueur à peu près 8 centimètres.

Synonymie. — *Lacerta Japonica*, Gemelin. La SALAM.
ABDOMINALE , Latreille , Daudin.

Latreille , qui publia une excellente *Monographie des
Salamandres* , donne quatre figures de cette espèce. Elle
est commune en France et dans toute l'Europe ; elle habite
les eaux des marais , les fossés et celles des marres qui ne
sont pas trop putréfiées, car , autrement, elle s'en éloigne.
Elle se trouve abondammeut dans nos contrées. Je l'ai pêchée très-souvent , et je l'ai reçue avec d'autres Reptiles
des environs de la fontaine de Vaucluse, de la part de M.
Lunel, ornithologiste

SAL. A CEINTURE. — *LISSOTRITON ALPESTRIS.* (CH. BONAP.)

Nom du pays : *Luzer d'Aiguo.*

COLORATION. — Cette espèce diffère peu de la précédente. Tous ses doigts sont entièrement libres ; elle

est d'un gris verdâtre ou jaunâtre en dessus ; le dessous est brun clair ou safrané , avec quelques points
noirâtres.

Au printemps, le milieu du ventre porte une
bande en long de couleur orangée qui va aboutir sur
le tranchant inférieur de la queue ; les flancs ont une
rangée de petits points noirâtres avec un trait blanc
élargi , ce qui lui a valu son nom , quoique cette
dénomination ne soit pas très-caractéristique ; les
lèvres sont jaunâtres ; les pieds et sa petite crête sont
de cette même couleur.

Synonymie. — *Sal. Cincta* , Latreille. La SALAMANDRE
CEINTURÉE , *Sal. Cincta* , Daudin, *Lissotriton Alpestris* ,
Ch. Bonaparte.

Les habitudes de ce petit Batracien semblent ne pas dif-
férer de celles des autres petites espèces du même genre.
Comme elles , nous le trouvons dans nos fossés , dans nos
eaux dormantes et dans nos ruisseaux. Je l'ai rencontré
dans de petites sources de nos garrigues et dans le voisinage du Gardon , où je l'ai pêché plusieurs fois. La
Salamandre à Ceinture habite aussi dans toutes les eaux
douces et stagnantes de l'Europe tempérée.

SALAMANDRE PALMIPÈDE. — *LISSOTRITON PALMIPES.* (BELL.)

Nom du pays : Comme la précédente.

COLORATION. — La couleur des membres antérieurs et du dessus de la tête est d'un jaunâtre pointillé de noirâtre ; un trait noir derrière chaque œil ;
dessus du corps d'un brun olivâtre avec une petite
crête simple , verticale ; ventre jaune clair , un peu
teint d'orangé sur son milieu, avec quelques points

noirs sur les flancs ; la queue comprimée , terminée
par un filet ou une soie ; elle a sa partie supérieure
noirâtre , séparée de l'inférieure , qui est jaune , par
un trait longitudinal orangé , et par une bande formée de petites taches noires ; les pattes postérieures
ont cinq doigts entièrement palmés; les antérieures
n'ont que quatre doigts libres.

Cette description est , d'après Daudin, celle qui convient
aux individus adultes; il leur donne 11 centimètres environ
de longueur totale.

Je n'ai jamais trouvé que deux individus , jeunes, sans
doute , puisqu'ils n'ont qu'environ 6 centimètres de longueur ; ils sont bruns sur le milieu du dos , un cendré
verdâtre sur les côtés qui sont tachés de brun ; deux traits
blancs qui remontent vers le dos sont placés au-dessus des
membres postérieurs. Les pattes antérieures ont chacune
cinq doigts séparés ; celles de derrière en ont cinq entièrement palmés , ils sont , ainsi que l'abdomen , de couleur
noirâtre. Le filet qui termine la queue est long de 3 millimètres environ ; deux petits plis de la peau en long font
saillie au-dessus de la tête ; le reste comme chez l'adulte.

Synonymie. — La SALAMANDRE PALMIPÈDE , Latreille ,
id. Sonnini. *Salamandra Palmipes* , Daudin , id. Cuv.

Les deux seuls sujets que je possède dans ma collection,
ont été pêchés par moi avec d'autres espèces dans les eaux
paisibles de notre plaine, et j'en ai reçu un autre d'Avignon. Je ne sais rien de particulier sur la manière de vivre
de cette espèce qui doit être la même que celle de ses congénères. Latreille n'a connu que des individus jeunes, car
il leur donne la même taille que moi, 7 centimètres environ. Cet auteur savait que cette espèce se trouvait dans le
midi de la France.

QUATRIÈME CLASSE DES ANIMAUX VERTÉBRÉS.

ICHTYOLOGIE

ou

LES POISSONS.

Les animaux qui sont compris dans cette classe sont innombrables en espèces ; ils sont ovipares et habitent le sein des eaux ; ils respirent par des branchies, pendant toute leur vie, par l'intermédiaire de l'eau. Cet appareil est situé de chaque côté du cou ; il se compose de plusieurs lames tapissées à leur surface d'une grande quantité de vaisseaux sanguins qui ont des ramifications avec le cœur. La circulation est double et complète, mais ils ne se rapprochent pas moins des Reptiles Batraciens.

L'eau que les poissons avalent continuellement s'échappe à travers les lames des branchies qu'on nomme encore ouïes, et le peu d'air qu'elle contient agit suffisamment sur le sang pour entretenir la vie.

La structure des Poissons réunit toutes les conditions désirables pour les soutenir dans l'eau, élément pour lequel la nature les a formés ; car ils sont dans ce fluide ce que sont les oiseaux dans les airs. Mais, ce qui les favorise singulièrement dans la natation, c'est une vessie remplie d'air, que l'on nomme *vessie natatoire*, que l'animal peut comprimer au moyen de ses côtes ou dilater, de sorte que le corps peut diminuer de volume, sans pour cela ne rien perdre de son poids. Cette particularité les favorise, soit qu'ils veuillent descendre au fond de l'eau, soit qu'ils veuillent monter à la surface.

Condamnés à vivre dans un fluide presque aussi pesant qu'eux, les Poissons n'avaient pas besoin de membres très-apparens pour les supporter ; ils y suppléent au moyen des os ou rayons , variables par le nombre , auxquels est attachée une membrane s'écartant en éventail à la volonté de l'individu ; mais elles ne sont pas toutes attachées de la même manière au corps de l'animal ; on nomme *pectorales* celles qui sont attachées au-dessous des branchies ; celles qui sont placées depuis le dessous de la gorge jusqu'à l'origine de la queue, on les appelle *nageoires ventrales*. Les nageoires médianes sont verticales, et on les distingue en *nageoires dorsales*, *nageoires anales* et *nageoires caudales*, suivant qu'elles sont placées sur le dos , sous la queue, ou à l'extrémité du corps.

Dans quelques espèces de Poissons , les *ventrales* manquent totalement ; on les désigne alors par le nom d'*Apodes* ; tandis que quelques-uns ont les pectorales très-développées , et s'en servent en guise d'ailes , pour les soutenir quelque temps dans l'atmosphère, lorsqu'ils s'élancent hors de leur élément.

C'est en frappant le fluide de droite et de gauche avec la queue qui est mue par des muscles vigoureux , que les poissons avancent et peuvent se diriger à volonté au sein des eaux les plus rapides.

En général , les Poissons sont d'une grande voracité , l'odeur d'un cadavre les attire de fort loin ; ils ne mettent pas de choix dans leurs alimens, et leur forme dentaire les rend carnivores ; grâce à cette voracité , ils débarrassent les eaux de tous les corps charnus qu'elles reçoivent , et contribuent ainsi à éviter la putréfaction qui deviendrait funeste à d'autres animaux.

L'instinct , chez les Poissons , paraît être très-borné, car ils ne montrent aucune intelligence ; ils ne savent qu'employer la force brutale ; rarement ils font preuve de ruse pour s'emparer d'une proie , ce qui fait qu'ils s'enferrent à l'hameçon qui ne représente souvent qu'une figure informe de l'insecte qu'ils croient saisir. Cependant, lorsqu'on jette dans l'eau un morceau de pain , les Poissons qui sont les plus éloignés s'empressent d'arriver du côté où ils ont vu accourir d'autres poisons , ce qui pourrait faire croire qu'ils ont l'instinct de pressentir que ceux-ci sont attirés par quelque appat dont ils veulent aussi profiter.

Les femelles n'ont pas , comme la plupart des animaux des classes précédentes, la même sollicitude pour leur progéniture , car , lorsque le moment est arrivé de pondre leurs œufs , elles les déposent presque toujours dans les lieux où elles se trouvent, les abandonnant ainsi à la merci d'une foule d'ennemis de toute espèce , et si la nature ne les avait rendues très-fécondes , le nombre des Poissons diminuerait sensiblement.

Selon l'immortel Cuvier , quelques-uns des poissons ordinaires peuvent s'accoupler et sont vivipares ; leurs petits éclosent dans l'ovaire même , et sortent par un canal très-court. Les *Sélaciens* seuls ont , outre l'ovaire, de longs oviductus, qui donnent souvent dans une véritable matrice , et ils produisent ou des petits vivans , ou des œufs enveloppés d'une substance cornée ; mais la plupart des Poissons n'ont pas d'accouplement , et , quand la femelle a pondu , le mâle passe sur ses œufs pour y répandre sa laite et les féconder.

Le corps des Poissons est quelquefois paré de vives couleurs , et leurs écailles brillent d'une teinte métallique très pure , ou bien elles réflètent l'éclat des pierres précieuses ; malheureusement , en voulant les conserver , ils perdent toute leur beauté. La chair des Poissons est un aliment salutaire pour tous les peuples de l'univers.

ORDRE PREMIER.

ACANTHOPTÉRYGIENS.

Caractères. — Les caractères distinctifs de cette division , qui est la plus nombreuse , sont des épines qui tiennent lieu de premiers rayons à leurs dorsales, ou qui soutiennent seules leur première nageoire du dos lorsqu'ils en ont deux; quelquefois même, au lieu d'une première dorsale , ils n'ont que quelques épines pour premiers rayons; il y en a généralement une à chaque ventrale.

C'est ici que se rencontrent des poissons très-variés , soit par la forme , soit par la richesse des couleurs, ou par leur structure quelquefois bizarre ; les dents sont aussi très-différentes, ainsi que la nature de leurs alimens. Ils vivent dans les eaux douces et dans les eaux salées , mais ceux de la mer sont beaucoup plus nombreux.

On les divise en plusieurs familles ; la première est celle des

PERCOÏDES,

Ainsi nommés parce qu'en tête se trouve placée la Perche Commune. Tous les poissons qui lui ressemblent ont le corps oblong et couvert d'écailles dures et rudes au toucher ; leur palais est garni de dents disposées de diverses manières , et où l'on remarque en général des épines ou des dentelures sur le bord de l'opercule

GENRE PERCHE. — *PERCA*. (Cuvier.)

PERCHE COMMUNE — *PERCA FLUVIATILIS*. (Linn.)

Nom du pays : *Pergo*, *Perco*.

COLORATION. — C'est un de nos plus beaux poissons ; il brille d'une couleur mêlée d'or , de jaune et de vert , avec de larges bandes verticales noirâtres ; les nageoires ventrales et l'anale rouges ; les deux dorsales violettes. Sa taille atteint jusqu'à 67 centimètres environ de longueur.

La Perche Commune habite les eaux pures , et sa chair est une des meilleures de celle des poissons de nos rivières et de nos étangs. On la pêche dans le Gardon, le Vidourle, la Durance , le Lez , l'Hérault et dans la fontaine de Vaucluse. Elle est plus grosse dans le Nord que dans le Midi. On en a pris qui pesaient jusqu'à 5 kilogrammes. Ici elle est d'un poids bien au-dessous.

GENRE BARS. — *LABRAX*. (Cuvier.)

Ils se distinguent des Perches par des opercules écailleux , terminés par deux épines.

BARS COMMUN. — *LABRAX LUPUS*. (Cuvier.)

Nom du pays : *Lou*.

COLORATION. — Dos d'un noir bleuâtre piqueté de noir ; ventre d'un blanc glacé de bleuâtre taché de bleu. Nous en voyons de fort gros sur notre marché.

Synonymie. — Le Loup ou Loubine des Provençaux, Spigola des Italiens , Cuv. *Perca Labrax* , Linn.

Ce poisson vit dans la mer ; mais, à l'approche du printemps, il cherche à remonter dans les eaux douces, et pénètre dans les étangs en grande quantité. Dans le mois de septembre , il tente tous les moyens pour regagner la mer. C'était le *Lupus* des anciens Romains qui en fesaient beaucoup de cas.

Genre APRON. — *ASPRO*. (Cuvier.)

Les dents sont en velours ; la mâchoire supérieure s'avance en forme de nez arrondi ; le corps est alongé.

APRON COMMUN. — *ASPRO VULGARIS*. (Cuv.)

Nom du pays : *Anadélo*.

Coloration. — D'une couleur jaunâtre , coupée transversalement de sept à huit bandes noires; le ventre est blanc; nageoires d'un jaune clair ; les écailles dures.

L'Apron a été connu de Linné , sous le nom de *Perca Asper*. Ce poisson, qui tient des Perches, vit dans le Rhône et à l'embouchure de ses affluens. On le trouve aussi en côtoyant le Wolga. Sa chair est très-estimée. Autrefois on voyait ce petit poisson dans le Vistre.

Genre GREMILLE. — *ACERINA*. (Cuvier.)

On en connaît deux espéces dans les eaux douces d'Europe.

GREMILLE COMMUNE ou PERCHE GOUJONNIÈRE.

PERCA CORNUA. (Linné.)

Nom du pays : *Grimou.*

Coloration. — Le fond est d'une couleur olivâtre tachée de brun ; les écailles âpres, rugueuses, comme la peau de chagrin.

Synonymie. — *Perca Cornua*, Linn., *id.* Bloch. La Gremille ou Perche Goujonnière, Cuvier.

Cette espèce vit dans les eaux douces des rivières, mais ne paraît pas être commune chez nous ; j'en dois la connaissance à M. le docteur Miergue d'Anduze. On la nomme quelquefois *Goujon Perchat* ; son nom lui vient de ce qu'elle ressemble à la Perche et au Goujon. La chair de ce petit poisson est d'un goût agréable.

FAMILLE DES JOUES-CUIRASSÉES.

GENRE CHABOT. — *COTTUS.* (Linné.)

Caractères. — Leur tête est large et déprimée, cuirassée et diversement armée d'épines et de tubercules ; yeux hauts et rapprochés ; six rayons aux branchies et trois ou quatre seulement aux ventrales. Ceux des eaux douces ont la tête plus lisse. Les uns habitent les fleuves et les rivières, d'autres vivent dans la mer.

CHABOT DES RIVIÈRES. — *COTTUS GOBIO*. (Linn.)

Nom du pays : *Cabot* *, *Châbaou* , *Asé*

COLORATION. — Le dos est d'un brun jaunâtre, marqué en travers de trois ou quatre larges bandes brunes ; la tête élargie avec un piquant crochu près des joues sur chaque opercule ; nageoires pectorales arrondies, crenelées ; dessous du corps blanchâtre. Il est long de 11 centimètres environ.

Le Chabot est fort commun dans les eaux de toutes nos rivières de montagnes et dans le Gardon ; je l'ai reçu de Vaucluse et du département de l'Hérault. Les habitudes de ce petit poisson sont de se tenir presque toujours au fond de l'eau où il reste caché sous les pierres , sans doute pour mieux saisir les insectes dont il se nourrit. Lorsqu'on irrite le Chabot, il renfle sa large tête, ce qui le rend encore plus laid.

GENRE ATHÉRINE. — *ATHERINA*. (Linné.)

Ce sont de charmans poissons dont la chair a de la saveur , mais ils sont si petits qu'on ne peut les manger qu'en friture.

Les anciens les avaient nommés *Aphies ;* ils pensaient qu'ils naissaient de l'écume de la mer.

---

* Le nom de *Cabot* est appliqué par les pêcheurs nimois au CYPRIN MEUNIER , tandis que le Chabot ne se trouve guère que dans le haut Gardon,

LE JOEL DU LANGUEDOC. — *ATHERINA BOYER* (Risso.)

Nom du pays : *Jhol* , *Méletto.*

COLORATION. — Dessus du corps verdâtre ; côtés blancs, à reflets ; une ligne argentée le long de chaque flanc ; yeux grands ; iris argenté ; taille alongée ; corps transparent. Longueur, 6 centimètres environ.

Synonymie. — *Athérina*, Boyer , Risso , *id.* Rondelet. CABASSOUDA D'IVIÇA , Cuv.

Les Joëls habitent la Méditerranée , mais ils pénètrent dans nos étangs et y vivent en grandes troupes ; nos pêcheurs en prennent considérablement, leur chair est bonne en friture.

LES MUGILOÏDES

Forment une onzième famille d'Acanthoptérigiens , qui se compose du genre

MUGE. — *MUGIL.* (LINN.)

Ce sont des poissons dont la chair est très-estimée et qui remontent l'embouchure des fleuves. Nous en avons une petite espèce.

MUGE DE LA MÉDITERRANÉE. — *MUGIL LABEO.* (Cuv.)

Nom du pays : *Mujhē.*

COLORATION. — D'un brun verdâtre en dessus ; les côtés et le ventre blancs ; les lèvres fortes et crenelées à leurs bords. Il atteint 42 centimètres environ de longueur.

Cette espèce de poisson est très-commune dans la Médi-

terranée ; on la prend en quantité sur nos côtes ; elle est
aussi fort abondante dans tous nos étangs et nos marais ;
elle arrive quelquefois jusque dans le Vistre. Le Muge a
l'habitude de sauter en l'air hors de l'eau , et il n'est pas
rare de le voir tomber dans les petites embarcations dont
on se sert sur nos eaux douces. On l'apporte toute l'année
en quantité sur notre marché.

GENRE **ÉPINOCHE. — *GASTEROSTEUS*.** (Cuv.)

CARACTÈRES. — Corps oblong ; joues cuirassées ;
tête sans épines ni tubercules ; un bec sans lèvres.

Ce qui les distingue surtout, c'est que leurs dorsales sont formées d'épines libres et n'ont point la
forme de nageoires ; les ventrales se réduisent à peu
près à une seule épine.

ÉPINOCHE AIGUILLONÉE. — *GASTEROST. ACULEATUS*. (Linn.)
Nom du pays : *Crèbo-Varlé, Estranglo-Ca, Espignaubé*

COLORATION. — D'un brun olivâtre en dessus ; le
ventre et le dessous de la bouche d'un blanc argenté ;
une bande bleuâtre autour du ventre, un peu de
cette couleur au bout de la queue ; chez plusieurs,
une teinte rose près des ouïes dans le temps du frai.
Trois épines sur le dos la distinguent de la suivante.

Synonymie. — D'après Cuvier, Linné a confondu, sous
le nom de *Gas. Aculeatus* , deux espèces dont celle-ci :
Gas. Trochurus , Cuv. , Bloch.

L'Epinoche aiguillonnée est un des plus petits poissons
de rivière. Sa taille ne dépasse guère 5 centimètres ; elle

est excessivement abondante dans toutes les eaux de notre
plaine , et dans les marais ; le moindre petit fossé où coule
un peu d'eau lui suffit. On lui donne ici le nom d'*Estranglo-Ca* (Etrangle-Chat) et de *Crébo-Varlé* (Grève-Valet)
par rapport à ses épines du dos et du ventre, qui sont cause
qu'on ne la mange pas. L'Epinoche est nuisible au peuplement des rivières , car elle attaque les petits poissons au
moment de leur naissance.

ÉPINOCHE A QUATRE ÉPINES. — *GAST. QUADRISPINOSA.* (Mihi.)

Nom du pays : Comme l'espèce précédente.

COLORATION. — Encore un peu plus petite que
l'*Épinoche à trois épines.* La distribution des couleurs ne diffère presque pas ; mais ce qui doit la séparer et en faire une espèce , c'est qu'elle porte quatre épines sur le dos au lieu de trois et qu'à partir de
l'épine antérieure jusqu'au bout du museau , c'est
presque un angle droit , tandis que chez le *Gasterosteus Aculeatus* cette partie forme une ligne courbe.

Ce petit poisson est nouveau , car Cuvier et les autres
auteurs que j'ai consultés ne le mentionnent point. Je l'ai
trouvé dans le Vistre et les petits fossés de notre plaine.

ÉPINOCHE A DEUX ÉPINES. — *GAST. NEMAUSENSIS.* (Mihi.)

Nom de pays : On ne la distingue pas des précédentes.

COLORATION. — Le dos et les côtés d'une couleur
d'un brun olivâtre clair ; ventre et côtés de la tête
d'un blanc argenté ; sur ces parties il existe une teinte bleâtre foncée , qui se reproduit autour des yeux ;
le milieu du dos très-cintré ; la séparation de la tête

et du cou forme un enfoncement , ce qui rend cette
partie du corps raboteuse. Mais ce qui caractérise
mieux cette espèce, c'est que son dos n'est armé que
de deux épines dont une est placée sur le haut du dos
et l'autre à la naissance de la nageoire caudale ; celle-
ci est très-faible. Sa taille est un peu plus forte que
celle des espèces précédentes , et sa forme est plus
trapue.

Je donne le nom d'*Epinoche Nimoise* à ce petit poisson
pour désigner encore une espéce que je ne trouve mentionnée nulle part , et que je crois inédite ; les divers caractères que j'ai signalés plus haut doivent incontestable-
ment la faire considérer comme une espèce bien séparée
des autres espéces connues jusqu'à ce jour. Je l'ai trouvée
dans les eaux dormantes de notre plaine. Je ne puis , quant
à présent , dire si elle est commune. C'est en étudiant plusieurs individus que j'avais ramassés que je l'ai distinguée,
ainsi que l'*Epinoche à quatre épines.*

DEUXIÈME ORDRE.

LES MALACOPTÉRYGIENS ABDOMINAUX.

On les divise en cinq familles.

GENRE CYPRIN. — *CYPRINUS.* (Linné.)

CARACTÈRES. — Les ventrales suspendues sous l'abdomen, en arrière des pectorales ; la bouche petite
manque le plus souvent de dents maxillaires et n'en

a qu'à l'arrière bouche ; le corps , qui est couvert d'écailles, ne porte qu'une dorsale.

Les Cyprins se plaisent dans les eaux douces qui coulent paisiblement ; quelques-uns même se retirent dans les eaux limoneuses.

Ils sont peu carnassiers , et ceux, de toute la classe , qui recherchent davantage les matières végétales. Cependant , comme ils sont très-affamés , ils avalent aussi toutes sortes de débris de substances animales. Il arrive quelquefois que, lorsque ces alimens leur manquent, ils se dévorent entre eux.

PREMIÈRE DIVISION. — LES CARPES.

CARPE VULGAIRE. — *CYPRINUS CARPIO*. (Linné.)

Nom du pays : *Escarpo* ou *Escarpa*.

COLORATION. — Ce poisson, que tout le monde connaît, n'offre pas toujours les mêmes couleurs ; ordinairement le front et les joues présentent une teinte bleue foncée , tandis que le dessus du dos est bleu verdâtre ; de petits points noirs forment une ligne latérale ; du jaune mêlé de bleu et de noir règne sur plusieurs parties du corps.

Synonymie. — *Cyprinus Carpio* , Linn. , *id.* Lacép. La CARPE , Linn. LA CARPE VULGAIRE , Cuv.

Ces poissons sont excessivement abondans dans les eaux de nos marais ; on les voit, pendant l'été, se débattre par milliers dans plusieurs fossés qui y aboutissent ; lorsque l'eau vient à manquer, tous ces poissons périssent et répandent une odeur infecte et repoussante qui engendre souvent de fortes maladies parmi les habitans de ces contrées.

J'ai vu chaque année, au printemps , des myriades de petites Carpes qui remontaient le Rhône , tout en longeant ses bords et se tenant presque à la surface de l'eau.

Les Carpes frayent en mai, et même en avril, on dit que toujours deux ou trois mâles suivent une femelle pour féconder sa ponte. Ces poissons vivent dans les viviers , et quand ils sont bien nourris ils deviennent fort gros. On en pêche dans plusieurs lacs du Nord , qui pèsent jusqu'à 14 kilog. La Carpe devient très-vieille.

Remarque. — Nous trouvons quelquefois une monstruosité de la Carpe qui a le front bombé, le museau très-court et qui ressemble à une de ces figures de Dauphins en bronze qui ornent les fontaines. C'est surtout depuis les inondations du Rhône que cette variété s'est multipliée dans les eaux des parties basses de notre département.

Il existe encore une race que l'on élève, qui a de grandes écailles ; quelques individus en manquent, et leur peau apparaît nue alors sur quelques parties du corps , quelquefois tout-à-fait ; on nomme cette race *Reine des Carpes* , *Carpe à Miroir* , *Carpe à Cuir*. On en apporte quelquefois sur notre marché.

CARPE GIBELLE. — *CYPRINUS GIBELIO*. (Gmel.)

Nom du pays : *Escarpo.*

Coloration. — Elle diffère peu de la précédente par les couleurs , mais elle manque de barbillons à la mâchoire d'en haut, et la ligne latérale est arquée vers le bas ; ses nageoires caudales sont coupées en croissant.

Synonymie. — *Cyp. Gibelio*, Gm. , *id*. Bl. La Gibelle, Cuvier.

Cette espèce est ici confondue avec la précédente ; mais

elle y est moins commune, tandis qu'elle est très abondante près de Paris.

LA DORADE DE LA CHINE. — *CYPRINUS AURATUS*. (Linné.)

Nom du pays : *Peïssoún Roujhë*.

COLORATION. — Chacun connaît la beauté de ce poisson dont le corps est d'un rouge doré ; on en voit aussi qui sont d'un blanc argenté, ou tapirés de rouge d'or et de noirâtre. Cette dernière couleur est celle qu'ont d'abord les jeunes ; ils varient par la dimension des nageoires qui sont ou plus grandes ou plus petites ; les yeux sont également très-gonflés.

Synonymie. — *Cyprinus Auratus*, Linn., *id*. Bloch. LA DORADE DE LA CHINE, Cuvier.

Cette jolie espèce, que l'on a importée de la Chine, vit parmi nous en une sorte de domesticité. Ce n'est que comme objet d'ornement qu'on en nourrit dans les pièces d'eau et les bassins. On peut aussi la conserver dans un bocal en verre où elle vit longtemps. En Chine, ce poisson habite les lacs ; les habitans en font, comme nous, leur amusement, et les dressent à s'approcher à un signal donné, un coup de sifflet par exemple.

LA BOUVIÈRE. — *CYPRINUS AMARUS*. (Bloch.)

Nom du pays : *Piastro**.

COLORATION. — Le corps plat et très-mince ; verdâtre ou bleuâtre en dessus ; jaune, ou d'une couleur

---

* Sa dénomination patoise, *Piastro*, signifie que son corps est plat et mince comme une pièce de deux liards.

orange en dessous ; une ligne d'un bleu d'acier sur la
queue remonte jusque vers le milieu du corps ;
les nageoires sont d'un rose vif ; la dorsale n'est que
peu tachée de cette teinte qui apparaît encore sur les
écailles qui terminent la queue ; mais cette nuance
rose ainsi que la ligne bleue n'existent qu'au printemps , et même alors on trouve des individus qui en
sont plus ou moins colorés. Sa taille ne dépasse pas
5 à 7 centimètres.

Synonymie. — *Cyprinus Amarus* , Bloch. La Bouvière
Sonnini ; LA BOUVIÈRE OU PÉTEUSE. , Cuvier.

Ce joli Cyprin se trouve dans la petite rivière qui traverse notre plaine et dans les fossés qui y aboutissent ; ces
lieux lui plaisent parce que , ainsi que l'explique son nom,
il recherche les eaux bourbeuses. Sa chair est amère ;
aussi en fait-on peu de cas. On le trouve dans toute la
France.

DEUXIÈME DIVISION.

LES BARBEAUX. — *BARBUS.* (Cuvier.)

BARBEAU COMMUN. — *CYPRINUS BARBUS.* (Linné.)

Nom du pays : *Barbeou, Barbo.*

COLORATION. — Le museau de ce poisson est pointu ;
la mâchoire supérieure est fort avancée ; elle porte
deux barbillons, et deux plus longs aux angles de
la bouche ; le dos est rond et de couleur olivâtre ;
ventre blanc ; les nageoires sont rougeâtres, mais la
dorsale est bleuâtre ; il a une ligne droite formée
de petits points noirs sur les côtés du corps ; il croît

vite et devient fort grand. Sa forme ressemble un peu à celle du Brochet.

Synonymie. — *Cyprinus Barbus*, Linn. ; *id.*, Bloch. Le BARBEAU COMMUN , Cuvier.

Le Barbeau vit dans le Rhône , le Gardon , la Sorgue, le Vidourle , l'Hérault et dans le Lez ; ce sont de pareilles eaux qui lui plaisent , car il préfère un lit couvert de cailloux à un fond bourbeux. Il se nourrit de plantes aquatiques , de limaçons , de vers et de petits poissons ; on le prend soit aux filets, soit à la ligne.

TROISIÈME DIVISION.

LES GOUJONS. — *GOBIO*. (CUVIER.)

LE GOUJON COMMUN. — *CYPRINUS GOBIO* (LINNÉ.)

Noms du pays : *Boffi*, *Goffi ;* dans l'Hérault , *Jol*.

COLORATION. — Ordinairement un bleu noirâtre règne sur le dos , tandis que le ventre est blanchâtre à reflets jaunes ; la ligne latérale est presque droite, elle est marquée de taches bleues ; nageoires jaunâtres ou rougeâtres ; le bout de la queue rayé de brun en travers.

Synonymie. — *Cyprinus Gobio*, Linn. , Bloch. LE GOUJON , Sonnini. LE GOUJON , Cuvier.

Ce poisson , mis en friture , est un excellent mets ; il est très-recherché chez nous par les personnes qui vont à la pêche pour leur plaisir ; il vit dans toutes nos eaux douces et aime la société de ses semblables ; on les voit plusieurs ensemble , dans les endroits clairs , posés sur le gravier ,

et souvent on en prend beaucoup d'un seul coup d'épervier.
Les femelles des Goujons sont, dit-on, cinq ou six fois plus
nombreuses que les mâles ; à l'approche de l'automne , ces
poissons retournent en partie dans les grandes eaux qu'ils
avaient quittées au printemps. M. L. Serres a vu un Goujon,
pris dans le canal du Languedoc, qui pesait 230 grammes.

QUATRIÈME DIVISION.

LES TANCHES.

Elles se font remarquer par de petites écailles.

LA TANCHE VULGAIRE.—*CYPRINUS TINCA.* (LINN.)

Nom du pays : *Tenco , Tenca* ou *Tencho.*

COLORATION. — Le corps large et court ; tête et
museau assez gros ; couleurs variables selon les eaux
qu'elle habite. Le plus souvent un peu de jaune verdâtre sur la joue, du blanc sur la gorge, du vert
foncé sur le dos et le front ; côtés d'un vert jaunâtre ;
ventre blanchâtre ; les nageoires présentent du violet. En général les mâles ont des teintes plus claires.

Synonymie. — *Cyprinus Tenca* , Linn. , id. Bloch. LA
TANCHE , Sonnini. LA TANCHE VULGAIRE , Cuv.

La Tanche vit dans le Rhône et dans presque toutes les
eaux douces de nos contrées ; elle est quelquefois commune dans le Vistre ; les eaux dormantes de cette petite rivière lui conviennent, car cette espèce de Cyprin aime la
vase. La chair des mâles est d'un meilleur goût que celle
des femelles , cependant , elle n'est bonne que dans certaines eaux. On peut nourrir ces poissons , dans de petits
réservoirs et dans des viviers ; il suffit du moindre espace

pour qu'ils grandissent et s'y multiplient. On trouve des
Tanches dans une grande partie du globe.

CINQUIÈME DIVISION.

LES BRÊMES. — *ABRAMIS*. (Cuv.)

Elles n'ont point de barbillons.

LA BRÊME COMMUNE. — *CYPRINUS BRAMA*. (Linn.)

Noms du pays : *Brêmo , Dàourado d'aou Rosè.*

COLORATION. — Le dos qui est caréné est noirâtre,
joues d'un bleu qui est varié de jaune ; les côtés son;
mêlés de blanc et de noir ; les nageoires d'un violet
noirâtre, mais on voit du violet et du jaune aux pectorales.

Synonymie. — *Cyprinus Brama,* Linn. La BRÊME , Sonnini. La BRÊME COMMUNE , Cuv.

Ce petit poisson se trouve dans presque toute l'Europe,
et , à ce que l'on assure , dans la mer Caspienne. Sa chair
est molle et pleine d'arêtes. Il vit , ici , dans le Rhône ,
dans nos rivières et nos marais. Il aime le fond des eaux
paisibles où se trouvent de la marne , de la glaise et des
herbages ; il est l'objet d'une pêche importante qu'on lui
fait sous la glace , dans les contrées australes ; on le conserve après au moyen de la salaison. Lorsqu'elles nagent en
troupes , les Brêmes font un bruit assez grand. Sonnini dit
que l'on peut voir à la tête d'une troupe de Brêmes , un
poisson que les pêcheurs ont nommés *Chef des Cyprins* ; et
que Bloch était tenté de regarder comme un métis provenant d'une Brême et d'un Rotongle.

LA BRÊME BORDELIÈRE. — *CYPRINUS LATUS*. (GMEL)

Noms du pays : *Brémo , la Bramo.*

COLORATION. — Ce Cyprin a pour caractère spé-
cial vingt-quatre rayons à la nageoire anale , le corps
large et mince. Le dos est très-arqué et bleuâtre; le
ventre est plus clair ; les caudales et les anales rougeâtres comme dans les perches; dorsales et pectorales brunes , bordées de bleu. Sa taille varie de 16
à 20 centimètres.

Synonymie. — *Cyprinus Blicca,* Bloch. LA BORDELIÈRE,
Sonnini. Petite BRÊME OU HAZELIN , Cuv.

Cette espèce de poisson multiplie extraordinairement, car
on sait que la femelle porte cent huit mille œufs , et que
ces œufs ne sont mangés par aucune autre espèce de poisson; elle les dépose sur l'herbe, à trois reprises ; les vieux
commencent , ensuite les moyens, puis les jeunes, en mettant, disent les pêcheurs , un intervalle de neuf jours entre
chaque ponte. La chair de la Bordelière est blanche , peu
ferme et remplie d'arêtes. On la pêche toute l'année dans
le Rhône et ses affluens , ainsi que dans les eaux douces
du département de l'Hérault. Les jeunes sont employés avec
avantage pour amorcer la ligne ; les poissons voraces en
sont friands. Son nom de Bordelière lui vient de ce qu'elle
fréquente ordinairement le bord de l'eau.

SIXIÈME DIVISION.

LES ABLES. — *LEUCISCUS.* (KLEIN.)

Cette division est nombreuse en espèces ; on les nomme
poissons blancs, mais leur chair est peu recherchée. Cuvier
en a fait deux groupes, selon la position des ventrales.

LA CHEVANE ou MEUNIER. — *CYPRINUS DOBULA*. (Linn.)

Noms du pays : *Cabo, Cabés, Arestou*.

COLORATION. — Le museau est arrondi ; le corps est gros et robuste ; les écailles grandes ; le dos est bleu et le ventre argentin ; la ligne latérale est droite marquée de points jaunes ; les mâchoires ont deux rangées de dents chacune.

Synonymie. — *Cyprinus Dobula*, Linn. ; *id.*, Bloch. Le MEUNIER , Cuvier.

Le Cyprin Chevane est très-commun dans le Rhône et nos étangs , dans les eaux dormantes du Vistre et dans d'autres rivières du pays. Le nom de *Meunier* lui a été appliqué parce que ce poisson fréquente le voisinage des moulins à eau. Sa chair, peu estimée , est remplie d'arêtes. Cette espèce devient assez grosse. On la trouve dans toutes les rivières de l'Europe et de l'Asie septentrionale.

LE GARDON. — *CYPRINUS IDUS*. (Bloch.)

Noms du pays : *Chevanau, Sangar, Cabé*.

COLORATION. — Il ressemble au précédent ; mais la tête est moins large, le dos plus relevé, le museau plus convexe.

Ce poisson a été souvent confondu avec le *Cyprin Meunier*, et avec le *Cyprin Rosse* ; ici, on ne le distingue guère non plus de ces mêmes poissons. Sa chair, quoique blanche , est remplie d'arêtes fourchues qui empêchent presque de la manger. On le trouve dans beaucoup de rivières et lacs d'Europe , elle est assez commune dans nos étangs et nos marais.

LA ROSSE. — *CYPRINUS RUTILUS*. (Linn.)

Nom du pays : *Sangar*, *Estranglo-Varlé*.

COLORATION. — Dos d'un noir verdâtre ; côtés argentins ; ventre rougeâtre : ligne latérale marquée de
trente-six points ; écailles larges ; iris des yeux et
nageoires rouges. Le corps est comprimé. Il tient le
milieu entre les *Brêmes* et les *Carpes ;* il parvient à
une longueur d'environ 34 centimètres.

Synonymie.— *Cyprinus rutilus*, Linné.—*Idem*, Bloch.
LE CYPRIN ROUGEATRE, Sonnini. — LA ROSSE, Cuvier.

Lorsque les Cyprins Rosses remontent les rivières pour
frayer vers le milieu du printemps, une partie, et ce sont
toujours des mâles , partent quelques jours auparavant;
ensuite viennent les femelles , puis encore une troupe de
mâles. Ce poisson multiplie beaucoup, et dans quelques
endroits du nord l'on s'en sert pour engraisser les cochons.
Il vit aussi dans la mer. On le trouve dans nos étangs, dans
nos marais et dans quelques-unes de nos rivières ; on lui
donne ici le nom de *Sangar* , pour désigner sa couleur
rouge de sang. Sa chair est peu recherchée.

LA VANDOISE. — *CYPRINUS LEUCISCUS*. (Bloch.)

Nom du pays : *Gandoise* ou *Landoise ;* à Avignon , *Sofio*.
Sur les bords du Gardon on la nomme *Turgan*.

COLORATION. — Le dos rond , brun ; le ventre est
blanc argenté ; nageoires grises ; la caudale et la dorsale marquées de noirâtre ; un peu de rougeâtre sur
les autres ; le corps est étroit ; le museau un peu
proéminant. Rarement elle atteint plus de 34 centimètres de longueur.

Synonymie. — *Cyprinus Leuciscus*, Linné. — Le Cyprin Vandoise, Sonn. — La Vandoise, Cuv.

La chair de ce poisson est légère et d'une digestion facile, mais elle est si pourvue d'arêtes, qu'on éprouve beaucoup de difficultés en la mangeant. La Vandoise est fort
agile, ce qui fait qu'elle échappe souvent par sa vitesse à
ses nombreux ennemis ; elle multiplie considérablement et
fraie à la fin du printemps. Elle vit dans le Vistre aux environs du Caylar et de Vestric, et recherche les endroits ou
l'eau est rapide, comme sous les ponts, où elle se cache dans
les trous qui s'y trouvent ; elle est très-farouche. On la
pêche dans le Rhône, le Gardon, l'Hérault et le Vidourle.

L'ABLE. — *CYPRINUS ALBURNUS*. (Linn.)

Nom du pays : *Ravanënco*.

COLORATION. — Dos verdâtre ; côtés et ventre ar-
gentés et brillans ; nageoires pâles ; le front droit ; la
lèvre inférieure un peu plus longue ; les joues un peu
bleues, avec quelques points noirs sur le front. Il
n'atteint que de 16 à 20 centimètres de longueur.

Synonymie. — *Cyp. Alburnus*, Bloch. — L'Able, Sonnini. — L'Ablette, Cuvier.

Les écailles de ce joli poisson sont employées à fabri-
quer de fausses perles ; et l'art est parvenu à leur faire imiter les plus belles de l'Orient.

L'Able se plaît autant dans la mer Caspienne que dans
les eaux douces de l'Europe. Elle vit dans plusieurs rivières de nos contrées. Elle est surtout fort commune dans le
Gardon et dans ses affluens. Nos pêcheurs la connaissent
très-bien par son nom patois. Sa longueur est de 13 à 18
centimètres.

Le SPIRLIN. — *CYPRINUS BIPUNCTATUS*. (Linn.)

Nom du pays : *Sofio ;* à Avignon, *Sofio plato.*

Coloration.—Dos grisâtre ; côtés d'un brun vert ;
deux rangs de points noirs le long de la ligne latérale
qui est rouge ; ventre blanc, très-brillant ; nageoires
rougeàtres, à l'exception de la dorsale qui est verdâtre. Sa longueur ne dépasse pas 15 centimètres.

Synonymie. — *Cyprinus Bipunctatus*, Bloch. — Le
Spirlin ou Éperlan de Seine, Cuv.

Ce petit poisson est commun dans le Gardon et dans les
eaux de Vaucluse. Il est connu ici de tous nos pêcheurs
nimois. Il est très-agile dans ses mouvemens, et l'on éprouve
du plaisir en le voyant dans l'eau. On ne le trouve que dans
les eaux vives dont le fond est caillouteux.

Le VÉRON. — *CYPRINUS PHOXINUS*. (Linn.)

Noms du pays : *Loco, Loco Vernieïro.* (*Roujhé*, sur les bords du Gardon.)

Coloration. — Dessus et côtés d'un noir bleu ;
dorsale et l'opercule blancs ; ventre de cette couleur ;
pectorales rouges ; de très-petits points rouges sur
les côtés du corps, avec des grains blancs sur la tête ;
iris couleur d'or, *au temps du frai* ; passé ce temps
les petits points rouges disparaissent, ainsi que les
grains blancs de la tête. Ceux-ci vivent dans le Gardon.

Ceux que nous trouvons dans les bassins de notre
Fontaine sont d'une couleur olivâtre en dessus ; une
ligne dorée sur chaque côté du corps ; des reflets pourprés et violâtres avec des lames couleur d'or sur les

côtés; ventre argentin; opercules jaune d'or; le tour
des lèvres ainsi que les nageoires rouges; mais toutes
ces belles nuances ne sont bien pures qu'au *printemps;* d'ailleurs, il est difficile de rencontrer plusieurs individus qui se ressemblent.

Synonymie.— *Cyprynus Phoxinus*, Bloch.— Le VÉRON,
Sonnini. — Le VÉRON, Cuvier.

Ce très-petit poisson recherche les eaux limpides dont le
fond est graveleux; il nage avec grâce et se rapproche
souvent des bords. Malgré leur petitesse, les Vérons sont
très-voraces; plusieurs fois je me suis amusé à leur jeter
de petits rouleaux de papier, après lesquels je les ai vus
s'acharner et les avaler. On les trouve dans tous les ruisseaux et rivières de France. Les eaux stagnantes leur sont
funestes. Il est commun dans les bassins de notre Fontaine.

GENRE **LOCHE** OU **DORMILLES**. — *COBITIS*. (LINN.)

CARACTÈRES. — Tête petite; corps alongé, un peu
rond, couvert de petites écailles et enduit d'une matière gluante; les ventrales placées fort en arrière du
corps, et au-dessus d'elles une seule petite dorsale;
bouche peu ouverte; point de dents; mais entourée
de lèvres propres à sucer, et des barbillons. Il s'en
trouve trois espèces dans les eaux douces de France.

LA LOCHE FRANCHE. — *COBITIS BARBATULA*. (LINN.)

Noms du pays : *Loquo-Trenquo, Locho.*

COLORATION. — Dessus du corps d'un brun olivâtre; côtés jaunâtres, nuagés et pointillés de brun;

six barbillons aux mâchoires. Il atteint de 12 à 15
centimètres de longueur.

Synonymie. — *Cobitis Barbatula*, Bloch. — La Loche
des Rivières, Sonnini. — La Loche Franche, Cuvier.

Ce petit poisson est commun dans tous nos ruisseaux ; il
reste caché au fond de l'eau , dans les herbages et entre
les pierres. Sa chair est d'un fort bon goût. On le trouve
aussi dans le Rhône.

LA LOCHE D'ÉTANG — *COBITIS FOSSILIS*. (Linn.)

Nom du pays : *Palmo*.

Coloration. — Dos noirâtre, rayé de jaune et de
brun ; ventre orangé, piqueté de noir ; les dorsales
et les caudales de même ; ventrales et anales jaunes ;
joues tachées de brun ; dix barbillons, quatre à la
mâchoire inférieure, six à la supérieure. Elle atteint
jusqu'à 55 centimètres de longueur.

Synonymie. — *Cobitis Fossilis*, Linné. — *Idem*, Bloch,
idem. Lacép. — La Loche d'Etang, Cuvier.

Elle se trouve dans nos étangs et nos marais ; on la pêche
aussi quelquefois dans le canal du Languedoc. Elle se plaît
à s'enfoncer dans la vase, sous l'eau , où elle peut vivre
longtemps quoique le dessèchement survienne, ou bien que
la glace la couvre. Si le temps devient orageux , elle vient à
la surface , l'agite et trouble l'eau ; quand il fait froid elle
se retire soigneusement dans la vase.

LA LOCHE DE RIVIÈRES. — *COBITIS TÆNIA*. (Linn.)

Noms du pays : *Loquo-Tënco, la Tëncho*.

Coloration. — D'une couleur orangée, avec plu-

sieurs séries de taches noires parmi lesquelles on
voit de petites marbrures brunes ; le corps est comprimé ; elle porte six barbillons et une pointe fourchue et mobile en avant de chaque œil ; le dessous
du corps n'a point de taches.

Synonymie. — *Cobitis Tænia*, Bloch. — La LOCHE DE
RIVIÈRE, Sonnini. — La LOCHE DE RIVIÈRE, Cuvier.

Cette espèce est la plus petite des trois ; elle habite dans
les eaux courantes et se tient entre les pierres sur le sable.
Sa chair est peu recherchée. Elle vit dans le Gardon et
dans les bassin de notre Fontaine, soit au fond de l'eau ou
entre la mousse qui tapisse les murailles.

DEUXIÈME FAMILLE. — LES ÉSOCES.

GENRE BROCHET. — *ESOX*. (CUVIER.)

Ils forment plusieurs divisions.

LE BROCHET COMMUN. — *ESOX LUCIUS*. (LINN.)

Noms du pays : *Buché, Brouché.*

COLORATION. — Dos de couleur foncée ; côtés gris,
tachés de jaune ; ventre taché de blanc très-luisant,
mais les couleurs varient avec l'âge ; la gueule grande,
le museau oblong, obtus, large et déprimé ; les
mâchoires garnies de dents acérées. Ce poisson atteint une forte taille en vieillissant ; l'on en pêche
dans le Gardon qui pèsent jusqu'à 6 ou 8 kilogrammes.

Synonymie. — *Esox Lucius*, Bloch. — Le BROCHET,
Sonnini. — Le BROCHET PROPREMENT DIT, Cuvier.

Tout le monde connaît le Brochet, qu'il est juste d'appeler le *Requin* des eaux douces, à cause de sa grande voracité ; l'on sait qu'il est nuisible au peuplement des lieux qu'il habite. Les pêcheurs le redoutent et n'osent le saisir avec la main lorsqu'il est vivant, tant sa morsure est cruelle. C'est un poisson qui est d'une grande vivacité, et, lorsqu'il se croit surpris, il donne des coups de queue et s'élance hors de l'eau, à la surface de laquelle il aime à venir dormir au soleil lorsque le temps est calme. Sa chair est estimée car elle est d'un bon goût et facile à digérer.

Il vit dans nos marais et nos étangs d'eau douce ; on le pêche aussi dans le Vistre, dans les grands fossés qui l'avoisinent et dans les eaux de Vaucluse.

Genre SAUMON.— *SALMO* (Linn.)

La chair des poissons compris dans ce genre est très-estimée par sa délicatesse et son bon goût. Les uns habitent la mer, les autres les eaux douces dont le courant est rapide. Ils remontent les rivières pour frayer, malgré les obstacles qu'ils rencontrent, car ils savent sauter même au-dessus des cataractes. Leur bouche est garnie de plusieurs sortes de dents, et ce sont peut-être de tous les poissons les plus complètement armés. Ce genre, qui est fort nombreux en espèces, a pour type le Saumon qui vit dans les mers arctiques ; sa pêche est très-importante dans tous les pays septentrionaux, par la grande salaison qu'on en fait.

La TRUITE COMMUNE. — *SALMO FARIO.* (Linn.)

Nom du pays : *Truito* ou *Trucho*.

COLORATION. — Ce joli poisson varie beaucoup selon l'âge et selon les eaux dans lesquelles il vit.

Le dos est rond garni de taches noirâtre ou brunes, rouges sur les flancs, entourées d'un cercle clair sur un fond qui est bleuâtre ou blanc, jaune doré, et même brun foncé.

Synonymie. — *Salmo Fario*, Bloch. — La Truite, Sonn. — La Truite commune, Cuv.

La Truite vit dans les eaux claires et vives ; sa chair, qui est blanche, est très-estimée. On la pêche à la ligne dans toutes les petites rivières de nos pays de montagnes, et sa grande voracité est cause qu'on la prend souvent, car elle s'élance comme un trait sur l'appât qu'on lui présente au-dessus de l'eau. Le long des bords de la Sorgue on prend la Truite avec une espèce de trident. Elle descend le Gardon jusque dans les environs du Pont-du-Gard. On la trouve rarement dans le Rhône.

L'ÉPERLAN. — *SALMO EPERLANUS*. (Linn.)

Coloration. — Dos gris ; flancs argentins changeant en vert et en bleu ; ventre d'un blanc rougeâtre. Taille petite.

Synonymie. — *Salmo Eperlanus*, Bloch. — L'Eperlan, Sonn. — L'Eperlan, Cuv.

Ce poisson est de petite taille, mais ses belles couleurs et l'excellence de sa chair le font rechercher pour la table.

On prend l'Eperlan dans le Rhône près de son embouchure ; il vit dans la mer.

L'OMBRE COMMUNE. — *THYMALLUS*. (Linn.)

Nom du pays : *Oumbrë*.

Coloration. — Tête arrondie, semée de points

noirs; dos d'un vert bleuâtre; rayé en long, de la tête à la queue, par du noirâtre; ventre blanc; nageoires rougeâtres; la grande nageoire dorsale tachée de verdâtre et piquetée de brun.

Synonymie. — *Salmo Thymallus*, Linné. — L'OMBRE, Bonat. — L'OMBRE COMMUNE, Cuv.

Cette espèce vit dans le Gardon, l'Hérault et les eaux de Vaucluse, ainsi que dans plusieurs autres rivières des montagnes de nos contrées. Ce poisson est aussi recherché que la Truite par le bon goût de sa chair.

GENRE ALOSE. — *ALOSA*. (Cuv.)

Les Aloses tiennent de près aux Harengs, et aux Sardines. Elles habitent la mer et remontent les rivières au temps du frai.

L'ALOSE PROPREMENT DITE. — *CLUPEA ALOSA*. (LINN.)

Nom du pays : *Aláouso*.

COLORATION — Dos d'un jaunâtre vert, ventre argenté; une tache noire derrière les ouïes, et autres plus petites au-dessus de la ligne latérale; écailles grandes dont le bord est piqué de noir. Sa longueur atteint jusqu'à 1 mètre.

Synonymie. — L'ALOSE, Rondelet. — L'ALOSE PROPREMENT DITE, Cuvier.

Au printemps, les Aloses remontent le Rhône par grandes bandes pour aller déposer leur frai. Nos pêcheurs en prennent quelquefois beaucoup au moyen des grands filets qu'ils tendent à travers le fleuve. La chair des Aloses

est fort bonne après quelle a vécu quelque temps dans les
eaux douces, tandis que lorsqu'on les prend dans la mer ;
elle est sèche et de mauvais goût.

TROISIÈME ORDRE.

LES MALACOPTÉRYGIENS SUBBRACIENS.

PREMIÈRE FAMILLE. — LES GADOÏDES.

GENRE GADE. — *GADUS*. (LINN.)

Les poissons dont ce genre se compose sont marins , et
c'est parmi eux que se trouvent le Merlan et la Morue.
L'espèce suivante se distingue des autres par son habitude
à remonter les fleuves et les rivières.

LA LOTTE COMMUNE. — *GADUS LOTTA*. (BLOCH.)

Nom du pays : *Palmo ;* à Avignon, *l'Azë.*

COLORATION. — Fond jaune avec des marbrures
brunes ; un seul barbillon au menton ; corps gluant,
presque cylindrique, couvert de petites écailles molles
et minces ; ventre blanc ; les deux nageoires à la
même hauteur ; la tête est petite et déprimée. La
longueur varie de 33 à 66 centimètres.

Synonymie. — *Gadus Lotta* , Lesueur. LA LOTTE COM-
MUNE OU DES RIVIÈRES , Cuvier.

La Lotte Commune aime les eaux claires et guette, entre
les pierres , les poissons dont elle se nourrit ; elle dévore
même ceux de son espèce. Sa chair est très-estimée, et
surtout son foie qui est fort volumineux.

GENRE **PLIE**. — *PLATESSA*. (Cuv.)

CARACTÈRES. — La forme des Plies est romboïdale ;
elles portent les yeux du même côté, la plupart les
ont à droite. Elles vivent dans la mer, à l'excepion
de celle-ci qui remonte les rivières.

LA LIMANDE. — *PLATESSA LIMANDA*. (Linné.)

Nom du pays : *Plano.*

COLORATION. — Ecailles noires et rougeâtres, ou
olivâtres et jaunâtres, qui sont, quoique petites, assez
rudes au toucher, ce qui lui a valu le nom de *Limo*
(lime); ligne latérale, presque droite, excepté au-
dessus des ouïes où elle forme une courbure ; yeux
à droite, et entr'eux une ligne saillante ; face supérieure d'un brun olivâtre ; l'inférieure blanche om-
brée de brun.

Synonymie.ᵉ— *Pleur*, *Limanda*, Bloch. ; *Pleur Stella-
tus*, Pallas ; LA LIMANDE, Cuvier.

Ces poissons sont très-abondans dans la Méditerranée et
dans nos étangs ; ils remontent fort avant dans les rivières
de certains pays ; mais, chez nous, on ne les voit que
dans les grandes eaux stagnantes, près de la mer. On en
apporte beaucoup sur notre marché.

QUATRIÈME ORDRE.

LES MALACOPTÉRYGIENS APODES.

FAMILLE UNIQUE. — LES ANGUILLIFORMES.

CARACTÈRES. — Les poissons de cet ordre ont une forme alongée, cylindrique ; une peau épaisse, molle, n'ayant que de petites écailles couvertes d'une substance très-gluante qui est cause qu'on ne peut les retenir avec la main. Ils manquent de nageoires ventrales ; les pectorales, qui sont petites, sont situées au-dessous des ouïes, ce qui leur donne beaucoup de ressemblance avec les serpens. Quoique pourvues d'une vessie natatoire, les Anguilles se tiennent au fond de l'eau, où elles semblent ramper dans la vase, par l'habitude qu'elles ont d'y chercher les insectes, les vers et les petits poissons dont elles se nourrissent ; elles sont très-voraces. Comme les Anguilles peuvent vivre longtemps hors de leur élément, lorsque les lieux où elles se trouvent viennent à se dessécher, elles s'enfoncent dans la vase, ou bien, pendant la nuit, elles se traînent sur la terre, quelquefois à de grandes distances, pour aller chercher de nouvelles eaux.

Dans le premier temps de leur vie, le plus grand nombre des anguilles habite la mer ; mais au printemps les jeunes quittent les eaux salées et remontent les fleuves pour aller séjourner dans les eaux douces qu'elles abandonnent plus tard pour retourner à la mer, afin d'y déposer leurs œufs.

On a cherché longtemps à connaître de quelle manière

se reproduisaient les anguilles, et ce problème a donné
lieu à toutes sortes de conjectures, et même à des suppo-
sitions trop erronées pour être rapportées ; mais, aujour-
d'hui, grâce aux travaux des savans, l'on sait de quelle
façon ces poissons se reproduisent ; l'étude microscopique
de leurs organes générateurs doit faire cesser toute incer-
titude à ce sujet. La présence, chez certains individus,
d'un ovaire pourvu d'œufs, et, chez d'autres, d'une laite,
conduit à affirmer que les anguilles se reproduisent de la
même manière que les autres poissons. J'ajouterai, pour
l'édification des pêcheurs qui m'ont affirmé que les anguilles femelles portaient leurs petits dans leur ventre ou entre
l'épine de la colonne vertébrale, qu'elles sont, comme les
autres poissons, sujettes aux vers intestinaux que l'on peut
trouver dans le Goujon. L'*Ascaris Gobionis* (Gemel), la
Tœnia Nodulosa (Gemel), et la *Filaria Ovata*, Encycl.
Méth., etc., qui paraissent être des jeunes anguilles, sont
probablement cause de cette erreur.

GENRE **ANGUILLE. — *MURÆNA*.** (Linn.)

Les Anguilles proprement dites, en patois *An-
guiellos*, ont la dorsale et la caudale sensiblement
prolongées autour du bout de la queue, et y forment
par leur réunion une caudale pointue. Dans les *Anguilles vraies* la dorsale commence à une assez grande
distance en arrière des pectorales. Nos Anguilles communes sont de cette subdivision.

Nos pêcheurs, dit Cuvier, en reconnaissent de quatre
sortes qu'ils prétendent former autant d'espèces ; mais quelques auteurs confondent, sous le nom de *Mureana*, Linn. :

1° L'*Ang. verniaux*, l'*Ang. long bec*, l'*Ang. plat bec*,
Gvigeel des Anglais, et l'*Ang. pimpernaux*.

Voici , maintenant , les quatre espèces que distinguent les pêcheurs qui habitent nos étangs ou nos marais ; j'ajouterai les differences des couleurs que j'ai observées sur ces individus :

1° La *Chinan*, qui est d'un brun vert en dessus , d'un blanc d'argent en dessous, avec des reflets pourprés sur les flancs ; les pectorales brunes ;

2° La *Fine*, verdâtre en dessus , d'un beau blanc argentin en dessous ; une ligne formée de petits points bleuâtres ; les pectorales noirâtres, douze petits points bleuâtres autour de la mâchoire inférieure : c'est l'espèce qu'on dit venir la plus grosse, mais elle reste courte; on en prend qui pèsent jusqu'à 6 ou 7 kilogrammes ;

3° La *St-Jeannënque* , roussâtre en dessus , blanche en dessous , avec de petits points bruns à la base de la mâchoire inférieure ;

4° Le *Bouyeiroûn* ou *Bouyerinco*. Ce sont les jeunes qui portent ces noms.

Les *Bouyeiroûns*, ou les jeunes anguilles, se réunissent à l'embouchure du Rhône , ou plutôt elles sortent de la mer, en se tenant attachés les uns les autres en si grande quantité , que j'en ai vu formant une masse sphérique de la grosseur d'un fort tonneau ; cette masse monte et redescend dans l'eau continuellement, et , au fur et à mesnre , les individus se détachent en formant une corde , de sorte qu'ils ressemblent à un peloton de laine qu'on déploierait par un seul bout. Ces milliers de petites anguilles se dirigent aussitôt de chaque côté du fleuve et le remontent sans jamais quitter ses bords , afin de s'introduire dans toutes les issues qu'elles rencontrent ; c'est de cette manière qu'elles s'en vont peupler toutes les eaux douces. Cette espèce de procession dure plus de 15 jours sans interruption.

SEPTIÈME ORDRE.

POISSONS CARTILAGINEUX ou STURIONIENS.

GENRE ESTURGEONS. —*ACIPENSER*. (Linn.)

CARACTÈRES. — Les Esturgeons forment le genre principal de cet ordre et sont faciles à reconnaître à leur petite bouche située au-dessous du museau ; le corps est alongé, garni d'écussons osseux, implantés sur la peau en lignes longitudinales ; leur tête est cuirassée extérieurement. Les poissons de ce genre deviennent très-grands ; l'on en connaît un qui mesure jusque près de 6 mètres 66 centimètres ; mais leur grande taille ne les rend pas redoutables aux autres poissons, à cause de leur petite bouche qui manque de dents.

Les Esturgeons passent le mauvais temps dans la mer ; mais, dès que les beaux jours paraissent, ils pénètrent dans les fleuves qui communiquent avec elle.

L'ESTURGEON ORDINAIRE. —*ACIPENSER STURIO*. (Linn.)

Noms du pays : *l'Esturjhoûn*, *l'Estyoûn*.

COLORATION. — D'un brun jaunâtre ; le museau pointu ; cinq rangées d'écussons fort épineux, placées en lignes longitudinales. Il mesure de 2 mètres à 2 mètres 33 centimètres.

Synonymie. —*Acipenser Sturio*, Bloch.— L'ESTURGEON, Lacép. — L'ESTURGEON ORDINAIRE, Cuv.

Au printemps, les Esturgeons remontent le Rhône pour

frayer. Avant l'établissement des bateaux à vapeur, il s'en
prenait beaucoup et même de fort gros ; maintenant ils
sont plus rares, ce qui fait présumer que c'est le bruit des
roues locomotrices qui les éloignent. La chair de ces poissons peut assez se comparer à celle du veau. Nous en
voyons souvent sur notre marché.

FAMILLE DES SUCEURS.

GENRE LAMPROIE. — *PETROMYZON*. (LINN.)

CARACTÈRES. —Ils portent de chaque côté sept ouvertures rondes qui remplacent les branchies ; leurs
mâchoires forment un anneau entier qui est armé
de fortes dents, ce qui leur permet de faire un vide
et de se fixer solidement aux corps les plus polis.

LA GRANDE LAMPROIE. — *PETROMYZON MARINUS*. (LINN.)

Nom du pays : *Lamprézo, Lampré*.

COLORATION. — Tête d'un gris brun ; dos et côtés
d'un vert jaunâtre marbré de bleuâtre ; ventre blanc ;
dorsale brune et jaune ; caudale bleuâtre ; plusieurs
rangées de dents jaunes, disposées circulairement autour de la bouche qui ressemble à celle d'une sangsue.
Elle atteint de 66 centimètres à 1 mètre de long.

Synonymie. — *Petromyzon Marinus*, Bloch. — *Id.*
Lacép. — La GRANDE LAMPROIE, Cuv.

Cette espèce habite la mer, mais elle remonte les fleuves
et se répand aussi dans lés étangs. Elle se fixe souvent par
la bouche aux corps étrangers avec tant de force, que l'on
a vu une Lamproie de trois livres enlever une pierre de
six kilog. à laquelle elle s'était attachée. Au mois d'avril
cette Lamproie remonte le Rhône, souvent en se fixant au

corps des Aloses, car il il n'est pas rare qu'on prenne ces deux poissons du même coup de filet. La chair de la Lamproie est un manger délicieux.

LA LAMPROIE DE RIVIÈRE. — *PETROMYZON FLUVIALIS*. (LINN.)

Nom du pays : Comme la précédente.

COLORATION. — Argentée, noirâtre ou olivâtre en dessus; la première dorsale bien distincte de la seconde; deux grosses dents écartées en haut de l'anneau maxillaire. Longueur, de 33 à 50 centimètres.

Synonymie. — *Petromyzon Fluvialis*, Bloch. — La LAMPROIE DE RIVIÈRE, Cuv.

Cette espèce se trouve dans les rivières, mais elle semble préférer celles qui sont en plaines qu'en montagnes ; en automne, elle cherche de retourner à la mer. Elle vit dans nos étangs ; elle est rare dans le Gardon et les autres rivières.

LA PETITE LAMPROIE DE RIVIÈRE. — *PETR. PLANERI.* (BLOCH.)

Nom du pays : *Lamprézoun.*

COLORATION. — Elle diffère peu des couleurs de la précédente dont elle a aussi la dentition; les deux dorsales contiguës ou réunies; les individus jeunes sont d'une couleur roussâtre. Elle n'atteint que 23 à 28 centimètres de long.

Synonymie. — *Petromyzon Planeri*, Gesner. — La PETITE LAMPROIE DE RIVIÈRE, Cuvier.

Cette petite Lamproie vit dans les eaux de Vaucluse, dans l'Hérault et le Gardon ; elle remonte très-avant dans ces rivières, mais elle y est peu commune.

ART

D'EMPAILLER LES OISEAUX.

En faisant suivre cet ouvrage d'une méthode de Taxidermie ou Manière de préparer les oiseaux pour pouvoir les conserver après leur mort, sous une apparence de vie, je n'ai pas la prétention d'offrir au public un procédé nouveau ; d'autres, avant moi, ont publié de bons traités, sur cette matière, et c'est dans leurs écrits que j'ai moi-même puisé le plus grand nombre de mes connaissances ; j'y ajouterai ce qu'une pratique de vingt années de travaux et la préparation de plus de quatre mille animaux m'ont appris à connaître. Toutefois, je dois dire que je serai un peu bref, parce que le cadre que je m'étais proposé de remplir dans cet ouvrage se trouve déjà dépassé. Néanmoins, il m'est agréable de pouvoir mettre sous les yeux des personnes qui me feront l'honneur de lire la *Faune Méridionale*, la manière dont on doit s'y prendre pour *monter* un oiseau*, et je suis assuré d'avance de procurer quelque agrément aux jeunes gens qui habitent la campagne une partie de l'année, ou qui y font leur demeure habituelle, en les initiant à cet art aimable qui fait écouler de si longues heures pleines de plaisir, par la satisfaction que l'on éprouve en ressuscitant, pour ainsi dire, un être qui, quelques momens auparavant, était privé de vie. Car c'est à la campagne que l'on a le plus d'occasions d'étudier la nature et de lui dérober quelquefois un de ses secrets. Les oiseaux, surtout, sont les êtres qui se présen-

---

* On appelle monter un oiseau ou un animal quelconque, lui rendre la pose et la grâce qu'il avait lorsqu'il était vivant.

tent le plus favorablement à nos regards, tant par les grâ-
ces de leurs mouvemens et la beauté de leur coloris, que
par cet instinct admirable qui les caractérise, sans compter
que leur voix les fait aimer davantage parce qu'elle porte
souvent quelque calme au trouble de notre esprit. Les
bois et les champs sont animés dès que les oiseaux de
printemps y arrivent, et souvent, dans ses promenades,
l'on se plaît à les admirer dans leurs joies et dans leurs poses
qui sont aussi variées que les diverses passions qu'ils
éprouvent, et l'on voudrait les avoir fréquemment sous
les yeux pour les contempler toujours. Ce désir et les nombreuses publications que l'on a faites sur l'histoire des
oiseaux, sont la cause principale qu'un grand nombre d'a-
mateurs se sont formés de nos jours sur tous les points
de la France et de l'Europe, et ont, par leurs observations
souvent répétées, fini par rendre un vrai service à l'Ornithologie, en l'enrichissant de faits qui seraient peut-être de-
meurés longtemps inconnus aux hommes de haute science.

C'est en se bornant à former une collection des oiseaux
de son propre pays qu'un amateur peut éprouver des jouissances qui, en ne l'entraînant pas dans de grands frais,
n'en seront pas moins variées. Mais je dois prévenir ceux
qui auront quelque penchant pour se livrer à la préparation des oiseaux, qu'ils doivent s'armer de patience et ne
point se laisser rebuter par les nombreuses difficultés qui se
présenteront pendant le cours de leurs travaux, difficultés
que l'on finit toujours par surmonter avec de la pratique et
du goût.

Je me rappelle que j'ai commencé d'empailler les oiseaux sans le secours d'aucune méthode, et que je n'avais
assisté qu'à deux séances très-abrégées quand le désir de
former une collection se manifesta en moi ; mais je dois
dire que, pendant plusieurs années, mes travaux se pas-
sèrent en pure perte, parce que je n'avais aucune idée

fixé pour ce que je voulais faire , tandis que l'amateur qui voudra suivre exactement les principes que je vais indiquer , quoique peu développés , s'épargnera bien des tâtonnemens et d'ennuis , s'il est doué d'une imagination vive et de persévérance.

De la Chasse aux Oiseaux que l'on veut conserver.

Cette chasse doit se faire surtout aux deux principales époques de l'année, à l'automne et au printemps, alors que la mue s'est accomplie ; à la première , l'on a les oiseaux qui viennent de se revêtir de nouvelles plumes pour remplacer celles qu'ils avaient perdues ; la seconde , que l'on appelle double mue , n'a pas lieu chez toutes les espèces ; mais celles chez qui elle s'opère prennent des couleurs plus brillantes sur diverses parties de leur corps ; il leur pousse même des plumes de parade , ou de *noce* , qu'ils perdent aussitôt que la saison des amours est passée. C'est lorsque les oiseaux sont dans toute la splendeur de cette livrée qu'ils sont précieux à connaître , car alors ils diffèrent tellement de la livrée d'hiver qu'ils semblent former deux espèces distinctes. Il est essentiel de faire figurer l'une à côté de l'autre.

Avant de partir pour la chasse , il faut avoir soin de se munir de plusieurs petites choses que nous allons indiquer, car elles sont toutes bien nécessaires lorsqu'on vient de tuer un oiseau , et sans le secours desquelles l'on n'emporterait chez soi que des individus qui auraient perdu toute leur fraîcheur, et , par conséquent, peu dignes d'être admis dans une collection. Pour tuer les petites espèces telles que les Roitelets et les Fauvettes , il faut se servir de plomb du n° 11 et 12 ; il faut emporter plusieurs petites boîtes, bruxelles fines , plâtre , coton , étoupe , une petite éponge , une bouteille d'eau pure , un verre ou une coupe, du fil et plusieurs aiguilles de différentes grosseurs. Il faut tirer les petits oiseaux à une distance assez éloignée pour que le plomb ne fasse pas balle, ce qui occasionnerait une trop forte blessure, et les mettrait hors d'état de pouvoir être montés. Il ne faut pas non plus trop bourrer son fusil afin que le coup ait moins de force.

Aussitôt que l'on vient d'abattre un oiseau, il faut se hâter d'aller le ramasser soi-même; l'usage d'un chien est ici tout-à-fait interdit, parce qu'en le saisissant entre ses dents il risque de le détruire. Aussitôt qu'on s'est emparé de l'oiseau, on lui passe un fil dans les narines au moyen d'une aiguille, on le maintient double et on le noue, ce qui forme une espèce de ganse qui sert pour maintenir l'oiseau pendant la petite mais utile opération que l'on va lui faire subir. On s'empresse de lui ouvrir le bec que l'on nettoie avec un peu de coton que l'on tient entre les bruxelles, et l'on y introduit du plâtre pulvérisé, autant qu'on le juge nécessaire, jusqu'à ce que le sang ou toute autre matière ne puisse pas, en se répandant, salir les plumes. L'on fait aussi pénétrer un peu de coton ou d'étoupe à travers les narines, surtout pour les grands oiseaux, et les oiseaux de proie en particulier, chez qui le dégorgement est le plus à craindre. On cherche ensuite la blessure, l'on écarte les plumes qui la couvrent, et l'on y jette du plâtre pulvérisé. Si le sang coule en abondance, il faut alors l'enlever en le lavant avec de l'eau pure au moyen de l'éponge, et l'on y répand du plâtre dessus pour le sécher, ainsi qu'il en sera fait mention à l'article *Lavage des oiseaux*; ou bien on bouche le trou que le plomb a fait avec un tampon de coton, que l'on saupoudre encore avec du plâtre. Si l'oiseau n'est pas trop volumineux, on le suspend par le fil des narines à un bouton de la veste et l'on continue à chasser; mais, dès qu'on s'est assuré que le sang est figé, on le détache, on peigne les plumes, c'est-à-dire

qu'on les arrange en les ramenant chacune à leur place ;
on y souffle dessus à plusieurs reprises en faisant attention
de ne pas le faire en sens contraire, et après avoir examiné la couleur des yeux, si on ne la connaît pas d'avance,
on fait pénétrer l'oiseau dans un cornet de papier fort , en
le faisant arriver la tête la première sans déplacer les plumes. Si c'est un oiseau de grande taille que l'on ait abattu ,
on doit le suspendre à une branche d'arbre , l'y laisser
jusqu'à ce qu'il soit refroidi, après quoi on peut le placer
dans le sac en prenant les précautions nécessaires pour
qu'il ne se salisse pas en chemin. Les cornets contenant les
petits oiseaux doivent être placés de manière que rien ne les
presse trop fortement ; une ou plusieurs boîtes en fer-blanc
sont très-utiles pour cela. Lorsque la chaleur est forte et
que l'on ne doit rentrer chez soi que fort tard dans la
journée , ou le lendemain , il faut , avant de renfermer un
oiseau dans le carnier , lui fendre la peau depuis le sternum
jusque près de l'anus et la détacher comme si on voulait
l'écorcher ; on la soutient un peu relevée avec du coton ou
de l'étoupe sur lesquels on verse du plâtre. Ce moyen
empêche la corruption de l'épiderme , et fait que les plumes
de cette partie ne se détachent point , ainsi que cela arrive
lorsqu'il fait chaud. De cette manière , j'ai gardé intacts ,
pendant trois jours, des oiseaux que j'avais tués dans mes
excursions d'été.

Du choix des Oiseaux.

Il faut être très-scrupuleux pour le choix des oiseaux ,
car , c'est de cette attention que dépend la beauté d'une
collection. Soit qu'on vous présente un oiseau, soit qu'on
aille soi-même le choisir au marché , il faut, avant que d'en
faire l'acquisition , s'assurer si la corruption n'est pas avancée ; car tels oiseaux qui sont bons à être mangés dans cet
état ne peuvent servir à être montés. Pour s'en assurer

on visite le bas-ventre ; si les plumes se détachent en le
touchant, il faut les refuser. On le reconnaît encore au
maniement des pieds. Car s'ils sont roides et secs, l'oiseau
est trop fait ; mais ce qu'il y a de plus sûr, c'est de passer
à plusieurs reprises le doigt sur les plumes qui couvrent les
côtés du bec et la joue. 1° Si l'on s'aperçoit qu'elles tom-
bent, il faut renoncer à en faire l'acquisition, fût-il très-
beau et rare. 2° Il faut encore que les plumes ne soient
pas graisseuses. 3° Visiter les ailes et la queue pour se
convaincre que les plumes de ces parties n'ont pas été ar-
rachées par le chasseur, ce qui arrive souvent chez les
grands oiseaux, et faire attention encore que le croupion et
les côtés du corps n'aient pas été plumés, ce qui a lieu
quelquefois parce que c'est de cette façon que les marchands
de volailles s'assurent si les oiseaux sont gras. 4° L'on pres-
sera la tête entre les doigts pour connaître si les os du crâne
ne sont pas brisés ; il faut également que le bec et les pieds
soient intacts On doit abandonner tous les oiseaux qui ne
réunissent pas ces diverses qualités, si l'on ne veut pas s'exposer à de grandes difficultés ou à les perdre. Le préparateur ne devra pas, autant que possible, prendre des oiseaux qui aient longtemps séjourné dans les volières, pas
plus que ceux des basses-cours, parce que rarement ils
sont sans défaut. C'est dans les champs où l'oiseau vit en
toute liberté qu'il faut aller le chercher. Alors on est sûr
de former une collection ne renfermant que des sujets
beaux de fraîcheur, qui, par le plaisir qu'ils procurent à la
vue, vous dédommagent des peines et des dépenses que
l'on a eues à supporter. Ils peuvent aussi mieux servir
pour l'étude.

Outils et Instrumens indispensables pour la préparation des Oiseaux.

Des scalpels, espèces de bistouris que l'on trouvera chez

les conteliers ; il en faut de plusieurs sortes. *Voyez* fig. 1, 2, 3 *.

Des bruxelles de différente force et de différente longueur, fig. 4.

Des pinces dont on se sert en chirurgie ; ce sont des bruxelles crénelées intérieurement à leur extrémité ; elles servent pour retenir la peau et saisir des lambeaux de chair, nerfs, etc., fig. 5.

Une pince à pansement, imitant des ciseaux à branches très-alongées ; elle sert lorsque l'on veut bourrer une peau ; fig. 6.

Des pinces plates, ainsi que deux paires de pinces rondes de différente force ; fig. 7 et 8.

Deux paires de pinces tranchantes pour couper le fil de fer ; fig. 9 et 10.

Des tenailles à grosse tête, dont se servent les cordonniers, pour tordre et manier les gros fils de fer lorsqu'on monte de grands oiseaux. Des limes plates et triangulaires de qualités différentes.

Des alène droites et recourbées, ainsi que des fils de fer de toutes longueurs et de toutes grosseurs, que l'on rend pointus d'un bout et qu'on plie de l'autre en forme d'anneau ; l'on s'en sert pour percer les pattes ou les os du crâne, quand on monte un oiseau ; fig. 11, 12 et 13.

Des pinceaux en crin, ou brosses, plus gros et plus longs les uns que les autres, pour étendre le préservatif intérieurement. *Idem*, un pinceau en poils de blaireau pour lisser les plumes ; fig. 14 et 15.

Des juchoirs variant de forme et de grandeur dont la

---

* Les figures représentant les instrumens nécessaires au préparateur paraîtront dans les premières livraisons des planches que nous nous proposons de publier bientôt, pour faire suite au texte de cet ouvrage ainsi qu'à l'*Ornithologie du Gard*. Elles représenteront 300 sujets, au moins ; ce sera l'objet d'une nouvelle souscription.

base doit être épaisse et assez large pour qu'il ne tombe pas lorsqu'on maniera l'oiseau qu'on y aura placé dessus pour lui donner la position ; fig. 1 et 2.

L'on se sert aussi d'une espèce de télégraphe qui a la forme d'un chandelier, c'est-à-dire que la base est arrondie et d'un même diamètre qu'une assiette à dessert, au milieu duquel on fixe un montant en bois de 27 centimètres de hauteur, ayant 12 ou 14 centimètres de circonférence, dans lequel on pratique deux trous, l'un au milieu, l'autre pres de l'extrêmité ; on y passe un bâton arrondi qui doit aller en grossissant sur l'un de ses bouts, afin qu'en l'enfonçant il se maintienne solidement ; son côté le plus mince devra s'étendre de 24 à 30 centimètres en dehors du montant ; l'on y fera, sur une même ligne, plusieurs trous qui serviront à y fixer l'oiseau dessus. Comme on le devine déjà, ce bâton, pouvant tourner à volonté, devient commode pour visiter l'oiseau dans toutes ses parties, et sert en même temps à lui donner différentes poses ; fig. 3. Mais les oiseaux un peu grands ne pouvant pas être placés sur le télégraphe, on prendra de grands juchoirs.

Enfin, il faut se munir de fils et d'aiguilles de toutes grosseurs, de ciseaux à lames droites et à lames recourbées, d'un petit marteau, d'une râpe et de plusieurs autres petits objets tels qu'un étau à main pour maintenir les gros fils de fer et les rendre pointus ; marteaux, vrilles et autres que le besoin fait deviner à chaque préparateur à mesure qu'il en éprouve le besoin.

Il est indispensable d'avoir plusieurs instrumens en forme de cure-oreille en fer, de grosseurs différentes, pour enlever la cervelle ; fig. 4.

Les fils de fer qui doivent servir à monter les oiseaux, doivent être choisis à propos ; car s'ils sont trop forts ou trop faibles le travail devient impossible. On emploiera donc, à peu de choses près, les fils de fer dont nous allons donner les numéros avec un ou deux oiseaux en regard dont la taille pourra servir de modèle pour tous les autres qui s'en rapprocheront. D'ailleurs l'habitude finira par devenir un guide sûr.

Pour les Oiseaux-mouches et Colibris, le n° passe-perle.
Pour le Roitelet Huppé et le Troglodyte........ n° 1
Pour le Moineau et le Chardonneret........... n° 2
Pour le Martinet de Muraille et l'Alouette...... n° 3
Pour le Gros-Bec et le Bouvreuil............. n° 4
Pour le Merle Noir et le Sansonnet........... n° 5
Pour la Huppe ou Pupu, la Bécassine.......... n° 6
Pour le Merle Litorne .... n° 7
Pour le Râle d'Eau et la Tourterelle à Collier... n° 8
Pour la Pie et le Faucon Cresserelle........... n° 9
Pour la Perdrix Rouge, la Mouette Rieuse...... n° 10
Pour les Gros Pigeons, les Perroquets et le Faucon
 Pélerin........................... les n°s 10 et 11
Pour les Sarcelles et les Corneilles...... — 12 et 13
Pour la Pintade et le Canard Col-Vert.. — 14 et 15
Pour les grands Hérons............. — 16 et 17
Pour les Aigles, les Vautours, les Cygnes, etc., on emploiera des numéros au-dessus.

Matières dont on doit se servir pour bourrer la peau et remplacer les chairs.

L'on n'emploiera jamais des productions animales, telles que la laine, le poil et le crin, parce que ces matières renferment un germe de destruction.

Le coton haché est bon pour les petites espèces, mais on doit s'en servir le moins possible, parce qu'il tend toujours à se gonfler; et, si l'on bourre fort, il est très-difficile de faire pénétrer les fils de fer à travers les parties qui en sont garnies. De la filasse dégagée de tous corps étrangers, coupée menue, vaut mieux ; j'ai toujours bourré même les oiseaux-mouches avec ; je ne me sers du coton que pour former les cuisses, je l'emploie encore pour les oiseaux de la taille d'un Rossignol ; vu qu'il se roule bien autour du tibia et qu'il ne forme point de saillies. Autrement, l'on doit bourrer les peaux avec de la filasse de lin ou de chanvre, que l'on hache ou que l'on emploie entière selon les circonstances. Pour les grands oiseaux, l'on peut se servir de rognures de papier ou de foin très-souple pour remplir l'intérieur du corps, mais pour le cou, les cuisses et la poitrine, l'on devra faire usage d'étoupe ou de filasse.

Comme les animaux que l'on veut conserver dans une collection sont sujets à devenir victimes des insectes destructeurs, les préparateurs ont soin de garnir l'intérieur de la peau avec des préservatifs. Plusieurs ont essayé différens procédés qui ont tous été plus ou moins efficaces. Mais, jusqu'à ce jour, aucun n'a offert autant de garanties que le savon arsénical de Becœur, pharmacien et chimiste. Ce savon est employé avec avantage par tous les amateurs et dans les muséums des capitales.

Nous allons, par un but d'économie, donner cette recette et la manière de la composer soi-même sans avoir recours à un pharmacien.

Elle est indiquée de la manière suivante dans l'excellent ouvrages de M. Boitard, intitulé : *Manuel du Naturaliste préparateur*, et c'est ainsi que nous l'avons toujours composée :

          Arsenic pulvérisé......... 1 kilog.
          Sel de Tartre........... 3 hectog. 7 décag.
          Camphre .... 1 hectog. 6 décag.
          Savon blanc .... 1 kilog.
          Chaux en poudre........ 2 hectog. 5 décag.

On coupe le savon en très-petits morceaux, on le met

dans une terrine de grès sur un feu doux, et on y mêle une
petite quantité d'eau pour le faire fondre à mesure que l'on
remue avec une spatule en bois ; lorsque le savon est bien
fondu, qu'il ne reste aucun grumeau, on le retire du feu
et l'on ajoute le sel de tartre pulvérisé ; on remue jusqu'à
ce qu'il soit bien fondu et amalgamé, puis on y mélange
par parties et successivement la chaux et l'arsénic ; le mélange prend de la consistance et on le triture jusqu'à ce
qu'il soit parfait ; c'est-à-dire jusqu'à ce que les parties
soient incorporées et fondues les unes avec les autres.

Lorsque le tout sera bien refroidi, on pensera à y ajouter le camphre, mais pas avant, car si la composition
avait la moindre chaleur, celui-ci s'évaporerait en tout ou
en partie. Pour cela, on le pulvérisera dans un mortier,
en y mêlant un peu d'esprit de vin pour le rendre friable,
ou bien on le fera dans une quantité suffisante d'esprit,
on remue avec la spatule jusqu'à ce que le mélange soit
parfait, et le préservatif est bon à être employé au besoin.

Pour le conserver, on le met dans un pot de grès vernissé
à l'intérieur ou dans un vase de faïence, ayant la précaution de le boucher le mieux possible et de le tenir dans
un lieu frais pour qu'il ne dessèche pas.

Lorsqu'on veut s'en servir, on en met la quantité suffisante dans un petit vase, et, à l'aide d'un pinceau de crin,
on le délaie dans l'eau ; puis, avec le même pinceau, on
l'étend sur la peau ou sur la partie à préserver.

Comme l'usage journalier qu'on est obligé de faire de
l'arsénic effraie certaines personnes et notamment celles du
beau sexe qui veulent s'amuser à monter quelques petites
espèces, M. Boitard donne sous le nom de pommade savon-
neuse, la recette que voici :

    Savon blanc.......... 5 hectog.
    Potasse.............. 250 grammes.
    Alun en poudre........ 125 grammes.

Eau commune.......... 1 kilog.
Huile de pétrole...... 125 grammes.
Camphre............ 125 grammes.

On place le savon coupé en petits morceaux dans une
terrine sur un feu doux , on y verse l'eau dessus ; on y
ajoute la potasse ; quand le tout est réduit en pâte , on y
jette l'alun et l'huile de pétrole ; on laisse refroidir, puis on
ajoute le camphre réduit aussi en pâte par le moyen de l'alcool , et l'on triture le tout jusqu'à parfait mélange. Cette
composition s'emploie au pinceau comme la précédente ;
elle peut devenir utile à ceux qui trouveraient de la difficulté à se procurer de l'arsénic.

Lavage des Oiseaux.

Lorsqu'un oiseau a les plumes tachées de sang , de boue
ou de toute autre matière qui pourrait en ternir l'éclat ,
il ne faut pas entreprendre de le dépouiller avant de l'a-
voir bien nettoyé. Pour cela, on prend de l'eau dans
un plat, et l'on y fait dissoudre un peu de savon ; on y
trempe une éponge ou un tampon de filasse ou de coton
que l'on passe à plusieurs reprises sur la partie salie, en
ayant soin de presser souvent l'éponge hors du plat pour
lui faire rendre ce dont elle est imbibée, et l'on recommence à frotter en changeant d'eau, c'est-à-dire en se
servant de l'eau fraîche jusqu'à ce que la dernière trace de
la tache soit disparue. Cette opération faite , on prend du
plâtre pulvérisé et on saupoudre la partie mouillée ; mais
dès que l'on s'aperçoit que le plâtre commence à faire
croûte ; on le fait tomber avec le manche d'un scalpel ou
avec les doigts , et l'on saupoudre de nouveau jusqu'à ce
que les plumes soient sèches ; le plâtre, attirant à lui toute
l'humidité, finit par rendre aux plumes leur première frai-
-cheur. On prend ensuite l'oiseau par le bec, on le tient

suspendu d'une main , et de l'autre, avec un petit plumeau
fait de plumes de coq , on le bat pour faire disparaître le
plâtre ; on le couche de nouveau sur la table ; on passe les
bruxelles sous les plumes , et on le bat encore une dernière
fois , jamais en sens contraire pour ne pas relever les plumes. Si la tache était de graisse , et qu'elle fût ancienne ,
ce qui se reconnaît à la couleur jaune des plumes , l'on emploie alors l'essence de térébenthine ; cette manière d'opérer est encore peu usitée , nous la tenons nous-même de M.
Simon , naturaliste-préparateur distingué à Paris ; c'est
dans son atelier que nous l'avons apprise. Quand il s'agit
d'enlever de pareilles taches , ce qui existe souvent chez les
canards , pingoins et autres oiseaux d'eau , il faut verser
un peu d'essence de térébenthine dans un verre ou dans
une tasse ; on y trempe légèrement un tampon de coton ou
de filasse , et l'on frotte à plusieurs reprises sur la partie
graisseuse en allant toujours dans le même sens , c'est-à-
dire de haut en bas. Si la tache était tenace , on la raclerait
avec le revers de la lame du scalpel ou avec une lame de
couteau , puis on la laverait soit avec une dissolution de
potasse , soit avec de l'esprit de vin et de l'eau pure. Ensuite on doit saupoudrer après avec du plâtre blanc , en
procédant de la même manière que nous venons d'indiquer.
Ce lavage est excellent ; je l'ai employé pour des oiseaux qui
avaient le ventre rance , et je les ai rendus aussi propres et
aussi lustrés que s'ils n'avaient pas été tachés, souvent même
en n'employant que l'essence de térébenthine et le plâtre.

Une fois qu'un oiseau est ainsi nettoyé , on doit s'appré-
ter à lui enlever la peau , en observant les règles que
nous allons donner :

On couche l'oiseau sur une table devant laquelle on est
assis ; on lui ouvre le bec dans lequel on introduit une ou
plusieurs pincées de plâtre , puis un petit tampon de
coton par dessus ; l'on passe aussi un peu de coton dans

les narines pour éviter tout épanchement ; le bec doit être
retenu fermé au moyen d'un fil que l'on passe à travers les
narines, avec une aiguille, et que l'on noue solidement au-
dessus ; on enlève l'aiguille, mais on laisse tenir le fil, au
moins de la longueur du cou ; car il doit servir plus tard
à retourner la tête de l'oiseau, et à éviter que le bec ne
déchire la peau du cou en passant.

L'oiseau étant couché, comme nous l'avons dit tout-à-
l'heure, il faut s'apprêter à l'écorcher ; on écartera donc
les plumes du ventre pour pouvoir pratiquer une incision.
Cependant tous les préparateurs ne la font pas de la même
manière ; les uns ouvrent l'oiseau sous l'aile, d'autres sur
le dos ; il y en a qui la font plus ou moins haute sous le
milieu du corps ; tout dépend de la volonté et de l'habitude
de celui qui opère ; il ne s'agit que de bien faire et voilà
tout ; mais nous devons dire qu'en ouvrant les oiseaux sous
l'aile ou sur le dos, l'on éprouve des inconvéniens qui ont
fait abandonner ces anciennes méthodes comme vicieuses.

Le préparateur sait que l'oiseau doit être couché sur
le dos, en travers et en face de lui ; la tête sera tournée
à sa gauche, la queue à sa droite ; avec l'index et le pouce
de la main gauche, il écartera les plumes de chaque côté,
afin de mettre cette partie à nu ; avec la main droite, il
tiendra le scalpel et fera une incision longitudinale depuis
le milieu de la partie saillante du sternum jusque près de
l'anus (fig. 5, voyez a, a), en prenant garde, en arrivant à cette partie, de ne pas offenser les intestins, ce qui
occasionnerait une expansion de sang et de graisse ; mais,
si cela arrivait, on se hâterait d'écarter la peau par la
pression des doigts, et l'on y jetterait assez de plâtre sur
lequel on placerait un peu de coton haché en l'enfonçant
avec le manche du scalpel.

La peau ainsi fendue, on saisit l'un des bords avec des
bruxelles ou avec les doigts, et de la main droite l'on se

sert du bout du manche du scalpel qui est aplati pour détacher la peau de dessus les muscles aussi avant qu'on le
pourra , ce qui se fait sans présenter de grandes difficultés
une fois qu'on en a l'habitude. Au fur et à mesure qu'on
a séparé la peau , on y répand du plâtre entre elle et les
chairs , et si l'oiseau est gras on y place de l'étoupe ou du
coton. Mais si c'est un Canard ou un Flammant ou tout
autre oiseau qui ait une graisse abondante , l'on prend une
bande de toile ou plusieurs papiers doublés ensemble
et on les faufile tout autour du bord de la peau , sans
pour cela ménager le plâtre , de cette façon l'on évite que
les plumes se salissent.

Arrivé au commencement de l'aile , on coupe l'humérus
avec des ciseaux , même à la première articulation pour
le séparer du tronc ; on retourne l'oiseau et on en fait
autant de l'autre côté , en prenant garde de ne pas trouer
ni déchirer la peau ; on la dégage ensuite de la base du
cou , et on coupe celui ci avec des ciseaux.

Une fois cette partie séparée du tronc , soit avec les ongles , soit avec le bout de la lame du scalpel , l'on achève
de séparer la peau en se rapprochant des cuisses , que
l'on renverse de ce côté ; et l'on sait déjà qu'il faut toujours employer le plâtre pour que la peau ne se colle plus
à la chair ; lorsque les doigts sont humides , on les trempe
aussi dans le plâtre afin qu'en touchant les plumes on ne
risque pas de les salir ; celles-ci doivent toujours être
tenues en dehors des bords de la peau pour éviter le sang
et les humeurs qui découlent pendant le dépouillement de
l'oiseau.

Arrivé aux cuisses , on les découvre et l'on en coupe
l'os avec des ciseaux , à son articulation du fémur et
du tibia ; avec le scalpel on détache les muscles qui tiennent encore , toujours sans déchirer la peau , cela ne de-
mande que de l'attention et de la délicatesse dans les

doigts ; car pour dépouiller entièrement un Merle et en retourner la peau, nous ne restons que douze ou quinze minutes au plus ; la peau ne tenant plus alors au dos et au
croupion, on la renverse en l'accompagnant doucement sans
la tirailler ; ici ce sont les ongles ; surtout celui du pouce,
qui doit presque tout faire, en l'appuyant davantage du côté
du corps que de la peau. Le croupion doit être écorché
avec le scalpel, en prenant soin de ne pas descendre trop
bas, pour ne pas attaquer la base des pennes caudales qui
risqueraient de se détacher ; lorsque le (Coccix) croupion,
est ainsi séparé du reste du corps, l'oiseau est écorché ;
l'on s'empresse alors de nettoyer les os des cuisses. On refoule la peau en dedans pour découvrir le tibia et avec le
scalpel on coupe les nerfs et les tendons près du talon :
l'on enlève les chairs, on racle l'os avec une lame de bis-
touri consacrée à cet usage, ensuite on prend un morceau
de toile sur lequel on jette un peu de plâtre et on frotte
ce même os à plusieurs reprises. Ce moyen, je l'emploie
avec avantage parce qu'il est prompt et efficace pour enlever jusqu'à la plus petite parcelle des muscles et des tendons ; avant de remonter la peau, l'on y passe une couche
de préservatif (*savon arsénical*), et l'on remplace le volume de chair qui formait la cuisse en cherchant à imiter
la même forme, soit avec du coton ou de la filasse, selon
la taille de l'oiseau ; cela fait, on remet la peau dans son
état naturel et l'on arrange les plumes aussitôt, sans donner
à la peau le temps de se sécher ; on les ramène avec les
bruxelles et on les lisse avec un morceau de coton. L'on sait
que le croupion est ordinairement gras ; on le racle avec la
lame du scalpel, après quoi il faut y passer une bonne
couche de préservatif un peu épais, parce que cette partie
reste toujours charnue ; on le refoule ensuite en y fixant
par dessus un peu de filasse qui retiendra le préservatif.

Il s'agit maintenant de nettoyer les ailes ; celles-ci sont

moins faciles que les cuisses ; les os dont elles se composent sont : l'humérus, que l'on nomme aussi l'avant-bras :
c'est lui qui s'articule avec le corps ; les deux os qui viennent après sont le *radius* et le *cubitus*. Pour commencer
de séparer la peau on se sert de la lame du scalpel, l'on applique ensuite fortement l'ongle du pouce et on la fait descendre jusqu'au métacarpe. Si la résistance était trop forte,
l'on ferait usage du scalpel, et puis de l'ongle, ainsi de
suite ; il est essentiel de ne pas trop presser la peau entre
les doigts parce que cela froisse les plumes qui sont alors
en dedans ; une fois les chairs bien enlevées on passe une
forte couche de préservatif sur les os et sur la peau, on tire
l'aile en dehors et l'on s'empresse de remettre les plumes en
position. L'on se dispensera d'entourer les os des ailes avec
de la filasse pour remplacer les chairs enlevées ; une fois
en place, elles n'en sont que mieux, surtout pour les petites espèces et celles de moyenne grosseur.

Pour les oiseaux de la taille d'un Canard, il faudra fendre en dehors, avec le scalpel, la partie qui n'aura pas été
nettoyée, enlever les chairs, donner une bonne dose de
préservatif et coudre les bords de la peau ; l'on peut aussi
ne pas la coudre, mais alors on y applique un peu de
coton coupé menu ; on rapproche la peau et on la recouvre
avec les plumes.

Il reste encore à nettoyer la tête ; cette opération devient
un peu plus délicate ; pour cela, on prend avec la main
gauche le bout du cou, et avec les ongles de la main
droite l'on fait glisser la peau vers la tête ; arrivé au
crâne, l'on presse de tous les côtés avec l'ongle du pouce,
en prenant bien garde de ne point faire de déchirures ;
l'on saisit ensuite le scalpel, et avec le bout de la lame on
enlève la peau qui est dans la conque de l'oreille sans la
trouer ; mais, si cela arrivait, il faudrait faire attention
que le préservatif qu'on doit y mettre ne pénétrât point

à travers parce qu'il gâterait les plumes. Cela obtenu , on fait descendre la peau jusqu'aux yeux ; avec le scalpel on la détache des paupières qu'il faut avoir soin de ne pas endommager (car cela serait d'un grand préjudice pour la physionomie de l'oiseau) tout en prenant garde de ne pas crever le globe de l'œil , parce que la liqueur qu'il contient pénétrerait par les paupières et gâterait les plumes du cou et de la tête. Cela étant , avec l'ongle on fait couler la peau jusqu'à la naissance du bec ; avec des bruxelles ou la pointe du scalpel on vide les orbites , puis on nettoie toutes les parties de la tête ; pour enlever les cervelles on coupe le derrière de la tête soit avec le scalpel soit avec des ciseaux à lames courtes et fortes ; ensuite avec des ciseaux à lames recourbées on donne quelques coups intérieurement pour briser une partie des os qui s'y trouvent ; on extrait la cervelle avec un cure-oreille, si c'est une petite espèce ; mais , pour les grandes , on se sert d'un instrument analogue fait en fer (*Voyez* fig. 19). L'ouverture de derrière la tête doit être plus grande ; on la fait avec la lame d'un couteau ou avec une petite scie ; cependant l'on fera attention de ne pas trop entamer la nuque , cela serait préjudiciable aux caractères de la tête qu'il est bon de conserver.

Après que tout est parfaitement nettoyé , l'on prend du préservatif avec le pinceau , on en passe dans l'intérieur du crâne , dans les orbites , sur le haut du bec et sur la peau , sans trop approcher des paupières pour qu'il ne passe pas à travers ; on remplit le crâne et la cavité des yeux ou orbites avec de la filasse hachée ou du coton que l'on enfonce avec des bruxelles , et l'on s'apprête à retourner la peau. Si celle-ci s'était séchée pendant l'opération , on l'assouplirait en y passant un peu d'eau avec les doigts ou du préservatif très-clair , en la frottant légèrement afin qu'elle ne se déchirât pas en la retournant. Une chose très-utile à observer, c'est de ne jamais tirailler la peau du cou pour l'allonger ; mieux vaut la maintenir courte , car une fois trop longue on ne peut la ramener qu'avec peine , et souvent quoi qu'on fasse , le cou ne peut plus reprendre sa première forme.

Nous venons de dire qu'il fallait s'apprêter à retourner la peau ; pour cela , on saisit la tête avec la main gauche , et , avec la main droite on renverse la peau ; on la ramène peu à peu sur le crâne pour dégager le bec ; l'on doit s'être assuré auparavant que la peau n'a pas fait un tour en spirale comme cela peut arriver aux personnes qui commencent ; alors on prend le bec par son extrêmité avec les doigts , s'il est long , ou bien , au moyen du fil qu'on a passé à travers les narines , on la dégage et l'on tire tout doucement de la main droite pendant qu'avec la main gauche l'on accompagne la peau pour la faire glisser. .

Lorsqu'on dépouille un Canard ou un autre oiseau dont la tête ne pourrait pas passer par le cou , qu'il ait une crête ou une caroncule , on y fait une incision avec le scalpel , soit en dessus , soit en dessous ; et après avoir coupé le cou , on dépouille et on nettoie la tête ; on la remplit comme nous avons dit , on la retourne et on coud l'incision. Lorsque la tête est retournée , on cherche aussitôt à arranger toutes les plumes ; pour cela il faut souffler dessus à plusieurs reprises ; on les ramène au moyen des bruxelles ; puis avec une longue aiguille ou une pointe d'acier dont la grosseur doit être porportionnée à celle de l'individu qu'on prépare , on soulève la peau de la tête en y faisant pénétrer l'aiguille pour la remettre en place, et l'on s'en sert encore pour arrondir les paupières et ramener le coton en dehors, au lieu de bruxelles, si on l'aime mieux. On souffle de nouveau dessus , et avec du coton on lisse les plumes de la tête ; on met les ailes près du corps, on répare enfin tout le désordre ; si quelques plumes ne pou-

vaient reprendre leur position naturelle , il faudrait les arracher pour les recoller après si elles étaient nécessaires.

Mettre en peau.

Si l'oiseau que l'on vient de dépouiller ne doit pas être
monté de suite et qu'on veuille le conserver ainsi, faute
de temps, ou qu'il doive voyager ; soit qu'on l'emporte
avec soi, soit qu'il doive servir à faire des échanges , voici
la manière dont on s'y prend :

On place la peau sur la table de la même façon qu'on a
déjà vue pour le dépouillement. On fait les cuisses comme
nous l'avons indiqué ailleurs , dans le cas où on ne les aurait pas faites , car cela vient au même et peut-être vaut-il
mieux ne les faire que maintenant. On prend alors du fil
ou une petite ficelle (selon le volume de l'oiseau qu'on tra-
vaille), on le passe entre les deux os des ailes, le *radius* et
le *cubitus*, car nous enlevons l'*humerus* parce qu'il embar-
rasse , surtout lorsqu'il est gros ; nous nouons le fil assez
solidement au bout de ces deux os, et nous en faisons autant pour chaque aile ; cela sert à les retenir à la distance
que l'on juge convenable, car si l'on ne les nouait pas
elles pendraient, n'auraient point de solidité et l'on risquerait en bourrant de faire l'oiseau trop gros

Les ailes attachées , on prend un morceau de filasse que
l'on arrange en petit matelas et on le place entre les os, le
fil et la peau du dos ; cela aide à l'arrondir et fait que les
os ne se présentent pas trop près de sa surface. Puis on emploie un fil de fer bien poli et arrondi à l'une de ses extrémités, on l'entoure avec de la filasse qu'on arrange de manière qu'elle soit retenue par le bout arrondi et en tournant
toujours dans le même sens jusqu'à ce que l'on soit parvenu
à lui donner la même grosseur et un peu moins de la longueur du cou de l'oiseau ; on fixe encore cette filasse avec

un fil. Ce cou factice on l'introduit dans la peau après l'avoir induit d'une bonne couche de préservatif qui aide à le faire glisser ; on tient la tête de l'oiseau avec la main gauche , et , lorsque le fil de fer la touche , on tâche de le faire pénétrer dans le trou que l'on a fait pour extraire la cervelle ; on saisit ensuite avec la main gauche le bas de la filasse à la base du cou , on la retient avec la main gauche et l'on retire légèrement le fil de fer avec la main droite. Ce cou devient très-uni après qu'on l'a senti avec les doigts, et prend la forme qu'on veut lui donner. Ce procédé est excellent surtout pour les oiseaux de rivage, qui ont le cou très-alongé.

On passe ensuite sur toute la peau de l'oiseau et les os des ailes que l'on peut atteindre de préservatif avec le pinceau , et l'on s'apprête à achever de remplir le corps. Pour cela , il faut prendre de la filasse, l'écarter un peu avec les doigts pour qu'elle ne fasse pas de bosses, et l'appliquer soit avec des pinces, soit avec la main ; on en met au-dessous du cou et l'on forme la poitrine, après quoi on doit en placer sous les cuisses pour les tenir relevées, et remonter celles-ci vers le milieu du corps à la hauteur qu'elles doivent avoir. On achève de le remplir en faisant bien attention de ne pas lui donner plus de volume qu'il n'en avait , et de ne pas le rendre trop dur en le bourrant, ce qui se reconnaît en pressant avec les doigts toutes les parties du corps, qui doit avoir la souplesse d'une éponge. Il faut ouvrir de temps en temps les pinces à pansement que l'on introduit fermées en plaçant la filasse, afin d'écarter la bourre et de la faire pénétrer partout. On devra observer que le cou ait un quart de moins que sa longueur naturelle , parce qu'on peut l'allonger plus tard, tandis qu'il est toujours difficile de le raccourcir.

Il reste maintenant à coudre les bords de la peau ; on le fait en se servant d'une longue aiguille et de fil simple ou double, selon la taille de l'oiseau ; mais le fil double ne doit être employé que pour ceux de la grosseur d'une poule ; on a soin de le graisser avec du suif pour qu'il glisse mieux ; il doit être bien uni car autrement il ferait plisser la peau. La couture se commence par en haut ou par en bas, cela importe peu, il suffit d'en avoir l'habitude. Il faut coudre de dedans en dehors, en ayant soin chaque fois d'écarter les plumes avec la pointe de l'aiguille. Lorsqu'on aura fait quelques points on tirera le fil de la main droite en soutenant la peau de la main gauche ; avant de terminer on regarde si quelques parties de la peau n'ont pas besoin d'être mieux remplies ; si elles demandent de l'être, on prend un peu de filasse que l'on met ou bout d'un fil de fer qui doit être aplati et bien uni, au milieu duquel on a fait une dent avec la lime pour mieux retenir la filasse, et c'est avec cela que l'on pénètre dans les endroits qui en ont besoin ; s'il ne fallait pas atteindre trop loin, les pinces ou les bruxelles suffiraient. On ferme ensuite l'ouverture par deux points et l'on noue. (*Voyez* fig. 20.)

Maintenant il reste à polir l'oiseau, ou mieux, à le peigner : pour cela on soulève avec une pointe ou avec les bruxelles toutes les plumes, on fait tomber le plâtre qui pourrait s'y trouver dessous, on les met en place, et, avec une pincée de coton, on les unit ; on retourne l'oiseau sur le ventre, on renfle le dos en faisant pénétrer une alène recourbée, une pointe d'acier ou une aiguille, si l'oiseau est petit ; on met les ailes en place, on retourne encore l'oiseau sur le dos, puis, au moyen d'une bande de papier l'on entoure le corps pour maintenir les ailes ; on retient cette bande sur le milieu du ventre en y enfonçant une épingle. Quelques préparateurs placent les petites espèces dans un cornet de papier, mais la tête et la poitrine se trouvent souvent trop aplaties. Cela n'est bon qu'autant qu'on devrait les faire voyager de suite.

Les pattes doivent être retenues et les talons rapprochés au moyen d'un fil que l'on passe dans les jointures ; dans cet état elles ne peuvent plus s'écarter, et l'on évite par là le déchirement de la peau; la queue doit être un peu ouverte, et chaque penne mise en place.

Un oiseau ainsi préparé sera placé dans un lieu où rien ne vienne le toucher pendant qu'il se sèche; l'on doit aussi éviter de l'exposer au soleil ou à l'humidité.

Pendant toute l'opération que l'on vient de faire subir à l'oiseau, celui-ci a dû être couché sur la table.

Monter un Oiseau.

C'est ici que le préparateur doit déployer tout son goût, parce ce que travail est plus compliqué et plus difficile qu'on ne pourrait le croire.

Lorsque c'est une peau qu'on veut monter, il faut commencer par la mettre à l'humidité, soit sur un linge mouillé ou dans une caisse à moitié pleine de sable trempé que l'on recouvre afin que l'air n'y pénètre pas. On l'y laisse pendant quelque temps, c'est-à-dire jusqu'à ce que la peau soit assez humectée pour ne pas se déchirer en voulant la débourrer; on la place après sur une table, on coupe le fil de la couture, et avec des bruxelles on extrait peu à peu la matière qui la remplissait. Cette opération finie, ce qui n'est pas long, on trempe de la filasse dans de l'eau pure, ou bien dans de l'eau où l'on a fait bouillir du son ou fondre une petite quantité de savon, afin qu'elle donne plus de souplesse à la peau ; on introduit ensuite cette filasse dans le corps de l'oiseau et on l'y laisse jusqu'à ce qu'il soit assez ramolli pour être monté. Les pattes, qui sont ordinairement plus dures, doivent, dès le commencement de l'opération, avoir été entourées de longues filasses trempées dans cette préparation. — Mais il vaut mieux encore

placer la peau entre le sable mouillé contenu dans une
caisse, parce que, de cette façon, toutes les parties se trouvent ramollies en même temps. Les préparateurs du Muséum de Paris n'employent pas d'autre moyen.

Une fois la peau bien ramollie on s'apprête à la monter.
Si l'oiseau doit être placé au repos, on laisse les ailes attachées comme nous l'avons démontré ailleurs, et si elles
ne l'étaient pas ou qu'elles le fussent mal, on y remédie-
rait tout de suite. Mais si l'on monte un oiseau dont les
ailes doivent être un peu écartées du corps, comme chez
les Vautours, par exemple, on prendrait alors un fil de
fer bien recuit (je dois faire remarquer que tous les fils de
fer que l'on emploiera doivent l'être) auquel ou donne-
rait la forme d'un M (*Voy.* fig. 21); ensuite on fait pénétrer les deux bouts qui doivent être pointus dans le plus
gros des deux os des ailes, en les y enfonçant jusqu'au fond.
(*Voy.* fig. 22.) Retenues ainsi, les ailes ont de la solidité et
peuvent être maintenues dans l'attitude que l'on veut leur
donner, et même s'écarter assez pour placer l'oiseau au vol.

Maintenant il faut s'occuper de former la charpente qui
doit servir à soutenir l'oiseau. Pour cela, on prend quatre
fils de fer en suivant les numéros indiqués. Les deux qui
doivent passer dans les jambes seront une fois et demie
plus longs qu'elles ou deux fois si les jambes étaient courtes ; on les effile avec une lime d'un côté, et on les redresse en les battant avec un petit marteau. Il est des oiseaux qui ont les tarses très-nerveux, comme les Aigles ;
d'autres les ont très-longs, comme les Flammants, les Hérons. Il faut alors, avant que d'introduire les fils de fer,
faire une ouverture sous la patte, et en retirer les nerfs et
les tendons qui les empêcheraient de glisser par cette ouverture entre la peau et l'os. On doit même auparavant y
faire passer une longue alêne ou une broche pour y former
le passage. (*Voy.* ces instrumens, fig. 12 et 13.) On fait

avancer le fil de fer assez pour le tordre; on prend de filasse un peu longue et l'on forme la cuisse en réunissant le fil de fer et l'os ; on arrête la filasse avec un fil ou une ficelle, sans trop serrer, car le fil de fer doit pouvoir glisser au besoin.

Reste encore la traverse à former ; elle se compose de deux fils de fer. Le plus long aura un quart de plus que la longueur de l'oiseau, en mesurant depuis le croupion jusqu'à la tête. Le second n'aura que la moitié de cette longueur et ne devra être effilé que d'un côté, tandis que le premier le sera également des deux bouts. Après les avoir redressés, on les saisira tous les deux avec des pinces plates à la même hauteur et on les tordra. Trois à quatre tours seulement suffisent. Lorsqu'ils seront fixés ensemble on les renversera sur les côtés, sur une même ligne ; ensuite, avec des pinces plates on les relèvera en leur faisant imiter un triangle allongé ; on les saisira de nouveau tous les deux avec des pinces au-dessus de ce triangle et on les retiendra de la main gauche, tandis qu'avec d'autres pinces on les tordra encore avec la main droite. De ce qui reste en longueur du fil de fer le plus court, on en formera un anneau qui devra arriver à-peu-près à la hauteur du milieu du ventre ; on coupe ensuite le reste de ce fil de fer. Enfin, on prendra avec des pinces les deux bouts de fil de fer qui sont pointus et qui forment la partie inférieure de la traverse, et on les doublera en bas en leur donnant la forme d'une fourchette à deux pointes. (*Voy.* fig. 23.)

Une fois cette traverse faite, l'on choisit de la longue filasse bien unie, on la coupe un peu plus longue que le cou, et au moyen de longues bruxelles on l'y introduit. Il ne faut pas le faire trop gros, ni raboteux, ce qui se sent en y passant les doigts dessus. Si l'oiseau avait le cou fort long, on prendrait une broche arrondie par un bout sur laquelle on entortillerait de la filasse longue que l'on fe-

rait descendre sur la broche, de la même longueur que le
cou ; et , après y avoir passé une bonne couche de préservatif, on l'introduirait dans la peau en la faisant monter
jusqu'à la tête; ainsi que nous l'avons démontré ailleurs,
et, après avoir retiré cette broche , on fait passer par le
vide laissé par elle le fil de fer de la traverse ; on tourne
ensuite la traverse entre les doigts de droite et de gauche
pour lui faire percer le crâne en soutenant celui-ci avec la
main gauche pour le faire avancer jusqu'à ce que la fourchette soit arrivée en face du croupion. Le cou fait de cette
façon se trouve bourré d'une seule fois. Mais lorsqu'on
monte un oiseau qui ne dépasse pas la taille d'un Merle , au
lieu d'employer deux fils de fer, on ne se sert que d'un
seul , comme nous le dirons-tout-à-l'heure.

Reste à présent à bourrer l'oiseau en entier.

Cette opération qui paraît facile est cependant une des
plus importantes, parce que c'est de la manière dont on
remplit la peau que dépendent les formes de l'oiseau. Avant
de fixer les fils de fer ensemble , on placera de l'étoupe ou
de la filasse qu'on a coupée assez menu dans toutes les parties du corps ; on en remplit la peau jusqu'aux deux tiers ,
en soulevant toujours les fils de fer pour que l'étoupe ne les
recouvre pas , car , si l'on bourrait par dessus, les cuisses
ne pourraient jamais arriver à leur véritable position.

L'on saisit ensuite la fourchette avec la main gauche ; de
la droite , on tient le croupion , dans lequel on l'enfonce
autant que possible ; elle est destinée , comme il est facile de
le comprendre , à soutenir la queue. On recourbe ensuite
les deux fils de fer des cuisses , on les fait entrer des deux
côtés de l'anneau de la traverse , et on les tord en-dessus.
Cela fini , on les couche en bas, on les tord un peu ensemble , puis on écarte les extrémités que l'on attache solidement au triangle de la fourchette avec une ficelle ou du
fil ; on redresse alors les cuisses , et , en les soutenant en

dessous, on plie les fils de fer qui ont alors la forme de la base d'une baïonnette à fusil ; c'est-à-dire que les cuisses sont placées dans le même état à la surface du ventre, comme quand l'oiseau était vivant. Le succès d'une bonne pose à donner à l'individu qu'on prépare est subordonné à ceci, car, autrement, les jambes n'ont point de souplesse et se trouvent enfoncées dans le corps.

L'on achève de bourrer l'oiseau et l'on s'apprête à coudre la peau ; il ne faut pas prendre une trop longue aiguillée de fil et l'aiguille doit être proportionnée à la grosseur de l'oiseau ; elle sera toujours assez longue pour qu'il soit facile de la saisir parmi les plumes ; on peut commencer la couture par en haut ou par en bas, ainsi que nous l'avons déjà dit. Pour cela il faudra saisir un des bords de la peau, et passer l'aiguille à travers en commençant de dedans en dehors en imitant un lacet ; on fera quelques points, puis on tirera d'une main, tandis que de l'autre on soutiendra la peau pour qu'elle ne descende pas ; il faut de temps en temps écarter les plumes avec la pointe de l'aiguille pour qu'elles ne se trouvent pas prises. Une fois la couture faite, l'on noue au bout. Il faut aussi se garder de salir les plumes avec le préservatif, car, au fur et à mesure que l'on remplit l'oiseau, il faut avec le pinceau en passer intérieurement sur la peau.

Comme pendant le travail l'oiseau s'est déformé, il faut prendre une grosse aiguille ou une alène recourbée, l'une et l'autre bien effilées, que l'on enfoncera dans la peau à différentes reprises, jusqu'à ce que les formes soient revenues. En retournant l'oiseau sur le ventre, l'on enfonce les mêmes pointes dans le dos, pour le faire bomber autant qu'on peut, on arrange les ailes en place comme si l'oiseau n'avait pas été encore dépouillé ; on le retourne de nouveau ; on tire les jambes à leur longueur naturelle en soutenant les cuisses en dessus, on plie les talons en exa-

minant qu'il soient bien tournés, et on les rapproche un peu
l'un de l'autre ; il ne reste plus alors qu'à leur donner l'attitude. Pour tout ce qui se rapporte d'une manière parfaite à cette opération, l'étude de la nature et l'habitude peuvent seules servir de guide ; de bonnes gravures
pour les personnes qui commencent seront aussi d'un
grand secours.

Avant de poser l'oiseau sur son socle ou son juchoir,
on doit connaître s'il perche ou s'il ne perche pas. Voici
quelques règles :

Tous les oiseaux de proie, excepté les Vautours, peuvent
être perchés ; tous les autres que nous avons décrits jusqu'aux Pigeons, à l'exception des Alouettes, perchent également ; cependant on peut en poser quelques-uns sur un
socle plat, tels que Corneilles et Bergeronnettes.

Les Pies et les Grimpereaux peuvent être placés dans
une attitude qui leur est familière ; on les pose contre un
support perpendiculaire comme s'ils escaladaient ; on leur
fera baisser la queue sur le bout de laquelle ils seront
comme appuyés, tandis que les échassiers * et les palmipèdes doivent être posés sur un socle proportionné à leur
taille, mais toujours un peu épais. (*Voyez* fig. 24.)

Dans le premier cas, l'oiseau sera retenu sur son juchoir au moyen des fils de fer des pattes qui rentreront
dans les deux trous que l'on aura fait à l'avance. On mettra
les doigts en place et on tordra les fils de fer du côté de la
queue. (*Voyez* fig. 25.)

Dans le second, l'on en fera deux au support, à une
distance qui sera calculée d'avance, de sorte que l'oiseau
n'ait pas l'air d'être estropié, et qu'il soit dans son aplomb.
Les deux fils de fer seront ensuite doublés en dessous,

---

* Les Hérons et les Cormorans perchent, mais dans une collection
on leur donne rarement cette attitude.

puis l'on fera pénétrer les deux pointes dans le socle à l'aide d'un marteau. Il faut surtout avoir bien soin de ne pas trop écarter les pattes l'une de l'autre, et les talons ne le seront jamais autant qu'elles. Je répète que l'on doit chercher à surprendre les oiseaux dans leurs différentes actions ; je n'ai pas craint d'aller souvent m'embusquer dans les champs pour les voir ainsi, et cela m'a puissamment servi.

Lorsque l'on croit l'oiseau bien porté sur ses jambes, on baisse un peu la tête en avant, puis, en appuyant une pointe sur le haut du cou, on la relève en tirant en haut le fil de fer qui la traverse ; on arrange les ailes, on donne l'attitude à la queue, et avec un instrument pointu on soulève la bourre des endroits qui en ont besoin ; on ouvre le bec, et au moyen des bruxelles ou d'un fil de fer dont le bout est aplati, l'on y fait pénétrer du coton haché ou de la filasse ; on pousse vers les joues afin de les rendre fermes pour qu'en séchant elles ne s'enfoncent pas en dedans. On garnit ainsi toutes les parties voisines qui en ont besoin ; on palpe enfin l'oiseau avec les doigts pour mieux sentir là où il a besoin d'être touché. Ordinairement la tête doit tourner de côté ou bien le bec doit être un peu relevé, cela lui donne plus d'allure ; en un mot, la pose d'un oiseau est toute de goût et d'adresse.

Les ailes des grands oiseaux seront retenues au moyen d'un fil de fer très-aiguisé qui les traversera de part en part ainsi que le corps, les deux bouts doivent être coupés ou ployés et cachés sous les plumes. Les petites espèces n'en n'ont pas besoin ; il suffit d'une bandelette de papier de soie qui les entoure ainsi que le corps, et que l'on arrête avec une épingle sur le dos. (*Voy.* fig. 26 et fig. 27.)

D'autres fois, je passe un fil avec le secours d'une aiguille ou d'un carrelet qui rentre sur le bord des ailes, et puis je le fais pénétrer à travers le dos, ensuite à travers le ventre ; je cache le fil en soulevant les plumes et je le noue ; cette manière est commode et donne de la solidité aux ailes.

Lorsqu'on voudra ouvrir la queue, l'on doublera un fil de fer un peu mince , bien recuit , on le tordra aux deux extrémités , puis , et après y avoir fait passer la queue au milieu , on le placera en travers sur la partie haute des pennes ; ensuite , en pressant le double fil de fer entre les doigts , on consolidera les oiseaux et on les retiendra à la position qu'on voudra leur donner ; il faut toujours que le dessous de la queue forme un peu la voûte.

Pour les plumes du corps qui sont difficiles à contenir en place , on prend des bandelettes de papier ou de linge fin et souple, et on les en entoure. Mais ce qui est mieux, c'est d'avoir de la laine à tricotter , même de fil de coton qui l'aura été , l'on en prend une ou plusieurs longues aiguillées ; et on entoure légèrement toutes les parties de l'oiseau qui en ont besoin ; ce coton ou cette laine ainsi employés ne serrent pas beaucoup , mais assez pour soutenir les plumes qui tendraient à se redresser. Une fois l'oiseau bien sec , on le débarrasse de tout cet appareil , et l'on s'apprête à y placer les yeux, qui peuvent aussi être placés aussitôt que l'on vient de finir de monter l'oiseau, ce qui est plus facile. Mais si les paupières sont sèches on y met un tampon de filasse mouillée par dessus pour les ramollir , ensuite, avec des bruxelles , on achève de les arrondir, l'on enfonce un peu de la matière qui les garnissait, et avec un petit pinceau on y fait pénétrer un peu de gomme arabique fondue ; on y place alors les yeux artificiels en émail, bien entendu qu'ils doivent avoir la même couleur que ceux qu'avait l'oiseau lorsqu'il était en vie, si l'on peut le savoir. L'on observera que la prunelle soit en rapport avec l'action de l'oiseau , et que celui-ci ne louche pas.

C'est alors qu'on coupe avec des pinces tranchantes le fil

de fer de la tête en le laissant un peu dépasser ; ensuite, avec
des pinces plates , on le couche sur la tête , et on relève
les plumes pour le couvrir ; le fil empêche ainsi la tête d'é-
chapper , dans le cas où on saisirait l'oiseau par cette partie ; on lisse encore une fois les plumes soit avec du coton ,
soit avec un pinceau de blaireau , et l'oiseau doit aussitôt
recevoir son étiquette pour être placé après dans une ar-
moire vitrée. Si c'est une espèce rare , il faut encore mettre son nom sous le socle , et l'écrire sur un papier que
l'on y colle, afin que si l'étiquette venait à s'égarer , l'espèce pût être reconnue.

L'on a vu de quelle manière la traverse du corps était
faite , mais celle-ci est surtout applicable aux oiseaux un
peu grands et même aux aigles et aux vautours , tandis que
pour les petits il existe une autre façon de faire la traverse
avec un seul fil de fer qui est en même temps plus commode
pour les petits individus. Nous prenons donc un fil de fer
plus long d'un quart que l'oiseau , et du n° indiqué pour
sa taille ; nous le rendons pointu des deux bouts , puis nous
faisons un petit anneau à la hauteur du ventre , et après
l'avoir introduit dans le cou et bourré le corps comme nous
l'avons expliqué précédemment , nous passons dans cet
anneau les fils de fer des jambes , et nous les tordons ensuite
tous les trois ensemble. Celui de la traverse passe toujours
dans la tête par un bout, et dans le croupion de l'autre.

On les plie après , pour tenir les cuisses relevées , de la
même manière que nous l'avons dit en parlant de l'autre
traverse. (*Voyez* fig. 28.)

De quelques accidens.

1° Il n'est pas rare qu'en dépouillant un oiseau la peau
se déchire ou qu'on la perce avec la lame du scalpel ; si
cela arrivait près de la tête on ne chercherait point à cou-

dre la peau car elle risquerait de se déchirer encore en voulant retourner la tête ; il faudrait seulement se contenter de passer le préservatif et de la retourner sans bourrer le crâne, après quoi on coudrait. Pour ces sortes de coutures il faut se servir d'aiguilles bien fines et effilées, et ne choisir que du fil très souple, peu tordu et proportionné à la force de la peau ; le fil de coton est bon pour cet usage ; on introduit ensuite, par le cou, de la filasse hachée, dans la tête, à l'aide des bruxelles ; l'on en fait passer aussi par le bec. Si l'on craint que le cou se déchire de nouveau en le bourrant, on en fait un factice avec de la filasse roulée sur un fil de fer, comme nous l'avons dit déjà, l'oiseau fût-il bien petit. De cette manière la bourre ne risque pas de passer à travers la peau, et celle-ci s'y colle dessus au moyen du préservatif.

2° Si l'on avait monté un grand oiseau dans une position où les ailes devraient être déployées, il faudrait le placer dans un lieu commode où rien ne pût venir déranger la préparation qu'on lui aura fait subir. Après avoir bien consolidé le support, on aiguisera deux ou trois fils de fer que l'on introduira dans une aile en longeant les os, puis à travers le corps et ensuite dans l'autre aile, après les avoir bien arrêtés on pourra donner aux ailes l'attitude qu'on voudra. Avec des bandes de papier et des épingles on soutient les grandes pennes ; l'on use enfin de tous les moyens ingénieux qui se présentent naturellement lorsqu'on est en présence de l'objet dont on s'occupe.

3° Si l'on voulait ouvrir la queue en éventail il faudrait choisir un fil de fer un peu fin, le bien aiguiser d'un côté, puis le faire passer au travers de la baguette de toutes les pennes caudales, un peu au-dessous du croupion, en commençant par l'extérieure qui est à droite, et en finissant par l'extérieure qui est à gauche. Cela obtenu, on écarte la queue à volonté sans qu'elle puisse se fermer, parce que

le fil de fer retient les pennes ; une fois sèche, on coupe ras
le fil de fer et on l'y laisse si l'on veut, ou bien on le retire
avant que de le couper.

4° Les oiseaux aquatiques tels que Canards, Cormorans,
Pélicans, etc., ont de grandes membranes à leurs pieds, qui
se plisseraient pendant le déssèchement ; pour éviter cet
inconvénient, aussitôt que l'oiseau sera monté, on écartera
les doigts sur le socle qui les supporte, et on les retiendra
avec des épingles que l'on y enfoncera.

5° Voici comment M. Boitard s'y prend pour remplacer
les chairs extérieures dont la tête de certains oiseaux est
quelquefois surmontée :

« Si un oiseau avait sur la tête une crête charnue ou
quelques autres caroncules, on aurait deux méthodes à employer : dans la première on ferait dessécher ces parties en
les maintenant étendues le mieux possible avec des épingles et des fils de fer ; puis on leur rendrait leur couleur
en les peignant à l'huile, mieux à la couleur au vernis,
quelquefois même avec de la cire et en passant ensuite un
vernis par dessus ; cette manière, peut-être meilleure lorsqu'on monte des oiseaux pour l'étude, est la moins agréable, parce que les membranes se retirent, se déforment par
la dissécation, et ôtent à l'animal cet air de vie qui en fait
le charme.

» La seconde méthode consiste à enlever entièrement les
appendices caroncules, etc., et à les remplacer par d'autres
artificielles que l'on modèle en mastic, en cherchant à imiter fidèlement la nature. Voici comment on compose le
mastic dont on peut se servir le plus avantageusement :

» On prendra deux tiers de blanc d'Espagne très-fin et
très-pur, et un tiers de blanc de céruse, on les jettera
dans un mortier de marbre ou de cuivre, et l'on y versera
un peu d'huile de noix rendue dissécative selon la méthode
des peintres ; si l'on n'en avait pas de préparée ainsi, on

pourrait la remplacer par de l'huile de noix ordinaire, mais très-vieille.

» On triture le tout jusqu'à ce que la composition ait acquis de la constance et un certain degré de finesse. On la laisse ainsi fermenter pendant 24 heures au moins ; après quoi on commence à triturer en y remettant de l'huile. Lorsqu'elle a sous la main la mollesse ou la dentilité convenable, c'est-à-dire lorsqu'elle ne s'attache pas aux doigts, on la retire et on possède alors un très-bon mastic, d'un assez beau blanc.

» Si on le désire d'une autre couleur, il faut en triturant y mêler du noir de fumée pour l'avoir gris ou noir, du minium pour l'avoir d'une belle couleur de chair, du vermillon et du cinabre pour imiter les différens rouges des appendices de certains animaux ; un peu d'indigo mêlé au rouge précédent pour obtenir le violet des membranes d'un coq-d'Inde, de l'ocre pour le jaune, etc. On conserve ce mastic dans un vase ou dans un sac de peau, et plus il est vieux, meilleur il est, pourvu qu'on ne l'ai pas laissé dessécher. Lorsqu'on veut s'en servir, il ne s'agit que de le pétrir de nouveau avec de l'huile pour lui rendre sa première mollesse.

» Il est un moyen de remplacer les crêtes et caroncules par d'autres factices très-ressemblantes ; il ne s'agit pour cela que d'en prendre des moules en plâtre, et de couler de la cire colorée dans ces moules. »

Les couleurs des jambes des oiseaux disparaissent après leur mort, et pour ceux qui les avaient rouges ou jaunes, il existe alors une grande différence ; quelques préparateurs les laissent ainsi ; d'autres, au contraire, leur rendent leurs couleurs primitives soit avec de la couleur à l'huile, soit avec de la couleur faite au vernis copal ; dans ce dernier cas, l'on doit y mêler un peu d'essence de térébenthine, afin de la rendre moins luisante. Quant à nous,

nous cherchons à donner aux pattes des oiseaux la couleur qui les distinguait pendant leur vie. Cela les conserve mieux et les rend plus naturels.

Lorsque un oiseau a eu la jambe cassée on la lui raccomode ; si l'os est brisé on introduit un morceau de bois dans ses deux ouvertures pour le soutenir ; s'il existe un vide, on le couvre avec plusieurs morceaux de papier de soie trempés dans la colle d'amidon, puis on ramène la peau que l'on colle ; si elle avait été enlevée, on la remplacerait par un morceau semblable, ou avec de la baudruche ; ou bien encore au moyen du papier de soie, que l'on roule autour, en lui faisant imiter tous les caractères que l'on voit sur la partie naturelle ; cela s'obtient en se servant de la pointe du scalpel. On peint ensuite.

6° Si l'on vient de préparer un oiseau rare qui aura été un peu trop corrompu et dont quelques plumes se seraient détachées en le montant, ce qui le rendrait défectueux, on devra recueillir ces plumes, en les plaçant avec précaution entre des feuilles de papier que l'on tient devant soi. Il faut, pour utiliser un individu dont on trouverait difficilement le pareil, se rappeler à quelle partie de l'oiseau ces plumes manquent. On place ensuite l'oiseau devant soi (*sur son socle*), l'on a un petit pot contenant de la gomme arabique fondue à laquelle on a mêlé un peu de préservatif et un peu de farine afin qu'elle ne s'écaillât pas, ou mieux encore avec une colle composée de gomme arabique, de préservatif, de sucre candi et d'amidon, la plupart des préparateurs l'emploient avantageusement.

Avant que de poser les plumes sur la partie endommagée, on coupe avec des ciseaux fins le petit tuyau à la naissance des barbes afin qu'elles ne dépassent point les autres en longueur et qu'elles se collent plus solidement. On prend un peu de gomme avec le bout d'un fil de fer, ou bien avec un très-petit pinceau ; on tient la plume qu'on veut placer,

entre des bruxelles, avec la main droite ; de la gauche on
tient une longue aiguille ou une pointe en acier, dont on
se sert pour soulever les plumes qui couvrent les bords de la
partie que l'on va réparer, et l'on y applique la plume en
appuyant sur sa racine avec l'aiguille et en commençant par
en bas lorsqu'il y en a plusieurs à poser. L'on observera que
les plumes que l'on collera doivent, une fois couchées,
se recouvrir les unes les autres jusqu'aux deux tiers.

L'on peut, avec de l'adresse, remplacer une aile, la
queue, les pattes à un oiseau, et même la tête, pourvu
que ces parties soient prises sur des individus de leur espèce, du même âge et du même sexe qu'eux. Il ne faut jamais jeter les plumes ni les diverses parties des oiseaux
rares que l'on n'aura pas pu monter, car il arrive qu'on en
a besoin pour réparer des oiseaux semblables qui sont en-
dommagés. Les peaux que l'on reçoit des pays exotiques
sont souvent dans ce cas, et l'on est alors obligé de couper
les ailes pour pouvoir les remettre dans une bonne position.

Comment on doit conserver une Collection d'Oiseaux.

Il faut choisir un appartement qui ne soit pas humide
et dont les fenêtres ne soient pas placées au midi.

Les oiseaux placés sur leurs juchoirs ou sur leurs socles
doivent être renfermés dans des armoires vitrées à grands
carreaux, dont les traverses qui les soutiennent seront aussi
minces que possible afin de ne pas masquer la vue ; ces armoires doivent s'ouvrir à deux battans et être assez profondes pour pouvoir contenir les oiseaux de grande taille
vus de face ; elles doivent encore offrir l'avantage de pouvoir y faire entrer plusieurs rayons en forme de marches
d'autel ; car les étages pleines empêchent la queue de certaines espèces de descendre de toute sa longueur, pren-

nent trop d'espace et produisent un mauvais effet. Les étages ou rayons doivent être supportés par des crémaillères ou crans, de manière que l'on puisse les faire monter ou descendre à volonté. Les armoires et les supports des oiseaux sont ordinairement peints en blanc, l'on peut soi-même leur donner cette couleur, que l'on fait avec de la colle de Flandre, du blanc de Meudon ou du blanc d'Espage. Cette couleur claire est avantageuse aux oiseaux en ce que leurs nuances se détachent du fond, et qu'elle permet de mieux découvrir les dégâts que les insectes rongeurs pourraient y commettre ; elles seront parfaitement closes dans toutes leurs jointures pour qu'ils ne puissent pas y pénétrer ; il faut les préserver en même temps de l'atteinte de la poussière : des rouleaux de coton entre les battans des portes peuvent être employés avec avantage pour arriver à ce but.

L'on placera une étiquette à chaque individu sur le montant du juchoir, ou sur le socle, et l'on y écrira le nom français et latin, avec celui de l'auteur qui l'a le premier découvert ou qui lui a donné son nom. Le sexe et l'âge seront désignés par des signes ou en toutes lettres. Les signes généralement adoptés par les amateurs et pour les grandes collections sont : pour les mâles, un O surmonté d'une croix ; pour les femelles la croix est en dessous de l'O, tandis que pour les jeunes, c'est une double croix placée comme pour les mâles, c'est à-dire au dessus de l'O. Enfin, l'on pourra distinguer leur patrie comme cela se fait ; ceux d'Europe auront leur étiquette entourée de noir ; ceux d'Afrique de jaune ; ceux d'Amérique de vert ; ceux d'Asie de bleu ; ceux de l'Australie de lilas. C'est au savant Hoffmann que l'on doit cette pensée ingénieuse.

Il faut de temps en temps jeter dans les armoires quelques morceaux de camphre qu'on plie dans un papier de soie, ou l'on met quelques morceaux de coton imbibés d'essence de serpolet ou de térébenthine, mais il faut alors les placer dans une petite tasse, car autrement les armoires se trouveraient tachées, ce qui serait fort laid à la vue. Ce qu'il y a de mieux à faire, c'est de sortir les oiseaux les uns après les autres et de les battre avec un petit plumeau ; l'on doit faire cela deux fois par an, au mois de mai et au mois d'octobre, afin de les délivrer des vers et des œufs qui pourraient s'y trouver cachés ; après qu'ils sont ainsi secoués, on lisse les plumes avec le pinceau de blaireau ou avec du coton, celui-ci leur donne toujours un lustre. Si l'on s'est aperçu qu'un oiseau ait été attaqué par les insectes, on le met de côté, ensuite on visite la partie dévorée, on fait tomber les plumes qui ne tiennent plus, on imbibe cette place avec du préservatif clair que l'on délaie avec de l'alcool, et que l'on étend avec un pinceau. Mais, si la partie attaquée laissait paraître un vide par l'absence des plumes tombées, on pourrait en arracher quelques-unes à la partie du corps qui correspond à celle-ci, pour les remplacer s'il n'en fallait pas beaucoup, et dans le cas où l'on n'en aurait point d'autres.

Groupes de fantaisie.

Toutes les personnes qui entreprennent de préparer des oiseaux n'ont pas l'intention de former une collection, soit faute de temps, soit que l'emplacement nécessaire leur manque, ou bien que cela ne soit pas dans leur vue. Ces personnes ne cherchent donc qu'un passe-temps agréable qui leur permette d'exercer leur adresse et leur goût, sans les induire à de grandes dépenses.

Les groupes d'oiseaux sont donc ce qui leur convient le mieux de faire, et je dois dire qu'on y éprouve des jouissances qu'on ne saurait rencontrer ailleurs, car il y a une foule de moyens pour former une petite réunion d'individus que l'on peut représenter de diverses manières ainsi que nous allons en donner un aperçu.

On ira dans les champs chercher sur les bords des fossés ou sur les lisières des bois de petites branches de pruneliers ou toutes autres analogues qui paraîtront convenables, on les choisira détériorées par le temps ou rongées par la dent des bêtes à laine; si l'on en trouve qui soient recouvertes de mousse ou de lichen, ce sera une bonne fortune; on devra se rappeler de quelle forme et de quel volume doit être le groupe qu'on veut former, afin de choisir les branches les plus favorables.

Si l'amateur qui voudrait former un groupe ne rencontrait pas ce qu'il cherche, ou très-imparfaitement, il y suppléerait par l'artifice; il assemblerait donc plusieurs petites branches bien disposées pour recevoir les oiseaux qu'il voudrait y placer dessus; mais il faut toujours que les morceaux qui forment cet assemblage appartiennent à la même espèce d'arbustes. S'il juge convenable de leur donner une couleur représentant la vétusté, il le fera avec un pinceau en se servant de couleurs à l'huile. Ce qui produit encore un bon effet, c'est de répandre sur certaines parties des branches un peu de mousse coupée menu, ou d'y mettre de ces lichens que l'on voit sur les pieds des grands chênes des forêts ou sur des rochers; on les enlève par petites parcelles avec la lame d'un couteau, et on les place dans une boîte; mais on doit aller les choisir avant que les grosses chaleurs ne les aient desséchées, et par un temps humide. On attache ensuite ces matières sur les parties de l'arbre ou du buisson qu'on désire imiter, soit avec de la gomme ou de la colle forte: on en fera autant pour en garnir le pied, au bas duquel on colle aussi quelques petites pierres de formes bizarres; la pierre ponce, par exemple, en la cassant, offre des morceaux pour représenter de petites rocailles que l'on colore de son mieux en cherchant autant que possible à imiter la nature. On peut, si l'on veut, garnir les branches avec des feuilles artificielles ; l'on y pose ensuite plusieurs petits oiseaux qui, par leurs attitudes et leurs mouvemens expressifs, procurent en les voyant un plaisir toujours nouveau.

Si au lieu d'un arbre ou d'un buisson on aime mieux placer des oiseaux sur un sol plat, on pourra y mettre une perdrix près de ses œufs ou conduisant avec une tendre sollicitude sa jeune couvée après elle, ou la protégeant de ses ailes contre un ennemi ravisseur, simuler le combat de deux oiseaux, un faucon déchirant un merle, deux tourterelles dane une corbeille de fleurs et se becquetant, une fauvette faisant des efforts pour éloigner de son nid une couleuvre qui va dévorer ses petits, etc.

Ces groupes doivent être montés sur un socle sur leqnel s'adapte un cylindre en verre. On peut les varier à l'infiini, et je regrette de ne pouvoir m'étendre davantage à ce sujet, mais l'amateur qui aura de l'adresse, de l'imagination et la volonté de bien faire y suppléera et sera toujours sûr de produire de fort jolies garnitures de cheminées ou de consoles, qui seront en même temps l'un des plus agréables ornemens d'un salon, surtout si l'on veut y mettre quelques jolis oiseaux exotiques. Aujourd'hui, à Paris, ce goût est très-répandu.

APPENDICE.

FOULQUE CARONCULÉE.

La couleur du plumage est semblable à celui de
la Foulque Macroule et la taille ne semble pas diffé-
rer non plus. Mais elle porte sur le haut du front
une espèce de crête ou caroncule d'un rouge cramoisi
foncé ; les yeux sont de cette couleur.

Les auteurs n'ont pas jusqu'à ce jour cru devoir ad-
mettre cet oiseau parmi le nombre de ceux qu'on rencontre en Europe ; nous pensons néanmoins qu'il doit y prendre rang ; car nous pouvons certifier d'une manière irrécusable qu'on le trouve chaque année le long de nos
côtes. Il y a peu de jours que M. Barthélemy, directeur
du Muséum de Marseille, a eu l'obligeance de me faire voir
deux individus de cette espèce qui ont été tués sur l'étang
de Berre et de Marignani (Provence). On verra encore
la remarque que je fis, pag. 108 de ce volume, avant que
j'eusse pris connaissance de ce qui précède et qu'on doit
rapporter à cet oiseau.

La Foulque Caronculée se trouve en Algérie ; elle est
commune à Tanger. On la voit aussi sans interruption tous
les ans sur le lac d'Albufera, en Espagne, d'où probablement elle nous arrive.

NOTE

DU PLUS GRAND NOMBRE D'OSSEMENS FOSSILES QU'ON
TROUVE DANS NOS PROVINCES MÉRIDIONALES.

MAMMIFÈRES FOSSILES.

1° A Cavaillon (Vaucluse), des bois ou cornes du genre Cerf.

2° A Velleron (Vaucluse), dans le Gypse, les dents molaires du genre Cheval.

3° A Visan (Vaucluse), des portions de mâchoires de Solipèdes.

4° A Piolène (Vaucluse), dans les lignites, des dents molaires du genre Cheval.

5° A Uzès, les Martigues, Lambesc, etc., on trouve des humérus bien conservés de mammifères.

6° Les brèches osseuses d'Antibes recèlent des débris de ruminans, de chevaux et de rongeurs du genre *Lepus*. (Linn.)

7° A Vandemian (Hérault), les brèches osseuses qui s'y trouvent fournissent de débris du genre Lièvre.

8° Les sables marins tertiaires près de Montpellier renferment des restes de Loups, *C. Lupus*, et du Chien domestique, *Canis familiaris*. (Cuv.)

9° Dans les marnes jaunâtres tertiaires de l'Hérault, des restes de Castor, *Dambii*. (Geoff.)

Id. Du Lapin Sauvage et du Lièvre Commun.

Id. Une espèce de Cheval, de la taille du nôtre, et une autre beaucoup plus grande.

10° On trouve dans les cavernes de Lunel-Viel (Hérault) des restes du Blaireau, *Meles.* (Linn.)

Id. De la Belette, *Mustela.* (Linn.)

Id. De la Loutre, *Lutra.* (Linn.)

Id. Du Putois, *M. Putorius.* (Linn.)

Id. Du Renard, *C. Vulpes.* (Linn.)

Id. Du Castor Dambii. (Géoff. St-Hil.), le même que le nôtre.

Id. Du Mulot, *Mus Campestris.* (Brisson.)

Id. Du Rat d'Eau (Buffon), *Arv. Amphibius* (de Selys.)

Id. Du Lièvre Commun , *Lepus Timidus.* (Linn.), et du Lapin Commun.

Id. Du Cheval , *Equus Caballus.* (Linn.)

Id. De l'Auroch , *Bos Ferus.* (Cuv.)

Id. Bœuf Intermédiaire, *Bos. Intermedius.* (Mar. de Serres.) Ainsi que plusieurs autres de races domestiques.

OISEAUX FOSSILES.

11° On trouve dans les mêmes lieux que ci-dessus des restes des oiseaux suivans :

De Chouettes, *Stris.* (Linn.).

Du Gros-Bec , *Loxia.* (Linn.)

De Hérons, *Ardea* (Linn.), Cygnes , *Anas Olor* , (Linn.) et Oies , *Anser.* (Linn.)

12° Les brèches osseuses de Cette offrent des fragmens d'oiseaux de la taille des Bergeronnettes , Pigeons , Mouettes.

13° Les sables marins tertiaires des environs de Montpellier recèlent encore :

Des oiseaux échassiers de grande taille et de petites espèces de Hérons.

Id. Des Palmipèdes indéterminés de la taille au moins du Cygne Domestique.

REPTILES FOSSILES.

14° A Cavaillon (Vaucluse) , un Saurien , nouvelle espèce ; le *Neustosaurus Gigoudarum,* découvert par M. Eugène Raspail , ainsi que des os d'autres Sauriens.

15° Dans les brèches osseuses d'Antibes , l'on trouve des Tortues de terre et des serpens.

16° Dans les sables marins tertiaires, près de Montpellier, plusieurs espèces de serpens et de petites tortues indéterminées, ainsi que de débris incomplets de Crocodiles comme nous l'avons dit ailleurs.

17° Dans les Cavernes de Lunel-Viel, la Tortue Grecque, *T. Grœca.* (Linn.)

Id. Le Crapaud Agua, *Rana Marina* (Gmel.)

Id. Le Crapeau Commun , *R. Bufo.* (Linn.)

POISSONS FOSSILES.

18° A Cavaillon (Vaucluse) des dents de Squales ou Requins (*Squalus*), de dents d'autres poissons ; des vertèbres et des palais de raies.

19° A Entraigues et St-Didier, des dents de Squales et de Dorades.

20° A Bonnieux (Vaucluse), des empreintes de poissons.

21° Dans plusieurs localités de la Drôme , Vaucluse, des Bouches-du-Rhône et du Gard , comme à Beaucaire, par exemple, on trouve des ossemens et des dents de Requins, *Squales* ; des palais de raies, *Raiœ* (Cuv.) , dont la majeure partie n'a pu être déterminée parce que ce ne sont que des fragmens incomplets.

22° Les plâtrières d'Aix (Provence) produisent beaucoup d'empreinte de poissons, de dents de Squales et de palais de Raies.

22° Dans les sables marins tertiaires des environs de Montpellier , on découvre :

Des débris du Squale-Nez , *Squalus Cornubicus.* (Lacép.)

Id. La Faux ou Renard , *Squ. Vulpes.* (Linn.)

Id. Le Requin proprement dit , *Squ. Carcharias* (Linn.)

Id. Le Bleu , *Sq. Glaucus.* (Linn.)

Id. Le *Squalus Giganteus.*

Un certain nombre d'espèces indéterminées et de fragmens de peau de Coffres, *Ostriation* (Linn.). de dents de Dorades, *Chrysophris.* (Cuv.), et des empreintes de Turbots , *Rhombus.* (Cuv.)

24° Dans les Cavernes de Lunel-Viel, sont des restes :

Id. Du Squale-Nez, *Sq. Cornubicus.* (Lacép.)

Id. Du Squale-Renard , *Squ. Vulpes.* (Rondelet.)

Id. Du *Sq. Glaucus.* (Bloch.)

Et une espèce de raie inédite , etc.

FIN DU SECOND VOLUME.

ERRATA.

Pages.	Lignes.	
123	2	Epoques, *lisez* époque.
id.	30	Fuscus, *lis.* flavipes.
127	4	Rudibundus, *lis.* ridibundus.
131	17	Puffunus, *lis.* puffinus.
138	28	Deux espèces, *lis.* trois espèces.
151	3	Milouianan, *lis.* milouinan.
154	00	Carrot, *lis.* Garrot.
201	23	amais, *lis.* jamais.
245	8	Temporia, *lis.* temporaria.
252	15	Ignus, *lis.* igneus.
303	5	Subraciens. *lis.* Subbrachiens.

1. Le Petit-fer-à-Cheval.   2. Le Vespertilion Murin.

3. Le Vespertilion Laineux.   4. Le Vespertilion aux Ailes transparentes.

1. Le Vespertilion aux larges Ailes. | 2. Le Vespertilion de Schreibers | 3. Le Vespertilion des Marais.
4. Le Vespertilion à grandes incisives | 5. L'Oreillard Commun.

1. Le Hérisson Ordinaire | 2. La Musaraigne Carrelet. | 3. La Musaraigne d'Eau.
4. La Musaraigne Porte-rame. | 5. Crocidure Etrusque.

1. Le Blaireau d'Europe
2. Le Putois Commun.
3. L'Hermine.
4. La Fouine.

1. La Loutre . | 2. Le Loup . | 3. Le Renard . | 4 La Genette .

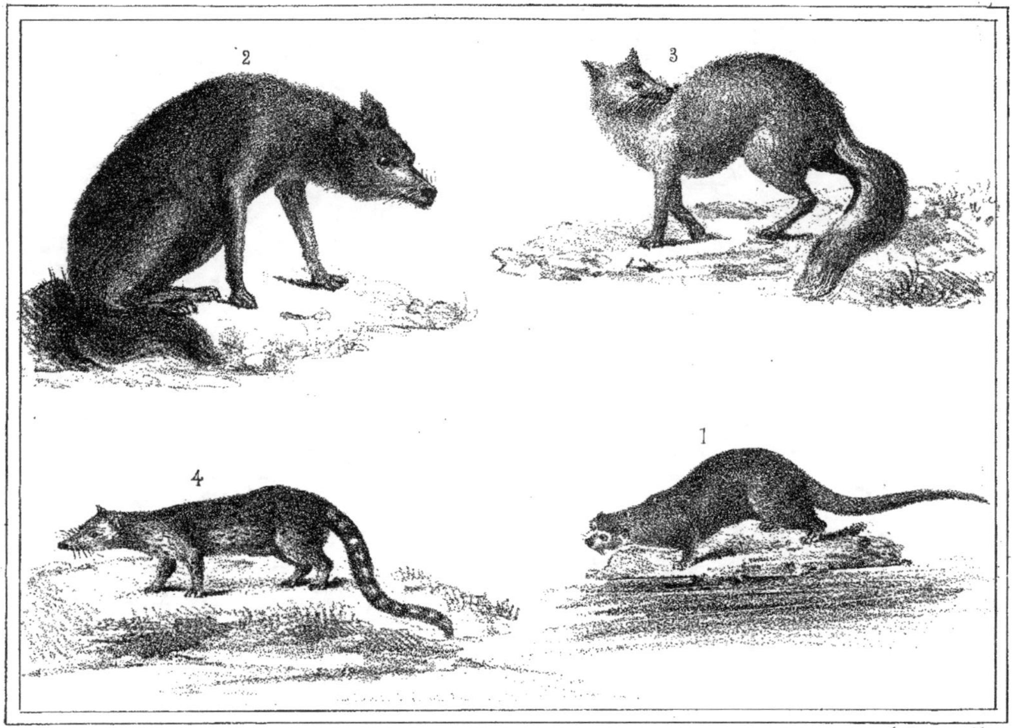

A. Gaspon, fils.

1. Le Chat sauvage.

2. Le Chat Domestique

3. Le Phoque moine.

4. L'Ecureuil commun.

1 le Lérot.   2 le Loir.

A. Crapon, fils.

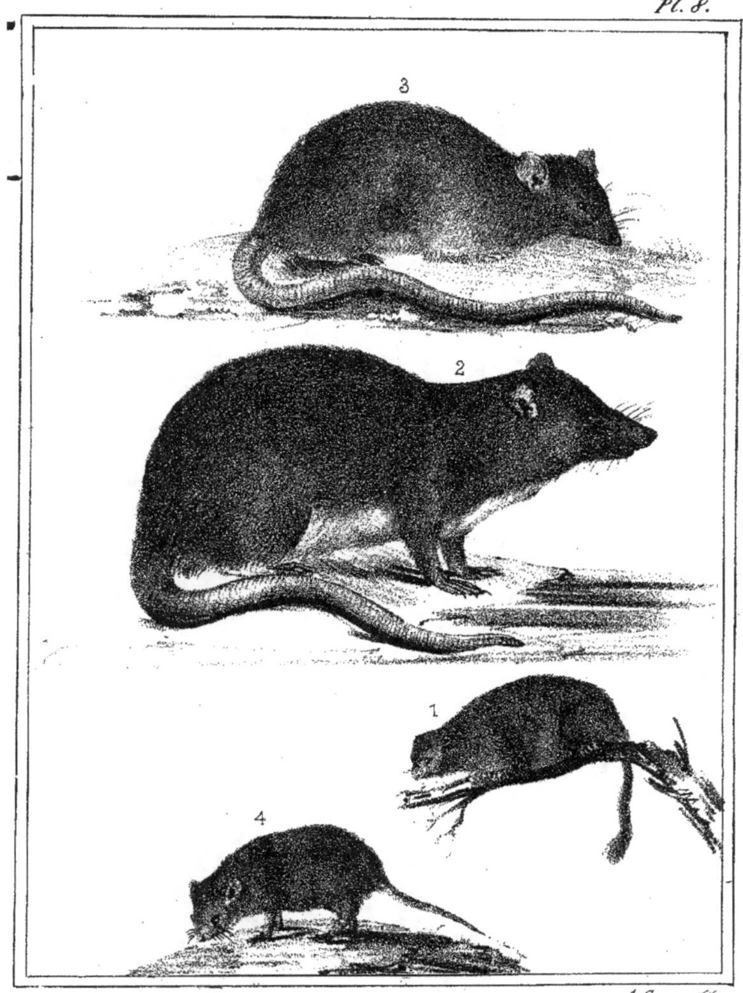

1. Le Muscardin. | 2. Le Rat Surmulot. | 3. Le Rat des Toits.
4. Le Rat Nain.

1. Le Campagnol Amphibie. | 2. Le Campagnol Incertain. | 3. Le Campagnol de Lavernéde.
4. Le Campagnol de Lebrun.

1. Le Castor du Rhône .   2.   Le Lièvre .

3. Le Lapin .   4 . Le Cobaye Cochon d'Inde

1 . L'Ane . | 2 . Le Mouton .
3 . Le Bœuf Camargue . | 4 . Le Dauphin ordinaire

1. Le Vautour Arian. | 2. Le Vautour Griffon.
3. Le Vautour Catharte. | 4. Tête du jeune Catharte.

A. Carpon, fils.

1 . Le Gypaëte barbu . | 2 . Le Faucon Pèlerin .
3 . Le Faucon Emérillon . | 4 . Le Faucon Cresserelle

. Le Faucon à pieds rouges.| 2. L'Aigle Impérial . |3. L'Aigle Royal .

1. L'Aigle Bonelli .   2. L'Aigle Criard .
3. L'Aigle Botté .   4. L'Aigle Jean le blanc

1. l'Aigle Balbuzard .   2. L'Autour .
3. l'Epervier .   4. Le Milan Royal .

1. l'Elanion blac. | 2. La Buse Bondrée | 3. La Buse Pattue.
4. Le Busard Harpaye.| 5. Le Busard Montagu.

1. La Chouette Hulotte. 2. La Chouette Effraie.
3. La Chouette Chevêche. 4. Le Hibou Scops.

1. Le Hibou Brachiote. | 2. Le Grand~Duc. | 3. Le Moyen-Duc.

A. Craspon, fils.

1. La Corneille Mantelée. 2. La Pie Ordinaire.
3. Le Geai Glandivore 4. Le Coracias.

1. Corbeau Choucas. 2. Le Grand Jaseur.
3. Le Rollier Vulgaire. 4. Le Casse-Noix.

1. Le Martin Roselin (mâle.)   2. L'Etourneau Vulgaire.
3. La Piegrièche Rousse.   4. Le Loriot Vulgaire.

1. La Pie-Grièche Méridionale
2. La Pie-Grièche à poitrine rose.
3. Le Gobe-Mouche gris.
4. Le Gobe-Mouche à collier.

A. Crespon, fils.

1. Le Merle Draine.

2. Le Merle Litorne.

3. Le Merle Grive.

4. Le Merle à Plastron.

1. Le Merle Noir. | 2. Le Merle de Roche | 3. Le Merle Azuré.
4. Le Cincle Plongeur. | 5. Le Bec-fin Rousserolle.

1. Le Bec-fin Aquatique. | 2. Le Bec-fin Phragmite. | 3. Le Bec-fin Cetti.
4. Le Bec-fin à moustaches noires | 5. Le Bec-fin Cisticole. | 6. Le Bec-fin Rossignol.

Le Bec-fin Orphée. | 2. Le Bec-fin Mélanocéphale. | 3. Le Bec-fin à Lunettes.
4. Le Bec-fin Pitchou. | 5. Le Bec-fin Passerinette.

_. Le Bec-fin gorge bleue . | 2. Le Bec-fin Siffleur . | 3. Le Bec-fin Ictérine .
. Le Bec-fin des Tamaris . | 5. Le Bec-fin Natterer . | 6. Le Roitelet Triplebandeau .
7. Le Troglodyte ordinaire .

A. Crespon, fils.

1. Le Traquet Rieur .   2. Le Traquet Stapazin .
3. Le Traquet Oreillard .   4. Le Traquet Rubicole .

1. Le Pipi Richard. | 2. Le Pipi à gorge rousse. | 3. Le Pipi Farlouse.
4. l'Alouette à hausse col noir | 5. l'Alouette Cochevis. | 6. l'Alouette Calandre.

1. La Mésange à longue queue
2. La Mésange Huppée.
3. La Mésange Nonnette.
4. La Mésange Charbornnière.

1. Mésange à Moustache (mâle). | 2. Tête de la Mésange Moustache (femelle)
3. La Mésange Remis. | 4. Nid de la Mésange Remis.

1. Le Bruant Proyer.

2. Variété du Bruant Proyer.

3. Le Bruant de Roseaux.

4. Le Bruant de Marais.

. Le Bruant Crocote. | 2. Le Bruant Ortolan. | 3. Le Bruant Zizi ou de Haies.
4. Le Bruant Fou. | 5. Le Bruant de Neige.

A. Crespon, fils.

1. Le Bec-Croisé des Pins.　　2. Le Bouvreuil Commun.
3. Le Gros-Bec Vulgaire　　4. Le Gros-Bec Espagnol.

A. Gaspon, fils

A. Crespon fils.

Le Gros bec D'ardennes. | 2. Le Gros bec Niverolle. | 3. Le Gros bec Cini.
4. Le Gros bec Venturon | 5. Le Gros bec Sizerin.

Le Coucou Gris. | **2.** Le Coucou Geai. | **3.** Le Pic Vert
4. Le Pic Epeiche. | **5.** Le Pic Epeichette.

A. Crespon fils.

1. Le Torcol ordinaire. 2. Le Grimpereau Familier.
3. Le Tichodrome Echelette 4. La Huppe.

1. Le Guêpier Vulgaire. | 2. Le Guêpier Savigni. | 3. Le Martin-Pêcheur.
4. l'Hirondelle Rousseline | 5. l'Hirondelle de Fenêtre

A. Crépon, fils.

A. Crespon fils.

1 . L'Hirondelle de Rivage .   2 . l'Hirondelle de Rochers .
3 . Le Martinet à ventre blanc .   4. L'Engoulevent à Collier Roux .

A Crespon, fils.

1. La Colombe Ramier.   2. La Colombe Colombier.
3. La Colombe Biset.   4. La Tourterelle à Collier.

1. Le Tétras Gélinotte . | 2. Le Ganga-Cata . | 3 . Tête de femelle de Ganga-Cata
4. La Perdrix Bartavelle| 5. La Perdrix Rouge .

A. Crespon, fils.

1. La Glaréole à collier .
2. L'Outarde barbue .
3. L'Outarde Cane petière (mâle)
4. Le Coure-vite Isabelle .

. L'Echasse a Manteau noir. | 2. L'Huitrier Pie. | 3. Le Pluvier Guignard.
4. Le Grand Pluvier à Collier. | 5. Le Pluvier à Collier interrompu.

A. Crespon fils.

1. Le Vanneau de Villoteau.   2. Le Vanneau Huppé.

3. Le Vanneau Pluvier.   4. Le Tourne-Pierre à collier.

A. Crespon fils.

1. La Grue Cendrée .   2. La Cigogne blanche .

3. Le Héron Cendré .   4. Le Héron Pourpré .

1. Le Héron Vérany . | 2. Le Héron Grand butor. | 3. Le Héron Crabier .
4. Le Héron Blongios . | 5. Le Bihoreau à manteau noir.

A. Gaspon, fils.

1. Le Flammant Rose. | 2. L'Avocette à nuque noire| 3. La Spatule blanche.

1. L'ibis Falcinelle .   2. Le Courlis Cendré .
3 . Le Courlis Corlieu .   4, Le Courlis à bec grêle.

A. Crespon, fils.

1 Bécasseau Cocorli. | 2 Bécasseau Temmia. | 3 Bécasseau Echasse.

1. Le Bécasseau Brunette.   2. Le Combattant Variable (en été)
3 Le Chevalier Gambette.   4. Le Chevalier Stagnatile.

A. Crapon, fils.

1. Le Chevalier Guignette. 2. Le Chevalier Aboyeur.
3. La Barge Rousse. 4. La Bécasse Ordinaire.

A. Crespon, fils.

1. La Bécassine double .   2 . Le Rale d'Eau .
3. La Poule d'Eau Marouette .   4 . La Poule d'Eau Baillon .

A. Crespon, fils.

1. Le Taléve Porphirion. | 2. La Foulque Caronculée. | 3 Le Grèbe Huppé.
4. Le Grèbe Cornu. | 5. Le Grèbe Oreillard.

1. Hirondelle de mer Pierre Garin . | 2 . Hirondelle de mer Moustac .

3. H.le de mer Epouvantail . | 4. H.le de mer Leucoptère .

A. Gaspard fils

Pl. 56.

A. Crespon, fils.

La Mouette à Manteau bleu. | 2. La Mouette à Manteau noir. | 3. La Mouette à Pieds bleus.
4. La Mouette Tridactyle (Semi Adulte) | 5. La Mouette à bec grêle.

A. Crespon, fils.

. Le Stercoraire Pomarin. | 2. Le Stercoraire Richardson. | 3. Le Puffin Cendré.
4. Le Puffin Manks. . | 5. Le Thalassidrome Tempête .

1. L'Oie à front blanc .
3. Le Cygne sauvage .
2. L'Oie Bernache .
4 . Tête du Cygne Tuberculé .

A. Crespon fils.

1. Le Canard Tadorne. | 2. Le Canard Chipeau.
3. Le Canard Pilet. | 4. Le Canard Souchet.

1. La Sarcelle d'Eté . | 2. Le Canard Eider
3. Le Canard Macreuse. | 4. Le Canard Siffleur Huppè

A. Gaspon, fils.

1. Le Canard Milouin. | 2. Le Canard Garrot.
3. Le Grand Harle. | 4. Le Harle Huppè.
5. Le Harle Piette.

A. Crespon fils.

1. Le Plongeon Imbrim . 2. Le Plongeon Cat-Marin .

3. Le Macareux Moine . 4. Le Pingoin Macroptère .

1. Le Pélican Blanc . | 2. Le Grand Cormoran. | 3. Le Fou de Bassan.

1. La Tortue Grecque.

2. La Cistude Européenne.

3. Le Platydactyle des murailles.

4. Le Lézard des Souches.

1. Le Tropidosaure Algire . 2. Le Lézard Vert .
3. Lézard Ocellé . 4. Le Psammodrome d'Edward

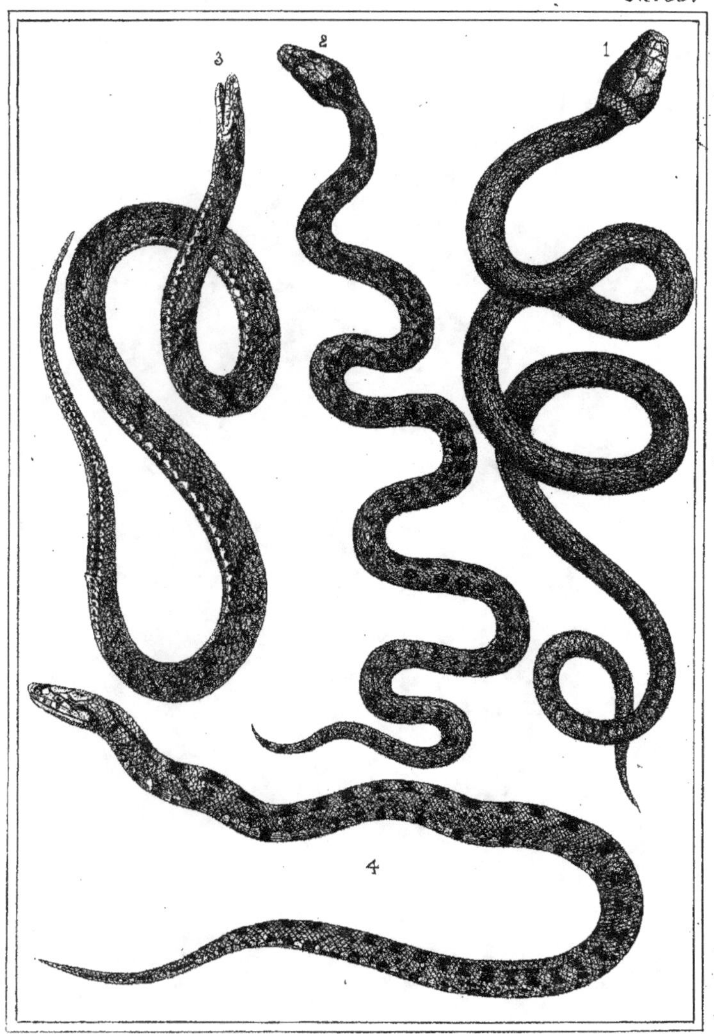

1. La Couleuvre à Collier. | 2. La Couleuvre Vipérine.
3. La Couleuvre Bordelaise. | 4. La Couleuvre Hermanine.

1. Le Seps Chalcide. | 2. La Couleuvre de Montpellier | 3. La Couleuvre à quatre raies .

4 . La Vipère Commune . | 5. Tête de Vipère vue en profil .

1. La Grenouille Verte. | 2. Le Pelodyte Ponctué. | 3. l'Alyte Accoucheur
4. La Pélobate Cultripède. | 5. Le Crapaud Vert.

A. Crespon, fils.

1 La Salamandre Commune .   2 . La Salamandre Marbrée .
3 . La Salamandre Crétée .   4 . La Salamandre Palmipède

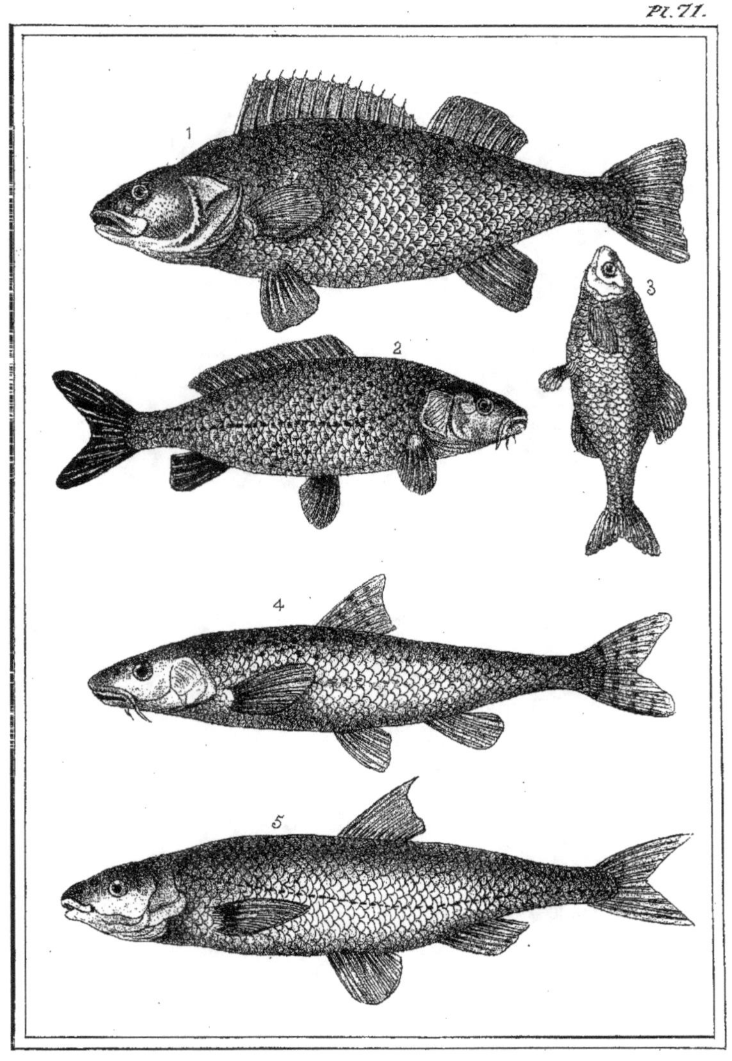

1. La Perche . | 2 . La Carpe . | 3 La Bouvière .
4 . Le Goujon . | 5 . La Vandoise .

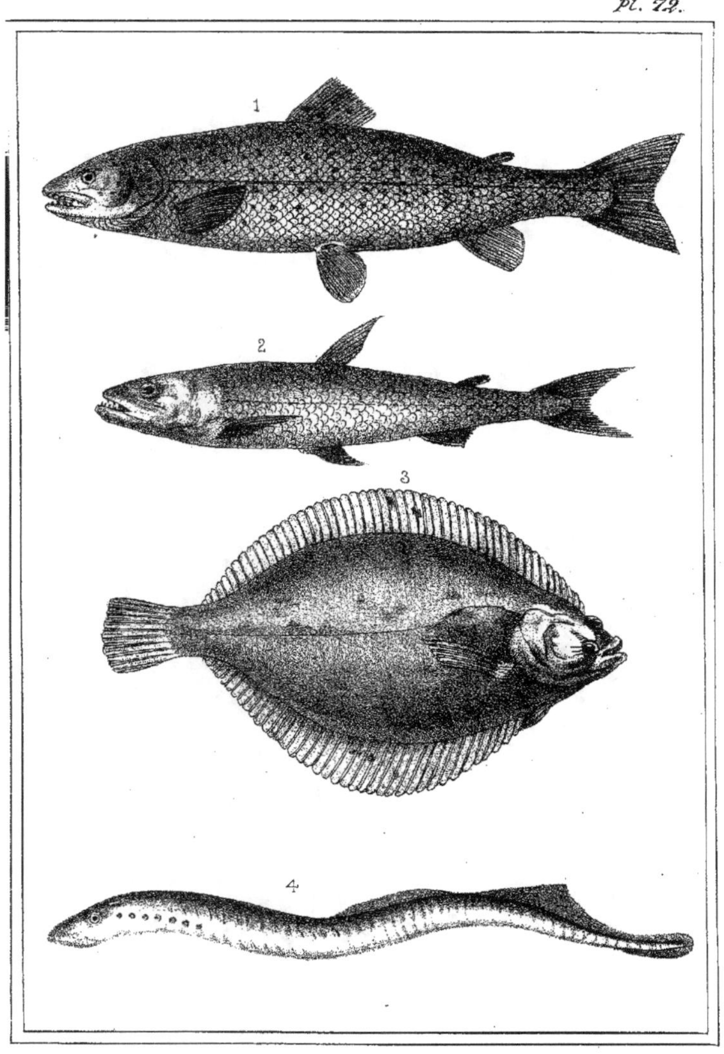

1. La Truite Commune . | 2 . l'Eperlan | 3 . La Limande .
4 . La Lamproie de rivière .

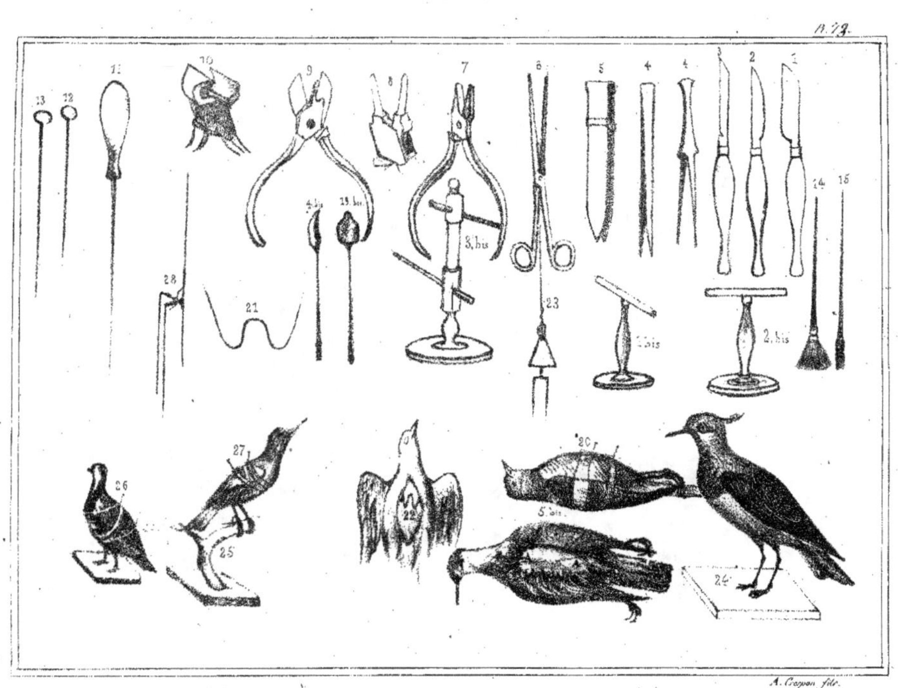

Pl. 73.
A. Crapon fils.